“十四五”职业教育国家规划教

“十三五”江苏省高等学校重点教 号：2019-2-101)

光伏电子产品的设计与制作

主　编　詹新生　张江伟
副主编　张玉健　夏淑丽
参　编　桑宁如　王水钟

机 械 工 业 出 版 社

本书采用项目化编写模式，主要内容包括常用电子元器件的识别与检测、电子元器件的焊接、光伏草坪灯控制电路的设计与制作、光伏控制器的设计与制作、光伏逐日系统的设计与制作以及风光互补发电控制器的设计与制作。

本书可作为高等职业院校光伏发电技术与应用、光伏发电工程技术等光伏发电类专业的教材，还可作为从事光伏发电技术的专业人员的参考用书，也可作为参加全国职业技能大赛“光伏电子工程的设计与实施”赛项选手的参考用书。

本书配有微课视频，可扫描二维码直接观看。另外本书配有授课电子课件，需要的教师可登录 www. cmpedu. com 免费注册、审核通过后下载，或联系编辑索取（微信：13261377872，电话：010-88379739）。

图书在版编目（CIP）数据

光伏电子产品的设计与制作/詹新生，张江伟主编. —北京：机械工业出版社，2020.6（2025.1 重印）

“十三五”江苏省高等学校重点教材

ISBN 978-7-111-65817-7

Ⅰ.①光…　Ⅱ.①詹…②张…　Ⅲ.①太阳能-光电器件-设计-高等学校-教材②太阳能-光电器件-制作-高等学校-教材　Ⅳ.①TM914.4

中国版本图书馆 CIP 数据核字（2020）第 098960 号

机械工业出版社（北京市百万庄大街 22 号　邮政编码 100037）

策划编辑：和庆娣　责任编辑：和庆娣

责任校对：樊钟英　责任印制：单爱军

北京虎彩文化传播有限公司印刷

2025 年 1 月第 1 版第 6 次印刷

184mm×260mm · 12.75 印张 · 306 千字

标准书号：ISBN 978-7-111-65817-7

定价：45.00 元

电话服务	网络服务
客服电话：010-88361066	机　工　官　网：www. cmpbook. com
010-88379833	机　工　官　博：weibo. com/cmp1952
010-68326294	金　　书　　网：www. golden-book. com
封底无防伪标均为盗版	机工教育服务网：www. cmpedu. com

关于“十四五”职业教育
国家规划教材的出版说明

为贯彻落实《中共中央关于认真学习宣传贯彻党的二十大精神的决定》《习近平新时代中国特色社会主义思想进课程教材指南》《职业院校教材管理办法》等文件精神，机械工业出版社与教材编写团队一道，认真执行思政内容进教材、进课堂、进头脑要求，尊重教育规律，遵循学科特点，对教材内容进行了更新，着力落实以下要求：

1. 提升教材铸魂育人功能，培育、践行社会主义核心价值观，教育引导学生树立共产主义远大理想和中国特色社会主义共同理想，坚定“四个自信”，厚植爱国主义情怀，把爱国情、强国志、报国行自觉融入建设社会主义现代化强国、实现中华民族伟大复兴的奋斗之中。同时，弘扬中华优秀传统文化，深入开展宪法法治教育。

2. 注重科学思维方法训练和科学伦理教育，培养学生探索未知、追求真理、勇攀科学高峰的责任感和使命感；强化学生工程伦理教育，培养学生精益求精的大国工匠精神，激发学生科技报国的家国情怀和使命担当。加快构建中国特色哲学社会科学学科体系、学术体系、话语体系。帮助学生了解相关专业和行业领域的国家战略、法律法规和相关政策，引导学生深入社会实践、关注现实问题，培育学生经世济民、诚信服务、德法兼修的职业素养。

3. 教育引导学生深刻理解并自觉实践各行业的职业精神、职业规范，增强职业责任感，培养遵纪守法、爱岗敬业、无私奉献、诚实守信、公道办事、开拓创新的职业品格和行为习惯。

在此基础上，及时更新教材知识内容，体现产业发展的新技术、新工艺、新规范、新标准。加强教材数字化建设，丰富配套资源，形成可听、可视、可练、可互动的融媒体教材。

教材建设需要各方的共同努力，也欢迎相关教材使用院校的师生及时反馈意见和建议，我们将认真组织力量进行研究，在后续重印及再版时吸纳改进，不断推动高质量教材出版。

机械工业出版社

前　言

光伏产业是一个潜力无限的新兴产业，在追求低碳社会的今天，人们越来越重视清洁的可再生能源——太阳能的开发和利用。光伏技术和光伏产业已越来越受到世界各国的重视。党的二十大报告指出，推动战略性新兴产业融合集群发展，构建新一代信息技术、人工智能、生物技术、新能源、新材料、高端装备、绿色环保等一批新的增长引擎。为满足高等职业教育发展的要求，提升光伏发电技术类专业学生的光伏发电理论知识、实践操作技能和综合素质，特编写了本书。本书是“十三五”江苏省高等学校重点教材，也是江苏省高水平骨干专业应用电子技术（光伏发电）和江苏省分布式能源与智能微电网技术实训平台建设成果之一，同时还是杭州瑞亚教育科技有限公司（浙江瑞亚能源科技有限公司下的子公司，“光伏电子工程的设计与实施”赛项竞赛平台供应商）重点打造的光伏电子工程系列教材之一。

本书具有以下特色。

1）按照“教师好教，学生好学，理实结合，任务驱动，兼顾大赛，突出知识应用及能力培养”的思路编写。依据光伏产业对光伏电子方面人才所需的知识、技能要求和“全国职业院校技能大赛高职组‘光伏电子工程的设计与实施’赛项规程”中对光伏电子产品设计、制作、调试等要求组织教材内容。

2）依据光伏电子产品开发过程确定教学单元内容。按照“系统设计→硬件电路、软件程序设计→系统仿真→元器件选型（检测）→系统安装→系统调试”顺序，确定教学内容，符合光伏电子产品开发、生产实际。

3）校企合作共同编写，项目源自企业真实产品，实用价值高。编写的教师有较强的光伏电子产品开发和教学经验；编写中还参考了相关标准，以保证内容符合标准和技术规范。

4）充分体现立体化、新形态教材特点。扫描书中二维码获取视频和教学资源，便于随时随地观看学习；配套在线课程，将线上线下教育资源有机衔接起来。

本书由徐州工业职业技术学院专业教师和杭州瑞亚教育科技有限公司技术人员共同编写。其中，项目 1 中任务 1.1~任务 1.6 由张玉健编写，项目 2 由詹新生编写，项目 3 由夏淑丽编写，项目 4 由桑宁如和王水钟编写，项目 1 中任务 1.7、项目 5、项目 6 软件程序部分由张江伟编写，项目 5、项目 6 硬件电路部分由詹新生、张江伟、桑宁如编写。全书由詹新生统稿。

本书在编写过程中得到了徐州工业职业技术学院的领导、同事及浙江瑞亚能源科技有限公司领导、相关技术人员的大力支持，在编写的过程中，编者还参阅了大量的论著和文献以及互联网上的资料，在此一并向这些作者表示衷心的感谢。

本书中的部分电路图采用 Protel DXP 2004、Multisim 10、Proteus、Keil C、STC-ISP 等软件绘制，保留了绘图软件自带的电子元器件符号，可能与国家标准符号不一致，读者可查阅相关资料。由于编者水平有限，书中疏漏之处在所难免，诚望广大读者提出宝贵意见，以便进一步修改和完善。

编　者

二维码资源清单

序号	名称	图形	页码	序号	名称	图形	页码
1	电阻器简介		1	9	图 1-6　电感元件实物图		13
2	电阻器的标志		3	10	图 1-9　电感色标法		14
3	敏感电阻器		5	11	二极管简介		19
4	电位器		5	12	晶体管的识别与检测		24
5	电容器		8	13	集成电路的识别与检测		28
6	电容器的特点和作用		8	14	认识电烙铁		48
7	电感器的识别与检测		12	15	通孔直插式元器件焊接		53
8	电感器的特点和作用		12	16	焊接贴片元器件常用工具		57

（续）

序号	名称	图形	页码	序号	名称	图形	页码
17	贴片元器件手工焊接		59	24	软件程序设计说明		115
18	光伏草坪灯工作原理		62	25	5.3.4 源程序		125
19	光伏草坪灯电路 PCB		66	26	逐日控制板的焊接		128
20	光伏逐日系统简介		94	27	5.4.4 程序下载		131
21	光伏逐日系统的组成		94	28	光伏逐日系统的测试		132
22	硬件电路的设计		97	29	6.3.5 源程序		170
23	逐日系统软件开发		114				

目　录

项目1　常用电子元器件的识别与检测

本项目主要内容包括THT（通孔直插）/SMT（表面贴装）电阻器、电容器、电感元件、晶体管、集成电路等元器件的识别与检测，要求掌握它们的分类、外形结构、特性参数、型号命名方法、参数标识方法及基本的检测方法，能用万用表对其进行测试并判断极性或质量好坏。

任务1.1　电阻器的识别与检测

任务目标

- 能识别各种直插式电阻器、电位器，根据标志读取主要技术参数。
- 能用万用表测试电阻器、电位器主要技术参数，并判断质量好坏。

1.1.1　电阻器概述

微视频
电阻器简介

电阻器简称电阻，是电子产品中使用最多的基本元器件之一。电阻器是一种耗能元件，在电路中用于稳定、调节、控制电压或电流的大小，起降压、限流、偏置、耦合、匹配、取样、调节时间常数等作用。

电阻（定义）：物体对通过的电流的阻碍作用称为电阻。利用这种阻碍作用做成的元件称为电阻器，简称电阻。

电阻的单位是欧姆，用Ω表示，除欧姆外，常用的单位还有千欧（kΩ）和兆欧（MΩ）。其换算关系为：$1M\Omega=1000k\Omega=10^6\Omega$；$1k\Omega=10^3\Omega$。

电阻的作用：在电路中起分压、分流和限流等作用。

电阻的分类：按组成材料可分为碳膜电阻器、金属膜电阻器、合成膜电阻器和线绕电阻器等；按用途可分为通用电阻器和精密型电阻器等；按工作性能及电路功能可分为固定电阻器、可变电阻器（电位器）和敏感电阻器。

电阻器的外形及图形符号如表1-1所示。

表1-1　电阻器的外形及图形符号

名　称	外　形	特　点	图形符号
固定电阻器		固定电阻器只有2个引脚沿中心轴线伸出，一般不区分正负	

（续）

名　　称	外　　形	特　　点	图形符号
熔断电阻器		熔断电阻器具有电阻器和过流保护双重作用，在电流较大的情况下熔断丝熔断，从而保护整个设备不受损坏	
压敏电阻器		压敏电阻器是敏感电阻器的一种，具有平均持续时间短、残压低、反应快、体积小等特点	U
热敏电阻器		热敏电阻器使用的材料通常是陶瓷或聚合物。正温度系数热敏电阻器的阻值随温度升高而增大，负温度系数热敏电阻器的阻值随温度升高而减小	θ
湿敏电阻器		湿敏电阻器的电阻值随湿度的变化而变化：正系数湿敏电阻器的电阻值随湿度的增大而增大，负系数的湿敏电阻器随湿度的增大而减小	
光敏电阻器		光敏电阻器是一种对光敏感的元件，电阻值会随着外界光线的强弱发生变化	
气敏电阻器		气敏电阻器是一种新型半导体元件，它能够利用金属氧化物半导体表面吸收某种气体分子，使电阻器的电阻值发生变化	
水泥电阻器		水泥电阻器是采用陶瓷、矿质材料封装的电阻元件，其特点是功率大，电阻值小，具有良好的阻燃、防爆特性	
可变电阻器		可变电阻器一般有3个引脚，包括2个定片引脚和1个动片引脚。设有一个可变动片，从而可改变电阻器的电阻值	
排阻电阻器		排阻电阻器（简称排阻）是一种按一定规律排列的多个电阻器集成在一起的组合型电阻器	…
贴片电阻器		贴片电阻器一般两端为银白色，中间大部分为黑色，一般采用数标法表示	

1.1.2　电阻器的主要技术参数

1. 标称阻值和允许偏差

标称阻值是指在电阻器表面所标注的阻值。目前电阻器标称阻值有 E6、E12、E24 三大系列，三大标称阻值系列取值见表 1-2。

允许偏差：对具体的电阻器而言，其实际阻值与标称阻值之间有一定的偏差，这个偏差与标称阻值的百分比叫作电阻器的允许偏差。

表 1-2　电阻器标称阻值系列

系列名	允许偏差	标称阻值							
E24	Ⅰ级(±5%)	1.0	1.1	1.2	1.3	1.5	1.6	1.8	2.0
		2.2	2.4	2.7	3.0	3.3	3.6	3.9	4.3
		4.7	5.1	5.6	6.2	6.8	7.5	8.2	9.1
E12	Ⅱ级(±10%)	1.0	1.2	1.5	1.8	2.2	2.7	3.3	3.9
		4.7	5.6	6.8	8.2	—	—	—	—
E6	Ⅲ级(±20%)	1.0	1.5	2.2	3.3	4.7	6.8	—	—

注：表中“标称阻值”列的数值乘以 10^n（其中 n 为整数）即为对应的系列阻值。

2. 额定功率

额定功率是指电阻器在正常大气压力及额定温度条件下，长期安全使用所能允许消耗的最大功率值。常用额定功率有 1/8W、1/4W、1/2W、1W、2W、5W、10W、25W 等。

电阻器的额定功率有两种表示方法：一是 2W 以上的电阻，直接用阿拉伯数字标注在电阻体上；二是 2W 以下的碳膜或金属膜电阻，可以根据其几何尺寸判断其额定功率的大小。

各种功率的电阻器额定功率在电路图中采用不同的符号表示，如图 1-1 所示。

1/4W　1/2W　1W　2W　5W　10W

图 1-1　电阻器额定功率在电路图中的表示符号

3. 温度系数

温度系数是指温度每升高或降低 1℃所引起的电阻阻值的相对变化。温度系数越小，电阻器的稳定性越好。

1.1.3　电阻器的标志

微视频
电阻器的标志

电阻器的标志方法主要有直标法、文字符号法、色标法和数码表示法。

1. 直标法

用阿拉伯数字和单位符号在电阻器的表面直接标出标称阻值和允许偏差的方法。

2. 文字符号法

将阿拉伯数字和字母符号按一定规律的组合来表示标称阻值及允许偏差的方法。多用在大功率电阻器上。

文字符号法规定：用于表示阻值时，字母符号 Ω（R）、k、M、G、T 前的数字表示阻值的整数值，字母符号后的数字表示阻值的小数值，字母符号表示小数点的位置和阻值单位。

例：Ω33→0.33Ω　3k3→3.3kΩ　3M3→3.3MΩ　3G3→3.3GΩ

3. 色标法

色标法是用色环或色点在电阻器表面标出标称阻值和允许偏差的方法，颜色规定如表 1-3 所示。

表 1-3　电阻器颜色、有效数字、倍率及允许偏差之间的关系

颜色	有效数字	倍率	允许偏差	颜色	有效数字	倍率	允许偏差
棕色	1	10^1	±1%	灰色	8	10^8	—
红色	2	10^2	±2%	白色	9	10^9	-20%~50%
橙色	3	10^3	—	黑色	0	10^0	—
黄色	4	10^4	—	金色	—	10^{-1}	±5%
绿色	5	10^5	±0.5%	银色	—	10^{-2}	±10%
蓝色	6	10^6	±0.25%	无色	—	—	±20%
紫色	7	10^7	±0.1%				

例如，色标为黄紫橙金色的电阻阻值为：$47\times10^3\Omega\pm5\%=47k\Omega\pm5\%$。

色标法又分为四色环色标法和五色环色标法，如图 1-2 所示。普通电阻器大多用四色环色标法来标注，四色环的前两色环表示阻值的有效数字，第 3 条色环表示阻值倍率，第 4 条

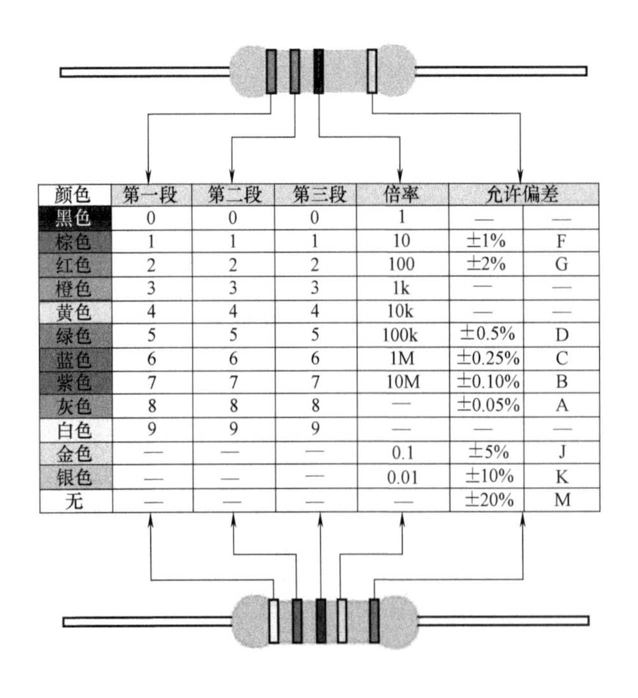

颜色	第一段	第二段	第三段	倍率	允许偏差	
黑色	0	0	0	1	—	—
棕色	1	1	1	10	±1%	F
红色	2	2	2	100	±2%	G
橙色	3	3	3	1k	—	—
黄色	4	4	4	10k	—	—
绿色	5	5	5	100k	±0.5%	D
蓝色	6	6	6	1M	±0.25%	C
紫色	7	7	7	10M	±0.10%	B
灰色	8	8	8	—	±0.05%	A
白色	9	9	9	—	—	—
金色	—	—	—	0.1	±5%	J
银色	—	—	—	0.01	±10%	K
无	—	—	—	—	±20%	M

图 1-2　色标法

色环表示阻值允许偏差范围；精密电阻器大多用五色环法来标注，五色环的前 3 条色环表示阻值的有效数字，第 4 条色环表示阻值倍率，第 5 条色环表示允许偏差范围。

4. 数码表示法

用 3 位数表示电阻器标称阻值的方法称为数码表示法。数码表示法规定：第 1、2 位数表示阻值的有效数字，第 3 位数表示阻值倍率，单位为欧姆（Ω）。

数码表示法一般用于片状电阻的标注，一般只将阻值标注在电阻表面，其余参数予以省略。

例如：103 表示 $10\times10^3\Omega=10000\Omega=10k\Omega$

182 表示 $18\times10^2\Omega=1800\Omega=1.8k\Omega$

1.1.4　可变电阻器

微视频
电位器

可变电阻器是指电阻在规定范围内可连续调节的电阻器，又称电位器。

1. 结构和种类

（1）结构

电位器由外壳、滑动轴、电阻体和 3 个引出端组成，如图 1-3 所示。

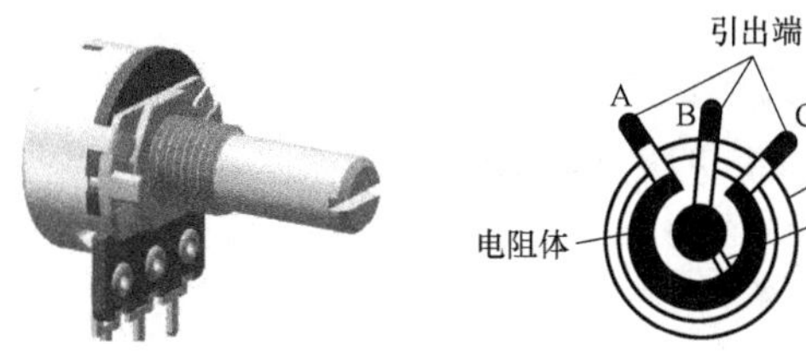

图 1-3　电位器的结构

微视频
敏感电阻器

（2）种类

按调节方式可分为旋转式（或转柄式）和直滑式电位器；按联数可分为单联式和双联式电位器；按有无开关可分为无开关和有开关电位器；按阻值输出的函数特性可分为直线式（A 型）、指数式（B 型）和对数式（C 型）电位器 3 种。常见电位器的外形如图 1-4 所示。

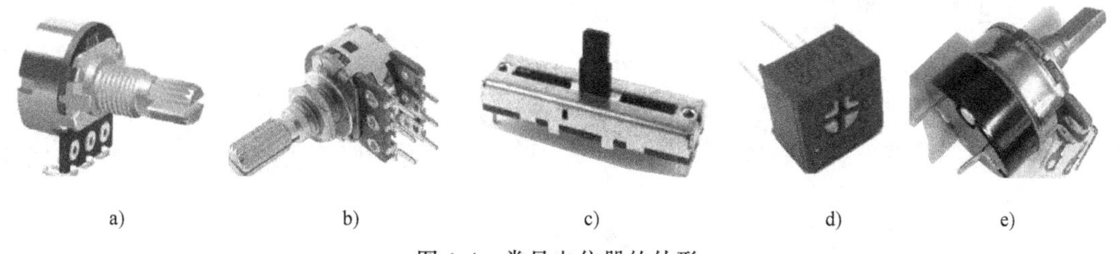

a)　b)　c)　d)　e)

图 1-4　常见电位器的外形

a）单联式电位器　b）双联式电位器　c）直滑式电位器　d）微调电位器　e）有开关电位器

2. 主要技术参数

电位器的主要技术参数除了标称阻值、允许偏差和额定功率与固定电阻器相同外，还有以下几个主要参数。

（1）零位电阻

零位电阻指的是电位器的最小阻值，即动片端与任一定片端之间的最小阻值。

(2) 阻值变化特性

阻值变化特性指阻值输出函数特性。常见的阻值变化特性有3种，如图1-5所示。

直线式（A型）：电位器阻值的变化与动触点位置的变化接近直线关系。

指数式（B型）：电位器阻值的变化与动触点位置的变化成指数关系。

对数式（C型）：电位器阻值的变化与触点位置的变化成对数关系。

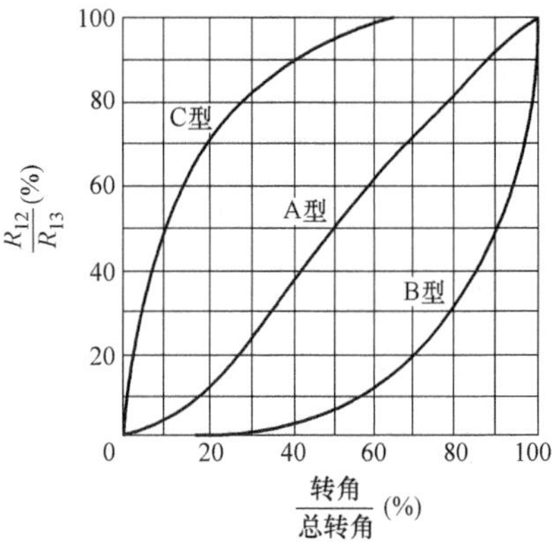

图1-5 阻值变化特性曲线

1.1.5 电阻器的检测与选用

各种电阻器一般通过检测电阻值可判断其质量是否良好，检测结果若在其偏差值范围内则为正常，否则为损坏或性能发生变化。其损坏现象有3种：

1）检测结果超出标称阻值许多，为变质或质量不合格。

2）检测结果是0，为短路。

3）检测结果无穷大，为断路。

一般来说电阻大体上可分为低值电阻（1Ω以下）、中值电阻（1Ω~100kΩ）和高值电阻（100kΩ以上）3种。检测电阻的仪表较多，用万用表测量的测量精度虽不是太理想，但是因为其测量方法简单而被广泛应用。

1. 电阻器好坏的判断与检测

1）对电阻器进行外观检查。

2）用万用表的电阻档测量电阻器的阻值。

2. 电位器的检测

1）测量电位器的标称阻值。

2）判断电位器是否接触良好（取指针式万用表合适的电阻档）。

3）测量电位器各引出端与外壳及滑动轴之间的绝缘电阻值是否足够大（正常应接近∞）。

3. 电阻器的选用

1）按不同的用途选择电阻器的种类。

2）正确选取阻值和允许偏差。

3）额定功率的选择：选用电阻的额定功率值，应高于电阻在电路工作中实际功率值的0.5~1倍。

4）应根据电路特点来选择正、负温度系数的电阻。

5）电阻的允许偏差、非线性及噪声应符合电路要求。

6）考虑工作环境与可靠性、经济性。

4. 使用中注意的问题

1）安装电阻器时，两条引出线不要从根部打弯，否则容易折断。

2）焊接时不要使电阻器长时间受热，以免引起阻值的变化。

3）电阻器的阻值、功率是否符合电路的要求。

4）电阻器在装入电路前，要核实一下阻值，安装标志应处于醒目的位置。

1.1.6　任务实施

1. 器材和设备

1）指针式和数字式万用表各一块。

2）各种不同标称阻值的直插式电阻器、电位器。

2. 实施步骤

（1）电阻器的检测

以下检测数据均填写在表1-4中。

1）从外形或电阻体上的标志识别其类型及阻值。

2）用指针式万用表检测电阻器的方法与步骤如下。

① 选择合适的档位。

② 校零。

③ 测量电阻器与读数。

3）用数字式万用表检测电阻器的方法与步骤。

① 按下电源开关“POWER”。

② 将功能量程选择开关拨到欧姆档合适的量程上。

③ 将两表笔介于被测电阻器两端进行电阻测量，读出显示值。

4）几种特殊电阻器的检测。

热敏电阻器、压敏电阻器和光敏电阻器的检测。

表1-4　电阻器的检测数据记录

序　　号	标称值	实测值
1		
2		
3		
4		
5		
6		
7		

（2）电位器、微调电阻器的检测

以下检测数据均填写在表1-5中。

表1-5　电位器、微调电阻器的检测数据记录

序　号	标称值	实测值
1		
2		
3		
4		
5		

1）从外形或电阻体的标志识别其类型及阻值。

2）电位器、微调电阻器的检测。

用万用表测试时，先根据被测电位器、微调电阻器阻值的大小，选择万用表合适的欧姆档位。

用万用表的欧姆档测“1”“3”两端，其读数应为电位器的标称阻值，如万用表的指针不动或阻值相差很多，则表明该电位器或微调电阻器已损坏。

检测、电位器、微调电阻器的活动臂与电阻片的接触是否良好，用万用表的欧姆档“1”“2”（或“2”“3”）两端，将电位器或微调电阻器的转轴按逆时针方向旋至接近“关”的位置，此时电阻值越小越好，再顺时针慢慢旋转轴柄，阻值慢慢增大，表头中的指针平稳移动，当轴柄至极端位置“3”时，阻值应接近电位器的标称阻值，若在转动过程中万用表指针有跳动现象，说明活动触点有接触不良的故障。

任务 1.2　电容器的识别与检测

任务目标

- 能识别各种直插式的电容器，根据标志读取主要技术参数。
- 能用万用表测试电容器主要技术参数，并判断其质量好坏。

1.2.1　电容器概述

微视频
电容器

知识拓展
电容器的特点和作用

电容器简称电容，是电子整机中大量使用的基本元件之一。

电容器的构成：电容器由两个金属电极中间夹一层绝缘材料构成。

电容器的作用：电容器是一种储能元件，在电子电路中起耦合、滤波、隔直流和调谐等作用。

电容器的单位：电容量的基本单位为 F（法拉），还有 mF（毫法）、μF（微法）、nF（纳法）和 pF（皮法），它们与基本单位的关系如下：

$$1\text{mF}=10^{-3}\text{F}\quad 1\mu\text{F}=10^{-6}\text{F}\quad 1\text{nF}=10^{-9}\text{F}\quad 1\text{pF}=10^{-12}\text{F}$$

电容器的种类：按结构可分为固定电容器、可变电容器和微调电容器；按绝缘介质可分为空气介质电容器、云母电容器、瓷介电容器、涤纶电容器、聚苯烯电容器、金属化纸电容器、电解电容器、玻璃釉电容器、独石电容器等。

常见电容器的外形及常用图形符号如表 1-6 所示。

表 1-6　常见电容器的外形及图形符号

名　称	外　形	特　点	图形符号
无极性电容器		无极性电容器是指电容器的两个金属电极没有正、负极性之分，使用时两极之间可以互换	

（续）

名　称	外　形	特　点	图形符号
有极性电容器	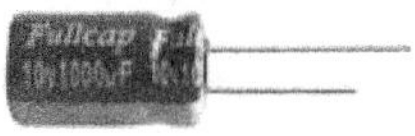	有极性固定电容器也称为电解电容器，是指电容器的两极有正、负极性之分，使用时正极性端连接电路的高电位，负极性端连接电路的低电位端	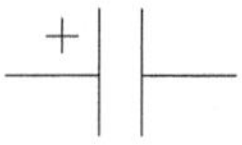
单联可变电容器		单联可变电容器只有一个可变电容器，通常用于直放式收音机电路中作为调谐联，用来选取电台信号	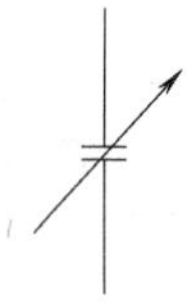
双联可变电容器		双联可变电容器是由两个可变电容器组合在一起形成的，手动调节是两个可变电容器的容量同步调节。其中一个作为调谐联，另一个作为振荡联	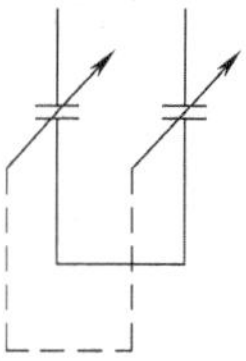
四联可变电容器		四联可变电容器由两个双联可变电容器组合在一起构成。电容器的电容量与两组极片间的距离和极片间的面积大小有关	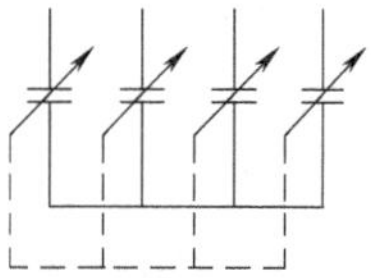
微调电容器		微调电容器又称半可调电容器，其容量变化范围比可变电容器小，这种电容主要用于调谐电路	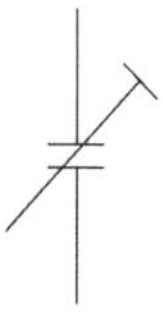
SMT固定电容器		SMT固定电容器外形与电阻器的外形有一点相似，两端为银白色，但其中间大部分为灰色或黄色；在相同体积下根据填充介质的不同，电容容量就不同，片状电容一般容量较小	
SMT电解电容器		SMT电解电容器的正负极辨认很方便，通常外形都是长方体或圆柱体，颜色以黄色和黑色最常见，正极色带一般为深黄色或白色。SMT式电解电容是由阳极铝箔、阴极铝箔和衬垫卷绕而成	

1.2.2 电容器的主要技术参数

1. 标称容量和允许偏差

电容器的标称容量：是指在电容器的外壳表面上标注的电容量值。

电容器的允许偏差：标称容量和实际容量的偏差与标称容量之比的百分数称为电容器的允许偏差。

标称容量和允许偏差常用的是 E6、E12、E24 系列。

2. 额定电压

额定电压通常也称耐压，表示电容器在使用时所允许加的最大电压值。通常外加电压最大值取额定工作电压的 2/3 以下。

3. 绝缘电阻

绝缘电阻表示电容器的剩余电流性能，绝缘电阻越大，电容器质量越好。但电解电容器的绝缘电阻一般相对较低，剩余电流较大。

1.2.3 电容器的标志

电容器的标志方法有直标法、文字符号法、数码表示法和色标法 4 种。

1. 直标法

直标法是指在电容体表面直接标注主要技术指标的方法。标注的内容一般有标称容量、额定电压及允许偏差 3 个参数，体积太小的电容仅标注标称容量。

2. 文字符号法

文字符号法是指在电容体表面上，用阿拉伯数字和字母符号有规律地组合来表示标称容量的方法。标注时应遵循以下规则：

- 不带小数点的数值，若无标志单位，则电容量的单位为 pF。
- 凡带小数点的数值，若无标志单位，则电容量的单位为 μF。

3. 数码表示法

在一些磁片电容器上，常用 3 位数字表示电容的容量。其中第 1、2 位为电容值的有效数字，第 3 位为倍率，表示有效数字后面“0”的个数，电容量的单位为 pF。

4. 色标法

电容器的色标法与电阻器色标法基本相似，标志的颜色符号与电阻器采用的相同，其单位是 pF。

5. 电容器偏差的标注方法

1）将允许偏差直接标注在电容体上，例如：±5%，±10%，±20%等。

2）用相应的罗马数字表示，定为Ⅰ级、Ⅱ级、Ⅲ级，对应偏差为±5%，±10%，±20%。

3）用字母表示：G 表示 ±2%，J 表示 ±5%，K 表示 ±20%，N 表示 ±30%，P 表示 +100%、−10%，S 表示+50%、−20%，Z 表示+80%、−20%。

1.2.4 电容器的检测与选用

1. 电容器质量的判断与检测

用普通的指针式万用表就能判断电容器的质量、电解电容器的极性，并能定性比较电容器容量的大小。

（1）质量判定

用万用表 $R\times1k$ 档，将表笔接触电容器（1μF 以上的容量）的两引脚，接通瞬间，表头指针应向顺时针方向偏转，然后逐渐逆时针回复，如果不能复原，则稳定后的读数就是电容器的漏电电阻，阻值越大表示电容器的绝缘性能越好。若在上述的检测过程中，表头指针不摆动，说明电容器开路；若表头指针向右摆动的角度大且不回复，说明电容器已被击穿或严重漏电；若表头指针保持在 0Ω 附近，说明该电容器内部短路。

（2）容量判定

检测过程同上，表头指针向右摆动的角度越大，说明电容器的容量越大，反之则说明容量越小。

（3）电解电容器极性判定

用万用表 $R\times1k$ 档，先测一下电解电容器的漏电阻值，而后将两表笔对调一下，再测一次漏电阻值。两次测试中，漏电阻值小的一次，黑表笔接的是电解电容器的负极，红表笔接的是电解电容器的正极。

（4）可变电容器碰片检测

用万用表的 $R\times1k$ 档，将两表笔固定接在可变电容器的定、动片端子上，慢慢转动可变电容器的转轴，如表头指针发生摆动说明有碰片，否则说明是正常的。

2. 电容器的选用

（1）额定电压

所选电容器的额定电压一般是在线电容工作电压的 1.5~2 倍。但选用电解电容器（特别是液体电介质电容器）应特别注意，一是使电路的实际电压相当于所选额定电压的 50%~70%；二是不能选用存放时间长的电容器（存放时间一般不超过一年）。

（2）标称容量和精度

大多数情况下，对电容器的容量要求并不严格。但在振荡回路、滤波、延时电路及音调电路中，对容量的要求则非常精确。

（3）使用场合

根据电路的要求合理选用电容器。

（4）体积

一般希望使用体积小的电容器。

1.2.5　任务实施

1. 器材和设备

1）指针式和数字式万用表各一块。

2）各种不同类型插装式电容器。

2. 实施步骤

（1）指针式万用表检测电容器

1）从外形或电容体上的标志识别其类型及容量。

2）用指针式万用表检测电容器的方法与步骤如下。

① 选择合适的档位。

② 测量判断。

把测量数据填写在表 1-7 中。

表 1-7 指针式万用表检测电容器数据记录

序 号	标称值	实测值
1		
2		
3		
4		
5		
6		

(2) 用数字万用表检测电容器

1) 从外形或电容体上的标志识别其类型及容量。

2) 用数字万用表检测电容器的方法与步骤如下。

① 按下电源开关“POWER”。

② 将功能量程选择开关拨到“F”区域内合适的量程档上。

③ 将电容器的两只引脚插入测试插座或分别与两只表笔直接接触进行测量，便可读出显示值。

把测量数据填写在表 1-8 中。

表 1-8 数字万用表检测电容器数据记录

序 号	标称值	实测值
1		
2		
3		
4		
5		
6		

任务 1.3 电感元件的识别与检测

任务目标

- 能识别各种电感元件，根据标志读取主要技术参数。
- 能用万用表测试电感元件主要技术参数，并判断质量好坏。

微视频
电感器的识别与检测

微视频
电感器的特点和作用

电感器（俗称电感线圈）和变压器之类统称为电感元件，电感元件实物如图 1-6 所示，在电子电路中经常使用。电感元件是储能元件，主要作用是将电能转换为磁能并储存起来，因此也可以说它是一个储存磁能的组件。在电路中主要用于滤波、储能、缓冲、反馈、变换电压、耦合、匹配、取样、谐振等。

图片
电感元件实物图

图 1-6　电感元件实物

1.3.1　电感元件的主要技术参数

(1) 电感量

电感量也称作自感系数 (L)，是表示电感元件自感应能力的一种物理量。L 的常用单位为 H (亨)、mH (毫亨)、μH (微亨) 和 nH (纳亨)，三者的换算关系如下：

$$1\mathrm{H}=10^{3}\ \mathrm{mH}=10^{6}\mu\mathrm{H}=10^{9}\mathrm{nH}$$

(2) 品质因数

表示电感线圈品质的参数，亦称作 Q 值或优值。Q 值越高，电路的损耗越小，效率越高。

(3) 分布电容

线圈匝间、线圈与地之间、线圈与屏蔽盒之间以及线圈的层间都存在着电容，这些电容统称为线圈的分布电容。分布电容的存在会使线圈的等效总损耗电阻增大，品质因数 Q 降低。

(4) 额定电流

额定电流是指允许长时间通过线圈的最大工作电流。

(5) 稳定性

电感线圈的稳定性主要指参数受温度、湿度和机械振动等影响的程度。

1.3.2　电感元件的标志

(1) 直标法

直标法是将电感的标称电感量用数字和文字符号直接标在电感体上，如图 1-7 所示。

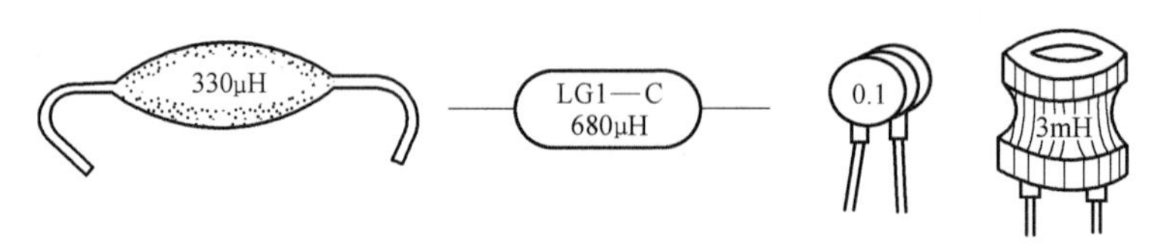

图 1-7　电感的直标法

（2）文字符号法

文字符号法是将电感的标称值和偏差值用数字和文字符号法按一定的规律组合标写在电感体上，如图 1-8 所示。采用文字符号法表示的电感通常是一些小功率电感，单位通常为 nH 或 μH。用 μH 做单位时，“R”表示小数点；用 nH 做单位时，“N”表示小数点。

图 1-8　电感的文字符号法

（3）色标法

色标法（如图 1-9 所示）是用电感表面不同的色环来表示电感量（与电阻类似），通常用 3 个或 4 个色环表示。识别色环时，紧靠电感体一端的色环为第一环，露出电感体本色较多的另一端为末环。注意：用这种方法读出的色环电感量，默认单位为 μH。

（4）数码表示法

数码表示法是用 3 位数字来表示电感量的方法，常用于贴片电感上，如图 1-10 所示。3 位数字中，从左至右的第一、第二位为有效数字，第三位数字表示有效数字后面所加“0”的个数。注意：用这种方法读出的色环电感量，默认单位为 μH。如果电感量中有小数点，则用“R”表示，并占一位有效数字。例如：标示为“330”的电感为 $33\times10^0\mu H=33\mu H$。

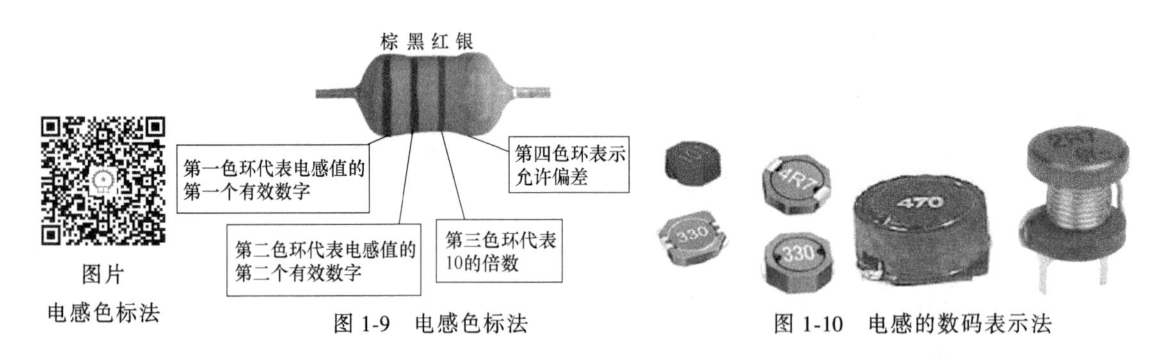

图 1-9　电感色标法

图 1-10　电感的数码表示法

1.3.3　电感器

（1）电感器的作用

电感器也是储存电能的元件，通过电感的电流不能突变，所以具有“通直流阻交流”的特性。

（2）电感器的分类

按电感的形式可分为固定电感和可变电感线圈；按导磁性质可分为空心线圈和磁心线圈；按工作性质可分为天线线圈、振荡线圈、低频扼流线圈和高频扼流线圈；按耦合方式可分为自感应和互感应线圈；按绕线结构可分为单层线圈、多层线圈和蜂房式线圈等。常用的电感器的外形及图形符号如表 1-9 所示。

表 1-9　电感器的外形及图形符号

名　　称	外　　形	特　　点	图形符号
空心线圈		空心线圈没有磁心，其线圈的匝数较少，电感量也比较小。实用电路中的空心线圈用石蜡固定，以防止线圈的滑动而影响电感量的大小	
磁棒、磁环线圈	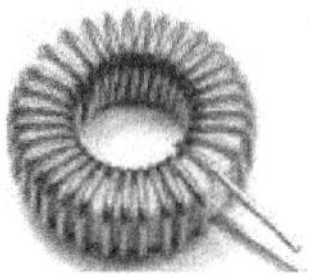	磁棒线圈是在磁棒上绕制成线圈的，而磁环线圈是在磁环上绕制成线圈。磁棒和磁环的大小、形状及线圈的绕制方法都对电感量有决定性的影响	
固定色环、色码电感器		固定色环电感器是一种磁心线圈，其外壳上标有色环用来表示电感量的数值，固定色码电感器的性能和色环电感器基本相似。特点是体积小巧，并且性能比较稳定	
小型固定电感线圈		小型固定电感线圈是将线圈绕制在软磁铁氧体的基础上，然后再用环氧树脂或塑料封装起来制成	
可变电感线圈		可变电感线圈通过调节磁心在线圈内的位置来改变电感量	
微调电感器		微调电感器一般都有一个可插入的磁心，通过改变磁心在电感器中的位置来调整电感量的大小	
印制电感器		印制电感器又称微带线，常用在高频电子设备中，它是由印制电路板上一段特殊形状的铜箔构成	

1.3.4　变压器

变压器主要用于交流电压变换、交流电流变换和阻抗变换。

1. 变压器的种类

1）按使用的工作频率分：可以分为高频、中频、低频、脉冲变压器等。

2）按其磁心分：可以分为铁心（硅钢片或玻莫全金）变压器、磁心（铁氧体心）变压器和空心变压器等几种。

变压器的铁心通常是由硅钢片、坡莫合金或铁氧体材料制成，其形状有 EI 形、口形、F 形、C 形等种类，如图 1-11 所示。

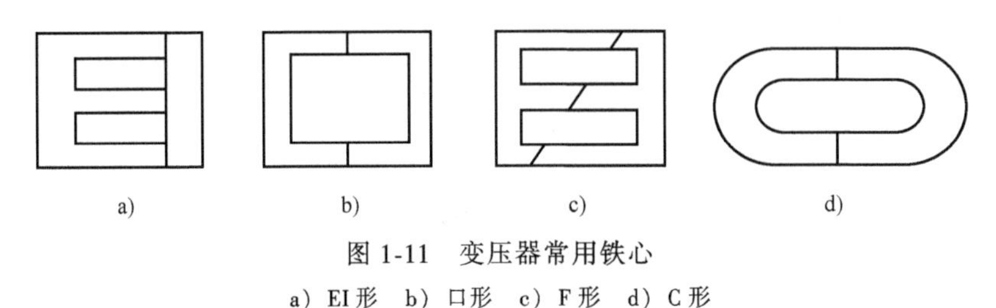

图 1-11　变压器常用铁心

a）EI 形　b）口形　c）F 形　d）C 形

2. 常见的变压器的外形及图形符号

变压器由铁心（或磁心）和线圈组成，它实质上是一只电感器。其线圈有两个或两个以上的绕组，其中接电源的绕组叫作一次线圈，其余的绕组叫二次线圈。简单来讲，就是将两组或两组以上的线圈绕在同一个线圈骨架上，或绕在同一个铁心上。变压器是电子产品中常用的元器件之一。常见的变压器的外形及图形符号见表 1-10。

表 1-10　常见变压器的外形及图形符号

名　称	外　形	特　点	图形符号
普通电源变压器		普通电源变压器的一次线圈一般有一组或两组，其二次线圈可以是一组也可以是多组，变压器主要由二次线圈上输出所需要的电压	表示符号:T
环形电源变压器		环形电源变压器的特点是铁心采用环形，其他与普通电源变压器相同	
音频变压器		音频变压器是频率工作在音频范围内的变压器，主要用来耦合信号，进行阻抗的匹配。通常由输入变压器和输出变压器配合使用	T
中频变压器		中频变压器不仅具有普通变压器变换电压、电流及阻抗的特性，还具有谐振于某一特定频率的特性，常用于收音机电路中	T C

3. 变压器的主要技术参数

(1) 额定功率

额定功率是指变压器能长期工作而不超过规定温度的输出功率。变压器输出功率的单位用瓦（W）或伏安（VA）表示。

(2) 变压比

变压比是指二次电压与一次电压的比值或二次绕组匝数与一次绕组匝数的比值。

1）变压器的变压比：$U_1/U_2=N_1/N_2$

2）变压器电流与电压的关系。

不考虑变压器的损耗，则有：

$$U_1/U_2=I_2/I_1$$

3）变压器的阻抗变换关系：设变压器二次 [侧] 阻抗为 Z_2，反射到一次 [侧] 的阻抗为 Z_2'，则有：

$$Z_2'/Z_2=(N_1/N_2)^2$$

因此，变压器可用作阻抗变换器。

(3) 效率

效率是变压器的输出功率与输入功率的比值。一般电源变压器、音频变压器要注意效率，而中频、高频变压器一般不考虑效率。

(4) 温升

温升是当变压器通电工作后，其温度上升到稳定值时比周围环境温度升高的数值。

(5) 绝缘电阻

绝缘电阻是在变压器上施加的试验电压与产生的漏电流之比。

(6) 漏电感

由漏磁通产生的电感称为漏电感，简称漏感。变压器的漏感越小越好。

1.3.5　电感元件的检测

1. 电感器的检测

各种电感器一般通过检测电感量可判断其质量是否良好，检测结果若在其误差值范围内，则为正常，否则为损坏。其损坏现象有3种：

1）检测结果超出标称值许多，为质量不合格。

2）检测结果是无穷大，为断路。

3）检测结果是0，为短路。

使用中要求较为严格的电感器，还要检测其他参数，如品质因数、分布电容、损耗电阻等。

2. 变压器的检测

(1) 线圈通断的检测

用万用表的欧姆档检测各绕组的直流电阻值，若某个绕组的电阻值为0，则说明该绕组有短路性故障。电源变压器发生短路性故障后的主要现象是发热严重和二次绕组输出电压异常。

(2) 空载电流的检测

将二次绕组全部开路，把万用表置于交流电流档，并串入一次绕组中，当一次绕组上通220V交流电时，万用表显示的示数便是空载电流。空载电流不能大于满载电流的10%～20%。该值过大，则表明变压器有短路性故障。

(3) 绝缘性能的检测

分别检测变压器铁心与一次绕组、一次绕组与二次绕组、铁心与二次绕组、静电屏蔽层与一次或二次绕组间的电阻值，阻值应大于100MΩ，否则表明变压器绝缘性能不良。

使用中还要检测其他参数，如二次输出电压、一次绕组的判断、各绕组同名端的判断等。

1.3.6 任务实施

1. 器材和设备

1) 指针式和数字式万用表各一块。

2) 各种不同标称值的电感器、变压器。

2. 实施步骤

(1) 用万用表检测电感器

1) 从外形或电感体上的标志识别其类型。

2) 用指针式万用表检测电感器的方法与步骤如下。

① 检测时首先应进行外观检查，看线圈有无松散，引脚有无折断、生锈等现象。然后再用万用表的欧姆档对线圈的直流电阻进行检测。

② 直流电阻检测结果若为无穷大，则说明线圈有断路；若比正常值小得多，则说明有局部短路；若为零，则表明完全被短路。

注意：使用指针式万用表只能粗略判断电感器的好坏。

把测量数据填入表1-11中。

3) 用数字式万用表检测电感器的方法与步骤如下。

① 按下电源开关“POWER”。

② 将功能量程选择开关拨到“L”区域内合适的量程上。

③ 将两表笔接于被测电感器两端便可读出电感量的测量值。把测量数据填入表1-11中。

表1-11 万用表检测电感器测量数据

序　号	标称值	实测值
1		
2		
3		
4		
5		
6		

(2) 用万用表检测变压器

1) 从外形或变压器体上的标志识别其类型。

2）用万用表检测变压器的方法与步骤如下。

① 检测前首先应进行外观检查，看线圈有无松散，引脚有无折断、生锈，绕组是否有烧焦等现象。

② 用万用表测量各绕组的直流电阻值或电感量，判断其绕组是否正常。方法同测量电感器相似。

③ 用万用表测量各绕组对铁心的直流电阻值，判断其绝缘性能。

④ 变压器加上正常的工作电压，用万用表测量其各绕组电压是否正常。

把测量数据填入表 1-12 中。

表 1-12　万用表检测变压器测量数据

序　　号	各绕组的直流电阻值	各绕组对铁心的直流电阻值
1		
2		
3		
4		
5		
6		

任务 1.4　二极管的识别与检测

任务目标

- 能识别各种插装式二极管，正确理解其主要技术参数。
- 能用万用表测试二极管的极性及质量。

半导体是指导电性能介于导体和绝缘体之间的物质，是一种具有特殊性质的物质。它的种类繁多，这里仅介绍最常用的半导体器件。

微视频
二极管简介

1.4.1　二极管概述

半导体二极管由一个 PN 结、电极引线和外加密封管壳制成，具有单向导电性。其结构及图形符号如图 1-12 所示。

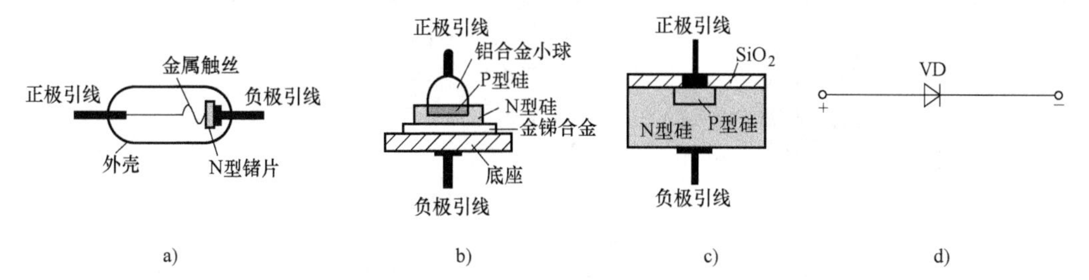

图 1-12　二极管的结构、图形符号
a）点接触型　b）面接触型　c）平面型　d）图形符号

1. 二极管的分类

1）二极管按结构分：可分为点接触型和面接触型两种。点接触型二极管常用于检波、变频等电路；面接触型主要用于整流等电路中。

2）二极管按材料分：可分为锗二极管和硅二极管。锗管正向压降为 0.2~0.3V，硅管正向压降为 0.5~0.7V。

3）二极管按用途分：可分为普通二极管、整流二极管、开关二极管、发光二极管、变容二极管、稳压二极管、光电二极管等。

2. 二极管的外形

二极管是典型的半导体元器件，具有单向导电的特性，通过二极管的电流只能沿一个方向流动。一般在二极管的管壳上都标有极性，二极管极性接错有可能烧坏二极管以及其他元器件。常见二极管的外形及图形符号如表 1-13 所示。

表 1-13 常见二极管的外形及图形符号

名称	外形	特点	图形符号
整流二极管	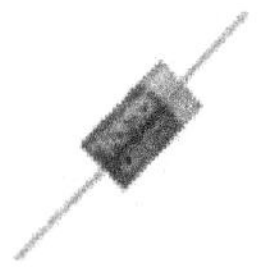	将交流电流整流成为直流的二极管称作整流二极管，整流二极管主要用于整流电路中，其功能是把交流电变为直流电	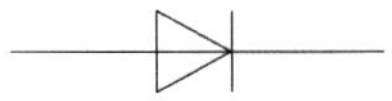
检波二极管	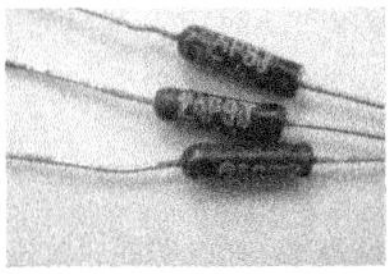	检波二极管主要功能是将调制在高频载波的低频信号检测出来，具有较高的检波效率和良好的频率特性	
开关二极管		开关二极管一般应用于脉冲数字电路中，用于接通和断开电路。其特点是反向恢复时间短，能满足高频和超高频电路的需要	
稳压二极管	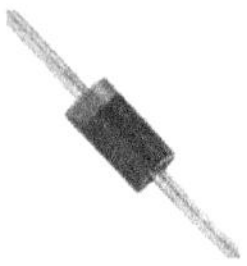	稳压二极管也是由半导体材料制成的二极管，它利用 PN 结的反向击穿特性达到稳压目的	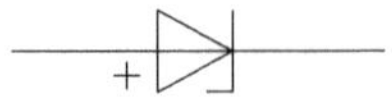 +
发光二极管	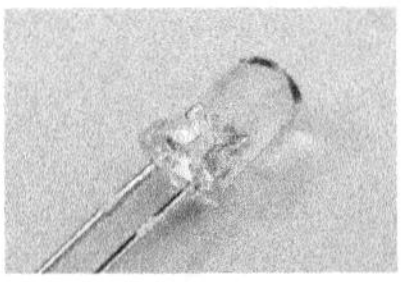	发光二极管单向导电性接近普通二极管，在发光二极管的PN 结上加上正向电压时，会产生发光现象	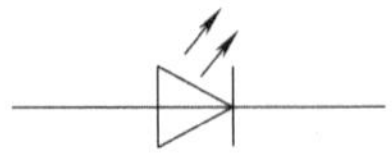
光电二极管	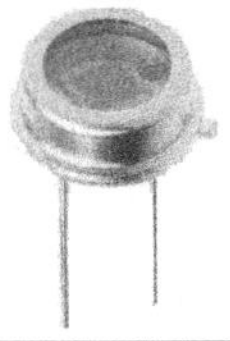	光电二极管在光线照射下反向电阻会由大变小。光电二极管的外壳有能射入光线的窗口，光线可以通过该窗口照射到管芯上	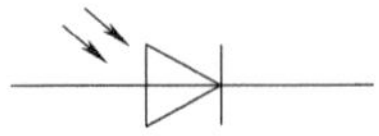

（续）

名　称	外　形	特　点	图形符号
变容二极管		变容二极管是利用 PN 结空间电荷具有电容器特性的原理制成的特殊二极管,其主要的特性是其电容量随反向偏压变化而变化	
双向触发二极管		双向触发二极管的特点是在超过特定电压时会导通。常用来触发双向晶闸管,或用于过电压保护、定时、移相电路。它的正、反向伏安特性完全对称	

1.4.2　二极管的主要技术参数

不同类型的二极管有不同的特性参数。

（1）最大正向电流 I_F

指二极管长期工作时，允许通过的最大正向平均电流。

（2）最高反向工作电压 U_{RM}

指正常工作时，二极管所能承受的反向电压的最大值。一般手册上给出的最高反向工作电压约为击穿电压的一半，以确保二极管安全运行。

（3）最高工作率 f_M

指二极管能保持良好工作性能条件下的最高工作频率。

（4）反向饱和电流 I_S

指在规定的温度和最高反向电压作用下，二极管未击穿时流过二极管的反向电流。反向饱和电流越小，二极管的单向导电性能越好。

1.4.3　二极管的极性识别与检测

1. 二极管极性识别

（1）观察外壳上的符号标记

通常在二极管的外壳上标有二极管的符号，带有三角的一端为正极，另一端是负极，如图 1-13 所示。

（2）观察外壳上的色点

在一些二极管的外壳上标有色环，带色环的一端为负极，如图 1-14 所示。

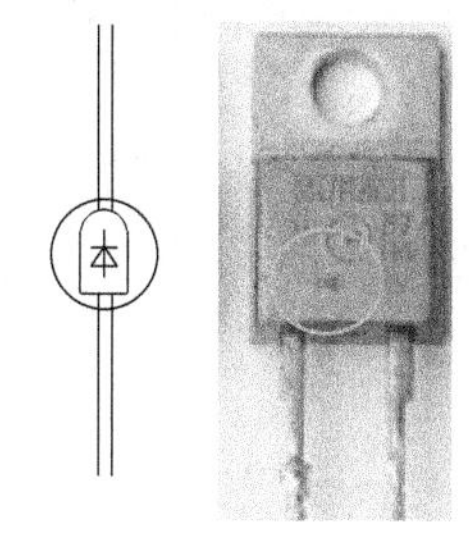

图 1-13　标有符号的二极管

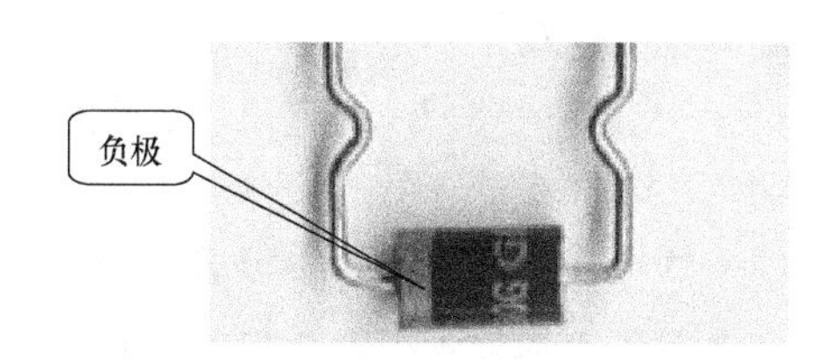

图 1-14　标有色环的二极管

2. 用万用表检测二极管

(1) 判断极性

1) 用指针式万用表进行测量时，以阻值较小的一次测量为准，黑表笔所接的一端为正极，红表笔所接的一端则为负极。测量过程如下：

选择电阻 $R\times100\Omega$ 或 $R\times1\text{k}\Omega$ 档，进行欧姆调零，然后将红、黑表笔分别接二极管的两个电极，若测得的电阻值很小（几千欧以下），则黑表笔所接电极为二极管正极，红表笔所接电极为二极管的负极；若测得的阻值很大（几百千欧以上），则黑表笔所接电极为二极管负极，红表笔所接电极为二极管的正极，如图 1-15 所示。

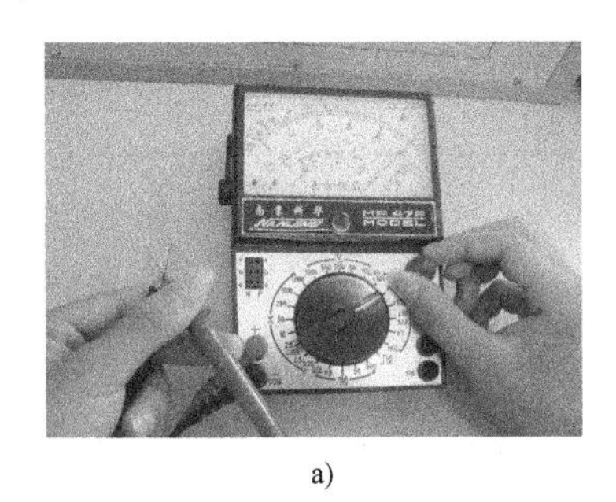
a)

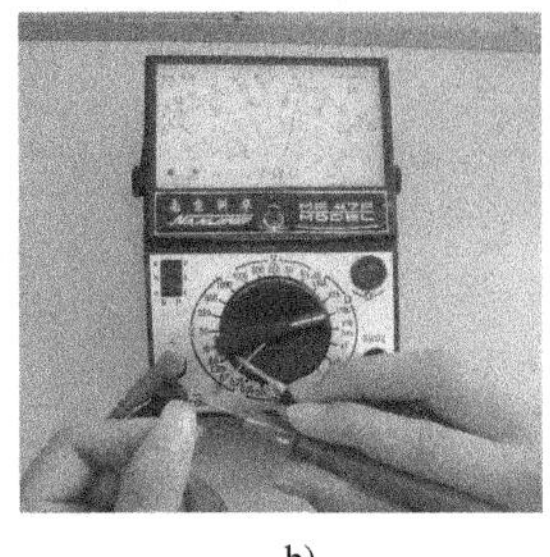
b)

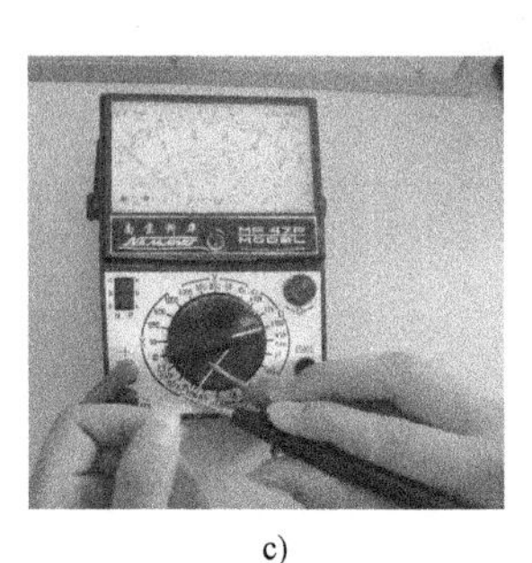
c)

图 1-15　用指针式万用表判别二极管的极性

a) 欧姆调零　b) 电阻值小　c) 电阻值大

2) 用数字式万用表进行测量时，如图 1-16 所示。把万用表置于二极管测试档进行测试，所测显示电压为 0.5~0.8V，则所测为正向偏置，红表笔所接为正极、黑表笔所接为负极；如所测显示为“1”，则为反向偏置，红表笔所接为负极，黑表笔所接为正极。

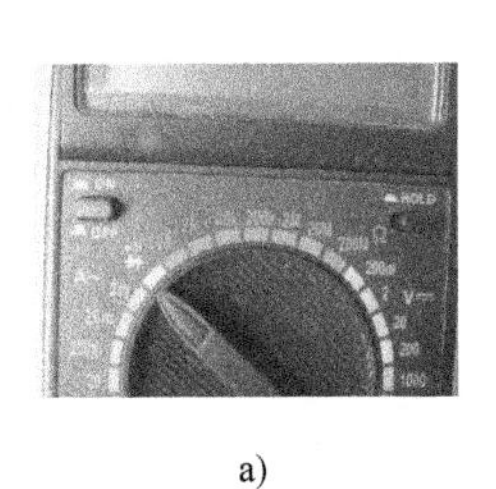
a)

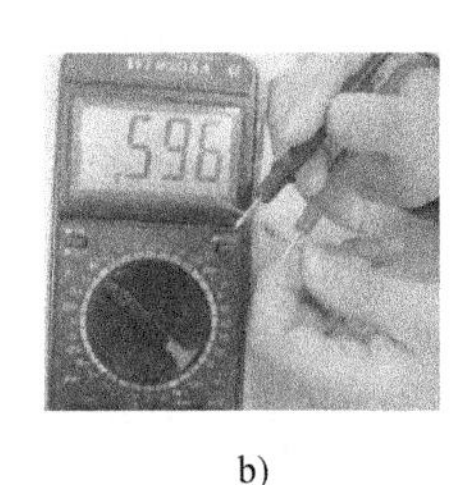

b)

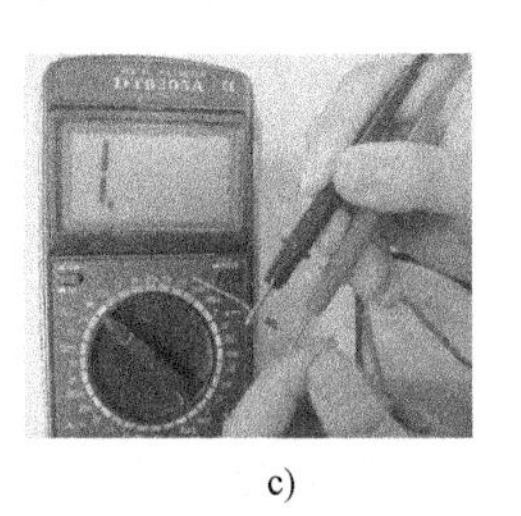
c)

图 1-16　用数字式万用表判别二极管的极性

a) 置二极管测试档　b) 正向偏置　c) 反向偏置

(2) 判断二极管好坏

将两表笔分别接在二极管的两个引线上，测出电阻值。然后对换两表笔，再测出一个阻值，然后根据这两次测得的结果，判断出二极管的质量好坏与极性。

测量的结果：

- 一次阻值大，一次阻值小；阻值小时黑表笔接的是二极管的正极，红表笔接的是二极管的负极。二极管正常。
- 两次阻值都很大，二极管断路。
- 两次阻值都很小，二极管短路。
- 正向电阻值大于正常值的上限，反向电阻值小于正常值的下限，表示二极管性能不太好。

若用数字式万用表的二极管档进行检测，不同材料的二极管，正向压降值不同：锗管为0.150~0.300V，硅管为0.400~0.700V。

若显示屏显示“0000”数值，则表明二极管已短路；若显示“OL”或“超载”，则说明二极管内部短路或处于反向状态，此时可交换表笔再测。

使用中要求较为严格的二极管或特殊二极管，使用中还要检测其他参数，如额定功率、最高工作电压、稳压值等。

1.4.4　任务实施

1. 器材和设备

1）指针式、数字式万用表各一块。

2）各种不同标称值的二极管。

2. 实施步骤

以下检测数据填入表1-14中。

表1-14　二极管检测数据记录

序　号	型　　号	正向电阻值/kΩ	反向电阻值/kΩ
1			
2			
3			
4			
5			
6			

（1）用指针式万用表检测二极管

1）从外形或二极管体上的标志识别其类型及型号。

2）用指针式万用表检测普通二极管的方法与步骤如下。

① 万用表选择合适的档位。档位一般选择 $R\times1\text{k}\Omega$（或 $R\times100\Omega$）档量程，选择量程后，万用表应校零。

② 交换表笔测量二极管两次，阻值小的一次为正向电阻值，且此时黑表笔所接触的电极引脚为二极管的正极，阻值大的一次为反向电阻值。

比较正向、反向电阻值，判断二极管的质量好坏。

（2）用数字式万用表检测二极管

用数字式万用表检测二极管的方法和步骤如下。

1）按下电源开关“POWER”。

2）将功能量程选择开关拨到“—▷|—”的量程档上。

3）将两表笔接于被测二极管两端，交换表笔测量两次，便可读出显示值。

4）比较正向、反向电压值，判断二极管的质量好坏。

另外，开关二极管、阻尼二极管、隔离二极管、钳位二极管、快恢复二极管等，可参考普通整流二极管的识别与判断。

(3) 几种特殊二极管的检测

1) 稳压二极管的检测。

稳压二极管的极性与性能好坏的测量同普通二极管的测量方法相似，不同之处在于：当使用指针式万用表的 $R\times1\text{k}\Omega$ 档测量二极管时，测得其反向电阻是很大的，此时，将万用表转换到 $R\times10\text{k}\Omega$ 档，如果出现指针向右偏转较大角度，即反向电阻值减小很多的情况，则该二极管为稳压二极管；如果反向电阻基本不变，说明该二极管是普通二极管，而不是稳压二极管。

稳压二极管的测量原理是：万用表 $R\times1\text{k}\Omega$ 档的内电池电压较小，通常不会使普通二极管和稳压二极管击穿，所以测出的反向电阻都很大。当将万用表转换到 $R\times10\text{k}\Omega$ 档时，万用表内电池电压变得很大，使稳压二极管出现反向击穿现象，所以其反向电阻下降很多，由于普通二极管的反向击穿电压比稳压二极管高得多，所以普通二极管不会被击穿，但反向电阻仍然很大。

若测得稳压二极管的正、反向电阻均很小或均为无穷大，则说明该二极管已被击穿或开路损坏。

2) 发光二极管的检测。

指针式万用表检测：对发光二极管的检测主要采用万用表的 $R\times10\text{k}\Omega$ 档，其测量方法及对其性能的好坏判断与普通二极管相同。但发光二极管的正向、反向电阻均比普通二极管大得多。用指针式万用表时，把转换开关置于 $R\times10\text{k}\Omega$ 档测量它的正、反向电阻值。正常时，正向阻值为 15~40kΩ；反向阻值大于 500kΩ。正反电阻若接近 0，说明它已击穿损坏；若均为无穷大，说明它已开路损坏；若反向阻值远远小于 500kΩ，则说明它已漏电损坏。此种检测方法，不能实地看到发光二极管的发光情况，因为 $R\times10\text{k}\Omega$ 档不能向发光二极管提供较大正向电流。若用指针式万用表 $R\times1\text{k}\Omega$ 档测量发光二极管的正、反向电阻值，则会发现其正、反向电阻值均接近无穷大，这是因为发光二极管的正向压降大于 1.6V（高于万用表 $R\times1\text{k}\Omega$ 档内电池的电压值 1.5V）的缘故。

数字式万用表检测：用数字式万用表的 $R\times20\text{M}\Omega$ 档，测量发光二极管的正、反向电阻值。正常时，正向电阻小于反向电阻。较高灵敏度的发光二极管，用数字式万用表小量程电阻档测它的正向电阻时，管内会发微光，所选的电阻量程越小，管内发出的光越强。用数字式万用表的二极管档测量发光二极管的正向导通压降，正常值为 1.5~1.7V，且管内会有微光。红色发光二极管约为 1.6V，黄色约为 1.7V，绿色约为 1.8V，蓝、白、紫色发光二极管约为 3~3.2V。

任务 1.5 晶体管的识别与检测

微视频
晶体管的
识别与检测

任务目标

- 能识别各种插装式晶体管，正确理解其主要技术参数。
- 能用万用表测试晶体管的极性及质量。

1.5.1 晶体管概述

晶体管又叫双极型晶体管，具有电流放大作用，是信号放大和处理的核心器件，广泛用于电子产品中。

晶体管的构成如图 1-17 所示，它是由两个 PN 结（发射结和集电结）组成的。它有 3 个区：发射区、基区和集电区，各自引出的电极称为发射极（E）、基极（B）和集电极（C）。

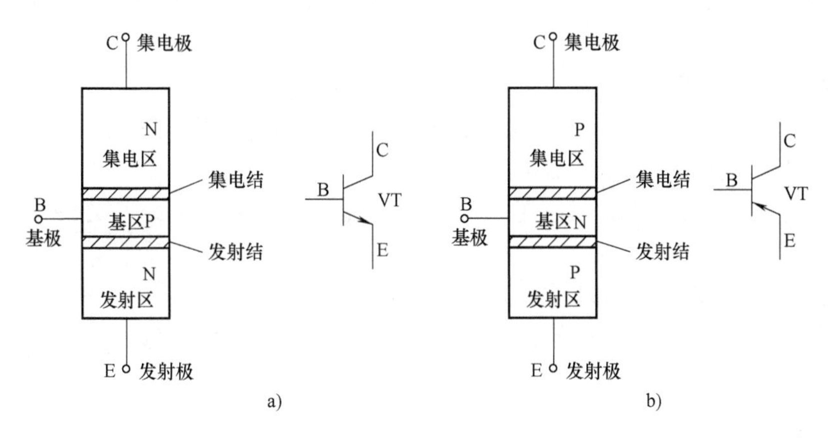

图 1-17　晶体管结构示意图与图形符号

a）NPN 型　b）PNP 型

NPN 型晶体管是由两个 N 型半导体中间夹着一个 P 型半导体构成；PNP 型晶体管是由两个 P 型半导体中间夹着一个 N 型半导体构成的，相当于两个背靠背的二极管。

晶体管的分类有以下几种：

1）以内部 3 个区的半导体类型分，可分 NPN 型和 PNP 型。

2）以工作频率分，可分低频管（f_α<3MHz）和高频管（$f_\alpha \geqslant$3MHz）。

3）以功率分，可分小功率管（P_C<1W）和大功率管（$P_C \geqslant$1W）。

4）以用途分，可分普通晶体管和开关管等。

5）以半导体材料分，可分锗晶体管和硅晶体管等。

常见晶体管的外形如图 1-18 所示。

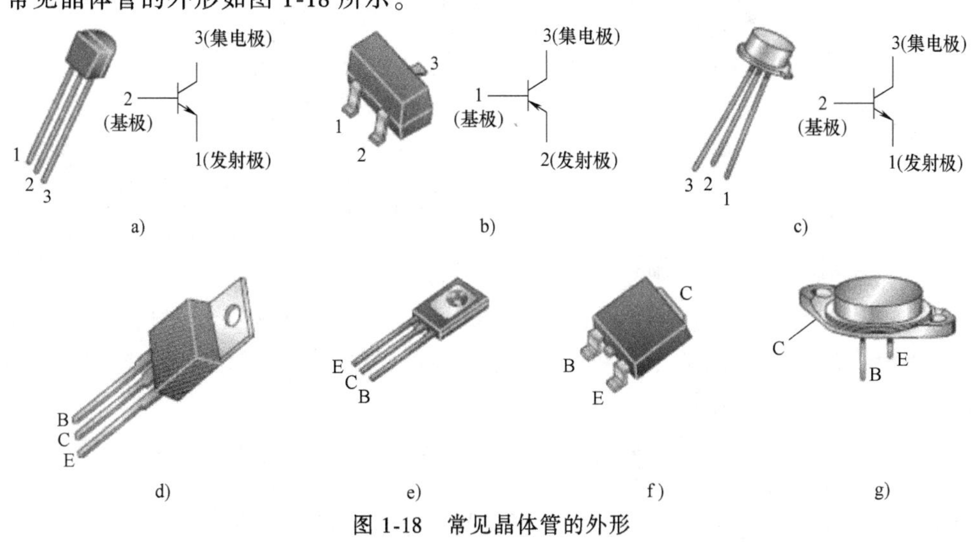

图 1-18　常见晶体管的外形

a）TO-92　b）SOT-23　c）TO-18　d）TO-220　e）TO-225　f）D-Pack　g）TO-3

1.5.2 晶体管的主要技术参数

1. 交流电流放大系数

交流电流放大系数包括共发射极电流放大系数 β 和共基极电流放大系数 α，它是表明晶体管放大能力的重要参数。

2. 集电极最大允许电流 I_{CM}

集电极最大允许电流指放大器的电流放大系数明显下降时的集电极电流。

3. 集-射极间反向击穿电压（U_{CEO}）

集-射间反向击穿电压指晶体管基极开路时，集电极和发射极之间允许加的最高反向电压。

4. 集电极最大允许耗散功率（P_{CM}）

集电极最大允许耗散功率指晶体管参数变化不超过规定允许值时的最大集电极耗散功率。

1.5.3 晶体管的检测

1. 指针式万用表检测晶体管

(1) 三颠倒，找基极；PN 结，定管型

三颠倒，找基极。判断方法及原理如图 1-19 所示。任取一个电极，把它假定为基极，任意一只表笔接这个电极，另一只表笔测量剩下的两只电极，记下两次数据；然后，对调表笔，再按上述方法测量一次，记下两次数据。在这 3 次颠倒测量中（不一定必须测 3 次），直到测量结果为两次阻值都很小（正向电阻），两次阻值都很大（反向电阻），那么假定的基极正确。

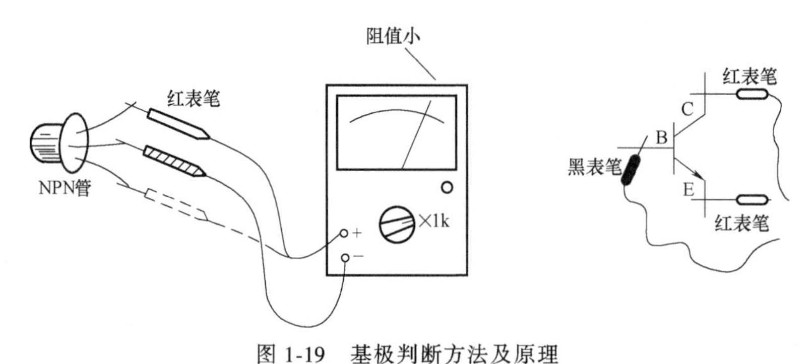

图 1-19 基极判断方法及原理

PN 结，定管型。找出晶体管的基极后，就可以根据基极与另外两个电极之间 PN 结的方向来确定晶体管的导电类型。在上述测量过程中，黑表笔接基极，测量结果阻值都很小，则该管为 NPN 型；反之，红表笔接基极，测量结果阻值都很小，则该管为 PNP 型。

(2) 顺箭头，偏转大；测不准，用手触

基极找到之后，判断出 PNP 型或 NPN 型，再找发射极和集电极。顺箭头，偏转大，这时可以用测穿透电流 I_{CEO} 的方法确定集电极和发射极。

对于 NPN 型晶体管，用黑、红表笔颠倒测量两极间的正、反向电阻 R_{CE} 和 R_{EC}，虽然两次测量中万用表指针偏转角度都很小，但仔细观察，总会有一次偏转角度稍大，此时电流

的流向一定是：黑表笔→C 极→B 极→E 极→红表笔，电流流向正好与晶体管符号中的箭头方向一致（“顺箭头”），所以此时黑表笔所接的一定是集电极，红表笔所接的一定是发射极。

对于 PNP 型的晶体管，原理也类似于 NPN 型，其电流流向一定是：黑表笔→E 极→B 极→C 极→红表笔，其电流流向也与晶体管符号中的箭头方向一致，所以此时黑表笔所接的一定是发射极，红表笔所接的一定是集电极。

测不出，用手触。测量方法与原理如图 1-20 所示。若在“顺箭头，偏转大”的测量过程中，由于颠倒前后的两次测量指针偏转均太小难以区分时，用手触摸假定的 C、B 两极，形成基极偏置电阻，再用万用表内的电池与表笔构成一个共射放大电路。以 NPN 管为例，用红表笔接基极以外的一引脚，左手拇指与中指将黑表笔与基极捏在一起，同时用左手食指触摸余下的引脚，这时表针应向右摆动。将基极以外的两引脚对调后再测一次。两次测量中，表针摆动幅度较大的那一次，黑表笔所接为集电极，红表笔所接为发射极。表针摆动幅度越大，说明被测晶体管的 β 值越大。对于 PNP 管则对调红、黑表笔测量。

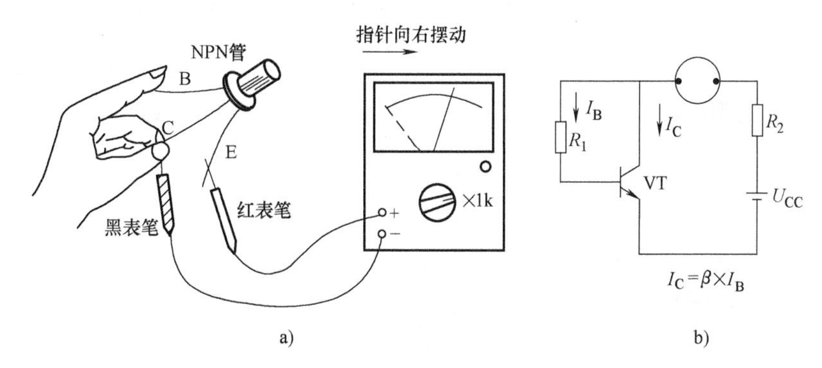

图 1-20　C、E 极判断方法及原理

a）测量方法　b）等效原理

2. 数字式万用表检测晶体管

利用数字万用表不仅可以判别晶体管引脚极性、测量晶体管的共发射极电流放大系数 h_{FE}，还可以鉴别是硅晶体管还是锗晶体管。由于数字万用表电阻档的测试电流很小，所以不适用于检测晶体管，应使用二极管档或 HFE 档进行测试。

将数字式万用表置于二极管档位，红表笔固定任接某个引脚，用黑表笔依次接触另外两个引脚，如果两次显示值均小于 1V 或都显示溢出符号“0L”或“1”，则红表笔所接的引脚就是基极。如果在两次测试中，一次显示值小于 1V，另一次显示溢出符号“0L”或“1”（视不同的数字式万用表而定），则表明红表笔接的引脚不是基极，应更换其他引脚重新测量，直到找出基极为止。

基极确定后，用红表笔接基极，黑表笔依次接触另外两个引脚，如果显示屏上的数值都显示为 0.600~0.800V，则所测晶体管属于硅 NPN 型中、小功率管，如图 1-21 所示。其中，显示数值相对较大的一次（两次测试值相差较小），黑表笔所接引脚为发射极。

用红表笔接基极，黑表笔先后接触另外两个引脚，若两次都显示溢出符号“0L”或“1”，调换表笔测量，即黑表笔接基极，红表笔接触另外两个引脚，显示数值都大于 0.400V，则表明所测晶体管属于硅 PNP 型，此时数值相对较大的那次，红表笔所接的引脚

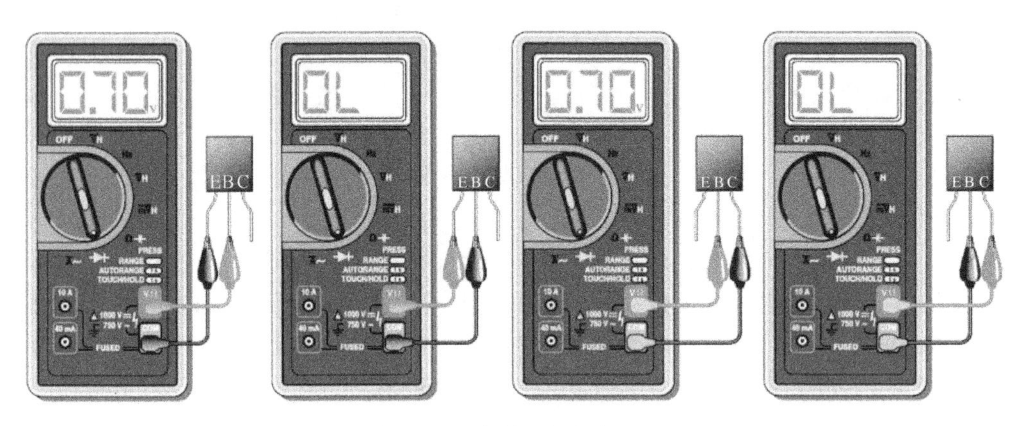

图 1-21　晶体管基极判断方法

为发射极。

数字万用表在测量过程中，若显示屏上的显示数值都小于 0.400V，则所测晶体管属于锗晶体管。

1.5.4　任务实施

1. 器材和设备

1）指针式万用表一块。

2）各种不同封装、不同标称值的晶体管。

2. 用万用表检测晶体管

1）从封装或晶体管体的标志识别其类型、型号及封装形式。

2）用指针式万用表检测晶体管的方法和步骤如下。

① 万用表选择合适的档位。档位一般选择 $R\times1\text{k}\Omega$ 或 $R\times100\Omega$ 档量程，选择量程后，万用表应校零。

② 按以下方法确定晶体管的极性：三颠倒，找基极；PN 结，定极性。顺箭头，偏转大，测不准，用手触。

任务 1.6　集成电路（IC）的识别与检测

任务目标

- 能识别集成电路的封装形式及引脚。
- 能识别集成电路型号命名。
- 能用万用表进行集成电路的简单检测。

微视频
集成电路的
识别与检测

1.6.1　集成电路的分类

集成电路（Integrated Circuit，IC）利用半导体工艺或厚、薄膜工艺将电路的有源元件、无源元件及其连线制作在半导体基片上或绝缘基片上，形成具有特定功能的电路，并封装在管壳中，也俗称芯片。

特点：具有体积小、重量轻、功耗低、成本低、可靠性高、性能稳定等优点。

集成电路分类主要有以下几种。

（1）按功能结构分类

集成电路按其功能、结构的不同，可以分为模拟集成电路、数字集成电路和数-模混合集成电路3大类。

模拟集成电路又称线性电路，用来产生、放大和处理各种模拟信号（指幅度随时间变化的信号。例如半导体收音机的音频信号、录放机的磁带信号等），其输入信号和输出信号成比例关系。而数字集成电路用来产生、放大和处理各种数字信号（指在时间上和幅度上离散取值的信号），例如智能手机、数字照相机、计算机CPU、数字电视的逻辑控制和中放的音频信号和视频信号。

（2）按制作工艺分类

集成电路按制作工艺可分为半导体集成电路和膜集成电路。

膜集成电路又分为厚膜集成电路和薄膜集成电路。

（3）按集成度高低分类

集成电路按集成度高低的不同可分为如下几种。

- 小规模集成电路（Small Scale Integrated circuits，SSI）
- 中规模集成电路（Medium Scale Integrated circuits，MSI）
- 大规模集成电路（Large Scale Integrated circuits，LSI）
- 超大规模集成电路（Very Large Scale Integrated circuits，VLSI）
- 特大规模集成电路（Ultra Large Scale Integrated circuits，ULSI）
- 巨大规模集成电路，也被称作极大规模集成电路或超特大规模集成电路（Giga Scale Integration Circuits，GSI）。

（4）按导电类型不同分类

集成电路按导电类型可分为双极型集成电路和单极型集成电路，他们都是数字集成电路。

双极型集成电路的制作工艺复杂，功耗较大，代表集成电路有TTL、ECL、HTL、LSTTL、STTL等类型。单极型集成电路的制作工艺简单，功耗也较低，易于制成大规模集成电路，代表集成电路有CMOS、NMOS、PMOS等类型。

（5）按应用领域分

集成电路按应用领域可分为标准通用集成电路和专用集成电路。

（6）按外形分

集成电路按外形可分为圆形（金属外壳晶体管封装型，一般适合用于大功率）、扁平型（稳定性好，体积小）和双列直插型。

1.6.2　集成电路的封装形式

封装形式是指安装半导体集成电路芯片所用的外壳，起着安装、固定、密封、保护芯片等作用。

集成电路常用的封装材料有金属、陶瓷及塑料3种。

● 金属封装：这种封装散热性好，可靠性高，但安装不方便，成本高。一般高精密度集成电路或大功率器件均以此形式封装。按国家标准有 T 型和 K 型两种。

● 陶瓷封装：这种封装散热性差，但体积小、成本低。陶瓷封装的形式可分为扁平型和双列直插型。

● 塑料封装：这是目前使用最多的封装形式。

集成电路的封装形式如图 1-22 所示。

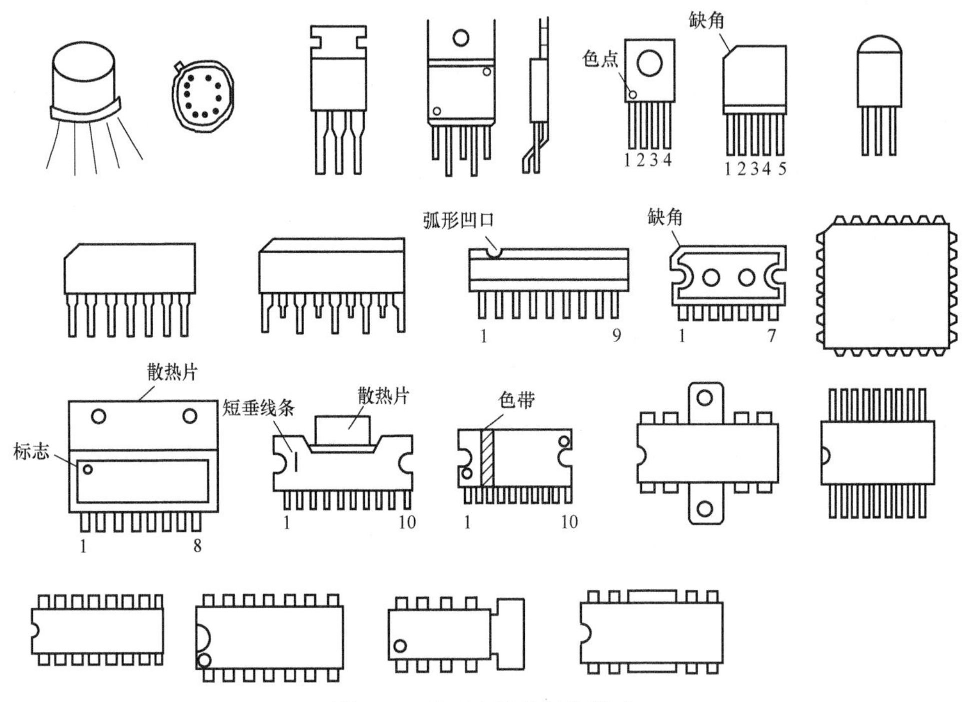

图 1-22　集成电路的封装形式

1.6.3　集成电路的型号命名方法

国产半导体集成电路型号命名方法执行 GB 3430—1989《半导体集成电路型号命名方法》。

集成电路的型号由 5 部分组成，其组成的符号及意义如表 1-15 所示。

1.6.4　集成电路的检测

集成电路常用的检测方法有在线测量法和非在线测量法（裸式测量法）。

在线测量法是通过万用表检测集成电路在路（在电路中）直流电阻，对地交、直流电压及工作电流是否正常，来判断该集成电路是否损坏。这种方法是检测集成电路最常用和实用的方法。

非在线测量法是在集成电路未接入电路时，通过万用表测量集成电路各引脚对应于接地引脚之间的正、反向直流电阻值，然后与已知正常同型号集成电路各引脚之间的直流电阻值进行比较，以确定其是否正常。

表 1-15 集成电路型号的组成符号及意义

第0部分		第一部分		第二部分	第三部分		第四部分	
用字母表示器件符合国家标准		用字母表示器件的类型		用阿拉伯数字和字符表示器件的系列和品种代号	用字母表示器件的工作温度范围		用字母表示器件的封装	
符号	意义	符号	意义		符号	意义	符号	意义
C	符合国家标准	T	TTL 电路		C	0~70℃	F	多层陶瓷扁平
		H	HTL 电路		G	-25~70℃	B	塑料扁平
		E	ECL 电路		L	-25~85℃	H	黑瓷扁平
		C	CMOS 电路		E	-40~85℃	D	多层陶瓷双列直插
		M	存储器		R	-55~85℃	J	黑瓷双列直插
		μ	微型机电路		M	-55~125℃	P	塑料双列直插
		F	线性放大器				S	塑料单列直插
		W	稳压器				K	金属菱形
		B	非线性电路				T	金属圆形
		J	接口电路				C	陶瓷片状载体
		AD	A-D 转换器				E	塑料片状载体
		DA	D-A 转换器				G	阿格阵列
		D	音响、电视电路					
		SC	通信专用电路					
		SS	敏感电路					
		SW	钟表电路					

1. 直流电阻测量法

直流电阻测量法是一种用万用表欧姆档直接在电路板上测量集成电路各引脚和外围元器件的正、反向直流电阻值，并与正常数据进行比较，来发现和确定故障的一种方法。

使用集成电路时，总有一个引脚与印制电路板上的“地”线是连通的，在电路中该引脚称为地脚。由于集成电路内部元器件之间的连接都采用直接耦合，因此，集成电路的其他引脚与接地引脚之间都存在确定的直流电阻。这种确定的直流电阻被称为内部等效直流电阻，简称内阻。当拿到一块新的集成电路时，可通过用万用表测量各引脚的内阻来判断其好坏，若与标准值相差过大，则说明集成电路内部损坏。

2. 总电流测量法

总电流测量法是通过检测集成电路电源进线的总电流，来判断集成电路好坏的一种方法。由于被测集成电路内部绝大多数为直接耦合，被测集成电路损坏时（如某一个 PN 结击穿或开路）会引起后级饱和与截止，使总电流发生变化。所以通过测量总电流的方法可以判断被测集成电路的好坏。也可用测量电源通路中电阻的电压降，用欧姆定律计算出总电流。

3. 对地交、直流电压测量法

这是一种在通电情况下，用万用表直流电压档对直流供电电压、外围元器件的工作电压进行测量，检测集成电路各引脚对地直流电压值，并与正常值相比较，进而压缩故障范围，找出损坏元器件的测量方法。

对于输出交流信号的输出端，此时不能用直流电压测量法来判断，要用交流电压测量法来判断。检测交流电压时要把万用表档位置于“交流档”，然后检测该引脚对电路“地”的交流电压。如果电压异常，则可断开引脚连线测接线端电压，以判断电压变化是由外围元器件引起的，还是由集成电路引起的。

对于一些多引脚的集成电路，不必检测每一个引脚的电压，只要检测几个关键引脚的电压值即可大致判断故障位置。如开关电源集成电路的关键是电源引脚 V_{CC}、激励脉冲输出引脚 V_{OUT}、电压检测输入引脚、电流检测输入端 IL。

在路检测集成电路关键引脚电阻值和直流电压值，与正常值进行比较（正常值可从电路原理图或有关资料中查出），看与正常值是否相同。

1.6.5 集成电路的使用常识

1. 引脚识别

1）圆形封装：将管底对准集成电路，引脚编号按顺时针方向标注（现应用较少）。

2）单列直插式封装（SIP）：集成电路引脚朝下，以缺口、凹槽或色点作为引脚参考标记，引脚编号顺序一般从左到右排列。

3）双列直插式封装（DIP）：集成电路引脚朝上，以缺口或色点等标记为参考标记，引脚编号按顺时针方向排列；反之，引脚按逆时针方向排列。

4）三脚封装：正面（印有型号商标的一面）朝向集成电路，引脚编号按自左向右方向标注。

2. 使用注意事项

1）集成电路在使用情况下的各项电性能参数不得超出该集成电路所允许的最大使用范围。

2）安装集成电路时要注意方向不要搞错。

3）在焊接时，不得使用大于 45W 的电烙铁。

4）焊接 CMOS 集成电路时要采用漏电流小的电烙铁，或焊接时暂时拔掉电烙铁电源。

5）遇到空的引脚时，不应擅自接地。

6）注意引脚承受的应力与引脚间的绝缘。

7）对功率集成电路需要有足够的散热器，并尽量远离热源。

8）切忌带电插拔集成电路。

9）集成电路及其引线应远离脉冲高压源。

10）防止感性负载的感应电动势击穿集成电路。

1.6.6 任务实施

1. 器材和设备

1）指针式、数字式万用表各一块。

2）各种不同封装的集成电路。

2. 实施步骤

（1）各种集成电路引脚的识别

1）从外形或集成电路体上的标志识别其类型及封装形式，填入表 1-16。

2）识别各种集成电路的引脚号，填入表 1-16。

表 1-16　集成电路引脚识别

序　　号	封装形式	引脚排列规律
1		
2		
3		
4		

（2）非在线检测集成电路正、反向电阻

以 16 脚集成电路为例进行检测，把检测数据填入表 1-17 中。

表 1-17　非在线检测集成电路正、反向电阻的检测数据

引脚号	实测值	
	正向电阻值/kΩ	反向电阻值/kΩ
1		
2		
3		
4		
5		
6		
7		
8		
9		
10		
11		
12		
13		
14		
15		
16		

任务 1.7　贴片元器件的识别与检测

任务目标

- 能识别贴片元器件的封装形式及引脚。
- 能根据贴片元器件的标志读取其主要技术参数。
- 能用万用表检测贴片元器件的主要技术参数，并判断质量好坏。

表面贴装技术（Surface Mount Technology，SMT）主要是顺应电子产品轻薄、高集成化发展趋势，发展而来的一种电子组装技术与工艺，是在电子产品二次封装即在 PCB 基础上

进行加工的系列工艺流程的简称，是目前电子组装行业里最流行的一种技术。贴片元器件正是为了适应这种技术与趋势发展而来的一种无引脚或短引脚、高封装率的元器件一次封装技术。图 1-23 为表面贴装 PCB。

贴片元器件分为两类：被动的元件与主动的器件，分别称为表面安装元件（Surface Mount Component，SMC）与表面安装器件（Surface Mount Component，SMD），如图 1-24 所示。

图 1-23　表面贴装 PCB

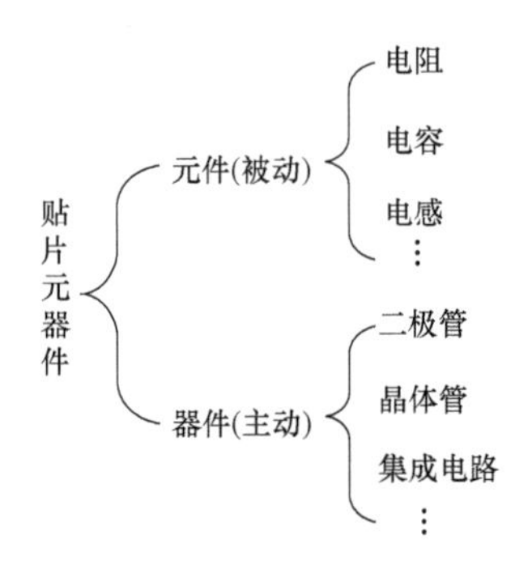

图 1-24　元件器件分类

电子元件又称“无源器件”，指当施以电信号时，不改变自身特性即可提供简单的、可重复的反应，它们对电压、电流无控制和变换作用。

电子器件也称“有源器件”，对施加信号有反应，可以改变自身特性，可以控制自己的电压或电流，以产生增益或开关作用。

1.7.1　元器件的封装

封装（Footprint）是指把元器件“本体”或“芯片的裸芯（die）”上的电路引脚，通过微细导线（20~50μm）接引到外部接头或直接焊接至外部接头处，如图 1-25 所示，以便它们可以安装在 PCB 上。它起着机械支撑和机械保护、环境保护；传输信号和分配电源、散热等作用。封装形式是指安装集成电路裸芯用的外壳或无源器件外形尺寸。它们是元器件的衣服，所以同一种元器件可以有不同封装形式，不同的元器件也可以有相同的封装形式。

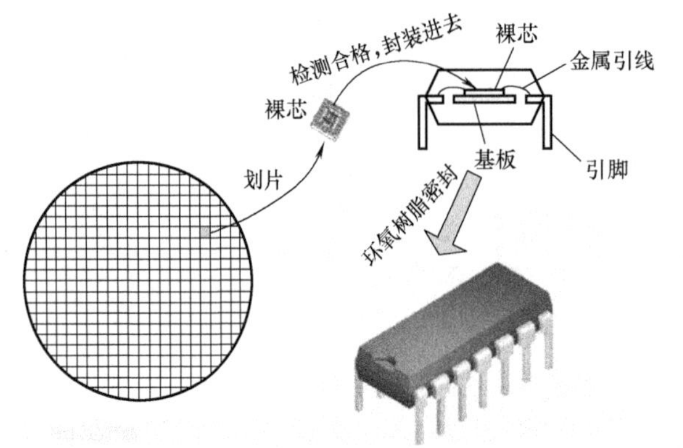

图 1-25　芯片封装过程

图1-26为贴片电容封装。

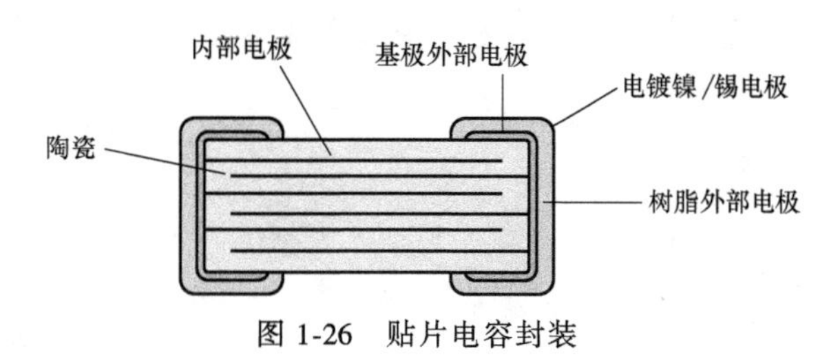

图1-26　贴片电容封装

1.7.2　两个焊接端的封装形式

1. 矩形封装

通常采用矩形封装的有片式电阻（Chip-R）、片式电容（Chip-C）和片式电感（Chip-L），常以它们的外形尺寸（英制）的长和宽命名，来标志它们的大小，以英制（in）或公制（mm）为单位（1in=25.4mm），如外形尺寸为0.12in×0.06in，记为1206，公制记为3216M。常用的尺寸规格见表1-18（一般长度误差值为±10%），较特别尺寸规格如表1-19所示。

表1-18　矩形封装尺寸规格

序号	英制名称	长×宽（$L×W$）/（in×in）	公制（M）名称	长×宽（$L×W$）/（mm×mm）
1	0105	0.016×0.008	0402M	0.4×0.2
2	0201	0.024×0.012	0603M	0.6×0.3
3	0402	0.04×0.02	1005M	1.0×0.5
4	0603	0.063×0.031	1608M	1.6×0.8
5	0805	0.08×0.05	2012M	2.0×1.25
6	1206	0.126×0.063	3216M	3.2×1.6
7	1210	0.126×0.10	3225M	3.2×2.5
8	1808	0.18×0.08	4520M	4.5×2.0
9	1812	0.18×0.12	4532M	4.5×3.2
10	2010	0.20×0.10	5025M	5.0×2.5
11	2512	0.25×0.12	6330M	6.3×3.0

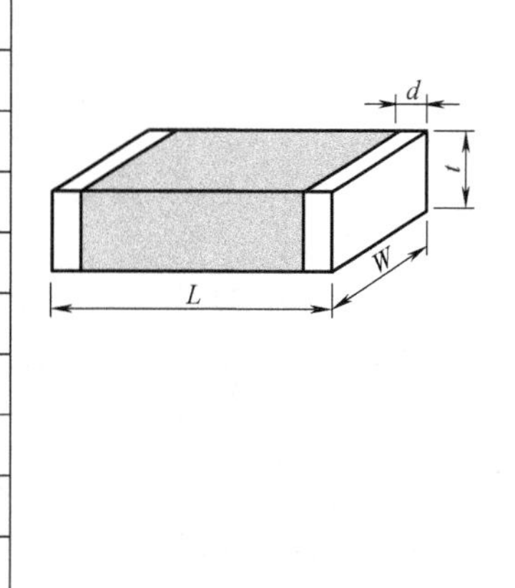

表1-19　较特别尺寸规格

序号	英制名称	长×宽（$L×W$）/（in×in）	公制（M）名称	长×宽（$L×W$）/（mm×mm）
1	0306	0.031×0.063	0816M	0.8×1.6
2	0508	0.05×0.08	0508M	1.25×2.0
3	0612	0.063×0.12	0612M	1.6×3.0

贴片电阻、电容、电感3种元件如图1-27所示，如果它们的封装名称相同，则它们的长、宽是相同的，但高度不一样，电阻的一般高度小，电感次之，电容最高；三者的区别还

可以从外形颜色来区分：电阻一般是深黑色，上标有“数字代码”表示其阻值大小；电容一般是灰黄色或棕色，上面没有标注；电感一般是黑灰色。

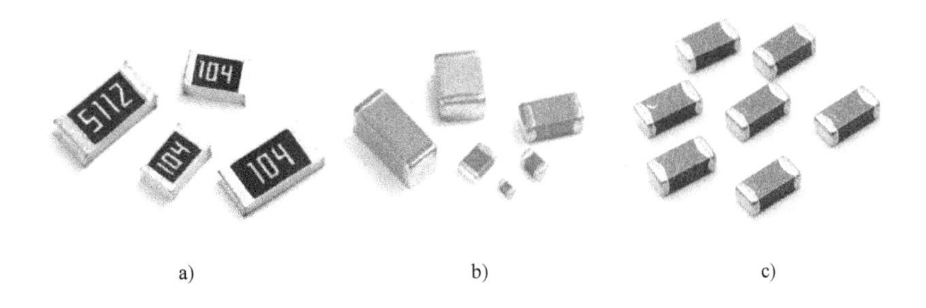

图 1-27　贴片电阻、电容、电感

a）贴片电阻　b）贴片电容　c）贴片电感

2. 贴片电阻封装

贴片电阻的阻值通常由上面的印字“数字代码”标志，各个厂家的印字规则虽然不完全相同，但绝大部分遵照一定规则。常见的印字标志方法有“常规 3 位数标志法”“常规 4 位数标志法”“3 位数乘数代码标志法”和“用 R 表示小数点位置”。

（1）常规 3 位数标志法

“ABC”多用于 E-24 系列，精度为±5%（J）、±2%（G）。其表示的阻值大小为“$AB\times 10^C$”，如图 1-27 所示实际标志“104”，其阻值为 $10\times10^4\Omega=100000\Omega$ 即为 100kΩ。另外一些为了区分 E-24 的常规 3 位数标志法与 E-96 的 3 位数乘数代码标志法，会在数字下面“画线”，如图 1-28 所示。

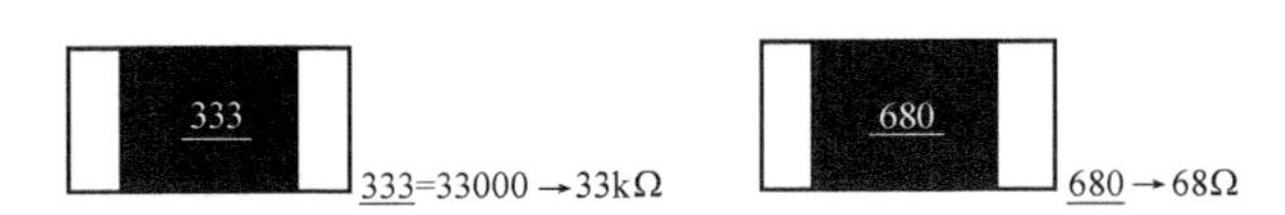

图 1-28　E-24 的常规 3 位数标志法电阻

E-96 系列贴片电阻的阻值用两位数字加一个字母标志。实际阻值可以通过查询表 1-20 和表 1-21 来获取。表 1-20 中用 01~96 的 96 个两位数（行、列位置）依次代表 E-96 阻值系列中 1.0~9.76 之间的 96 个基本数值，而第三位英文字母则表示该基本数值乘以 10^n，见表 1-21。例如：“65A”表示 $4.64\times10^2\Omega=464\Omega$；“15B”表示 $1.40\times10^3\Omega=1.4k\Omega$。

表 1-20　E-96 系列贴片电阻阻值查询

十位	个位									
	0	1	2	3	4	5	6	7	8	9
0		1.00	1.02	1.05	1.07	1.10	1.13	1.15	1.18	1.21
1	1.24	1.27	1.30	1.33	1.37	1.40	1.43	1.47	1.50	1.54
2	1.58	1.62	1.65	1.69	1.74	1.78	1.82	1.87	1.91	1.96
3	2.00	2.05	2.10	2.15	2.21	2.26	2.32	2.37	2.43	2.49
4	2.55	2.61	2.67	2.74	2.80	2.87	2.94	3.01	3.09	3.16
5	3.24	3.32	3.40	3.48	3.57	3.65	3.74	3.83	3.92	4.02

（续）

十位	个位									
	0	1	2	3	4	5	6	7	8	9
6	4.12	4.22	4.32	4.42	4.53	4.64	4.75	4.87	4.99	5.11
7	5.23	5.36	5.49	5.62	5.76	5.90	6.04	6.19	6.34	6.49
8	6.65	6.81	6.98	7.15	7.32	7.50	7.68	7.87	8.06	8.25
9	8.45	8.66	8.87	9.09	9.31	9.53	9.76			

表 1-21　E-96 系列精密电阻阻值查询第三位字母

代码	A	B	C	D	E	F	G	H	X	Y	Z
倍数	10^2	10^3	10^4	10^5	10^6	10^7	10^8	10^9	10^1	10^0	10^{-1}

（2）常规 4 位数标志法

“ABCD”多用于 E-24、E-96 系列，精度为±1%（F）、±0.5%（D），其表示的阻值大小为“$ABC\times10^D$”，如图 1-27 中所示实际标志“5112”，其阻值为 $511\times10^2\Omega=51100\Omega$ 即为 51.1kΩ。

（3）3 位数乘数代码标志法

多用于 E-96 系列，精度为±1%（F），±0.5%（D）。前 2 位数字为代码，具体值从 E-96 乘数代码表（参见表 1-22）查找，第 3 位字母为乘方，英文字母代码表示 10 的 N 次方，即 $A=10^0$，$B=10^1$，$C=10^2$，$D=10^3$，$E=10^4$，$F=10^5$，$X=10^{-1}$，$Y=10^{-2}$，示例如图 1-29 所示。

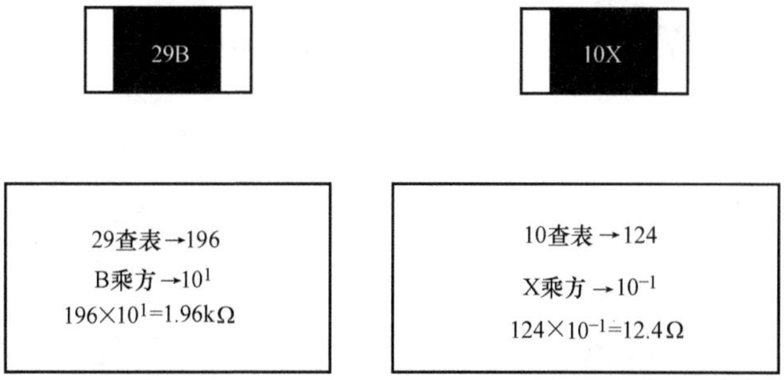

29B

10X

29查表→196
B乘方→10^1
$196\times10^1=1.96k\Omega$

10查表→124
X乘方→10^{-1}
$124\times10^{-1}=12.4\Omega$

图 1-29　3 位数乘数代码标志法电阻

表 1-22　E-96 乘数代码表

代码	阻值	代码	阻值	代码	阻值	代码	阻值
01	100	09	121	17	147	25	178
02	102	10	124	18	150	26	182
03	105	11	127	19	154	27	187
04	107	12	130	20	158	28	191
05	110	13	133	21	162	29	196
06	113	14	137	22	165	30	200
07	115	15	140	23	169	31	205
08	118	16	143	24	174	32	210

（续）

代码	阻值	代码	阻值	代码	阻值	代码	阻值
33	215	49	316	65	464	81	681
34	221	50	324	66	475	82	698
35	226	51	332	67	487	83	715
36	232	52	340	68	499	84	732
37	237	53	348	69	511	85	750
38	243	54	357	70	523	86	768
39	249	55	365	71	536	87	787
40	255	56	374	72	549	88	806
41	261	57	383	73	562	89	825
42	267	58	392	74	576	90	845
43	274	59	402	75	590	91	866
44	280	60	412	76	604	92	887
45	287	61	422	77	619	93	909
46	294	62	432	78	634	94	931
47	301	63	442	79	649	95	953
48	309	64	453	80	665	96	976

（4）用 R 表示小数点位置

多用于标志小于 1Ω 的电阻，R 直接用于表示小数点的位置，如图 1-30 所示。

3. 贴片发光二极管封装

小功率贴片二极管也采用矩形封装，如图 1-31 所示，有颜色标记的为“负”。

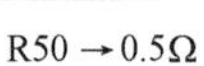

图 1-30　R 表示小数点位置

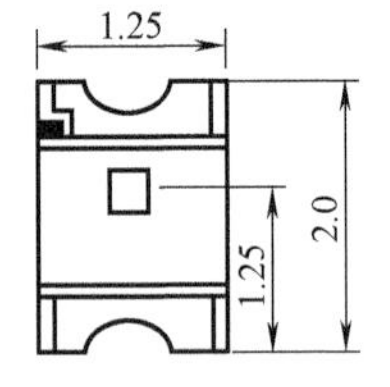

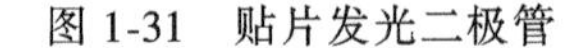

图 1-31　贴片发光二极管

4. MELF 封装

MELF（Metal Electrical Face）是圆柱体的封装形式，通常有晶圆电阻（Melf-R）和贴片电感（Melf Inductors），如图 1-32 所示，MELF 封装尺寸见表 1-23。

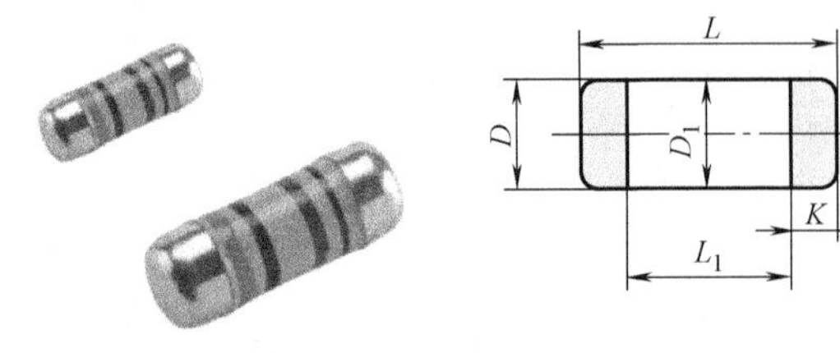

图 1-32　圆柱形无引线贴片晶圆电阻

表 1-23　MELF 封装尺寸

序号	工业命名	公制(M)名称	长×直径(L×D)/(mm×mm)
1	0102	2211M	2.2×1.1
2	0204	3715M	3.6×1.4
3	0207	6123M	5.8×2.2
4	0309	8734M	8.5×3.2

5. SOD 封装

小型二极管（Small Outline Diode，SOD）封装如图 1-33 所示。SOD 封装尺寸见表 1-24。

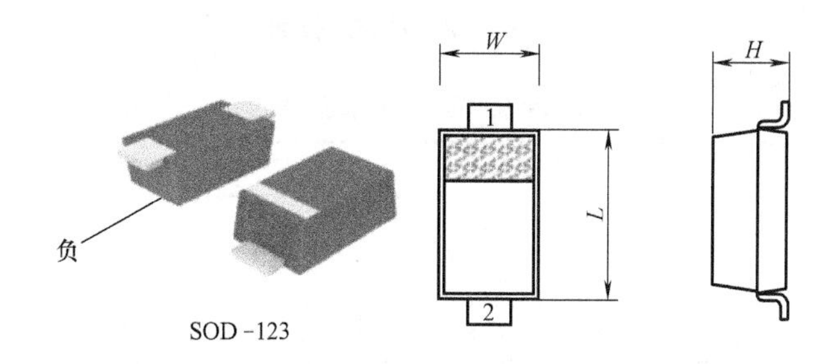

图 1-33　SOD 封装

表 1-24　SOD 封装尺寸

序　号	工业命名	长×宽×高(L×W×H)/(mm×mm×mm)
1	SOD-123	2.7×1.6×1.17
2	SOD-323	1.8×1.3×0.95
3	SOD-523	1.2×0.8×0.6
4	SOD-723	1.0×0.6×0.52
5	SOD-923	0.8×0.6×0.39

SOD-80 封装二极管如图 1-34 所示，其封装尺寸如表 1-25 所示。

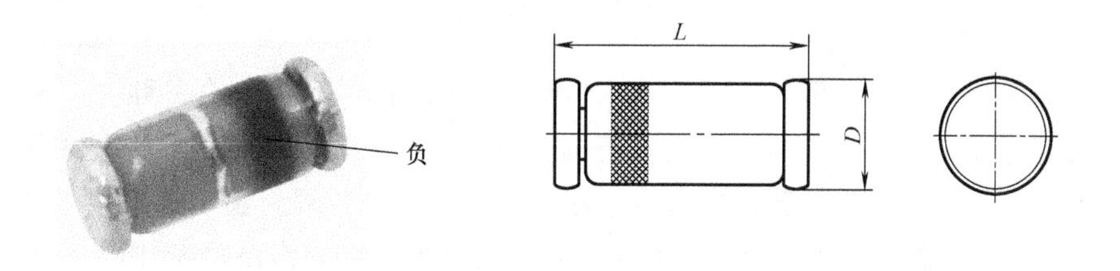

图 1-34　SOD-80 封装二极管

表 1-25　SOD-80 封装尺寸

工业命名	其他命名	长×直径(L×D)/(mm×mm)
SOD-80	LL-34/Mini-MELF	3.8×1.5

6. SMX 封装

SMX 封装也是二极管产品的一种封装形式，主要用于齐纳二极管或整流二极管。其封装如图 1-35 所示，SMX 封装尺寸见表 1-26 和图 1-36。

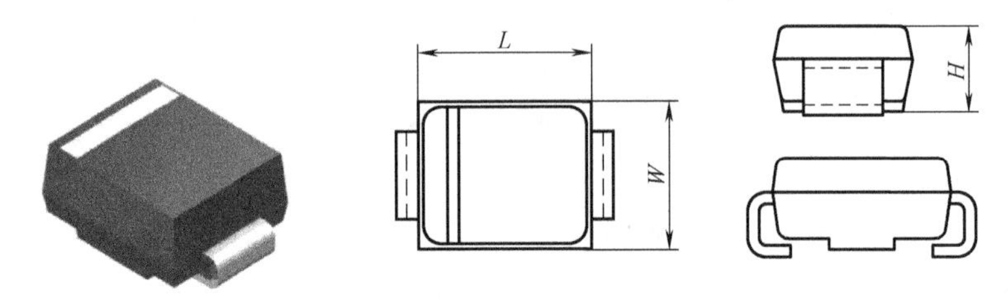

图 1-35　SMX 封装二极管

表 1-26　SMX 封装尺寸

序　号	工业命名	其他命名	长×宽×高（L×W×H）/（mm×mm×mm）
1	SMA	DO-214AC	5.0×2.6×2.16
2	SMB	DO-214AA	5.3×3.6×2.13
3	SMC	DO-214AB	7.9×5.9×2.13

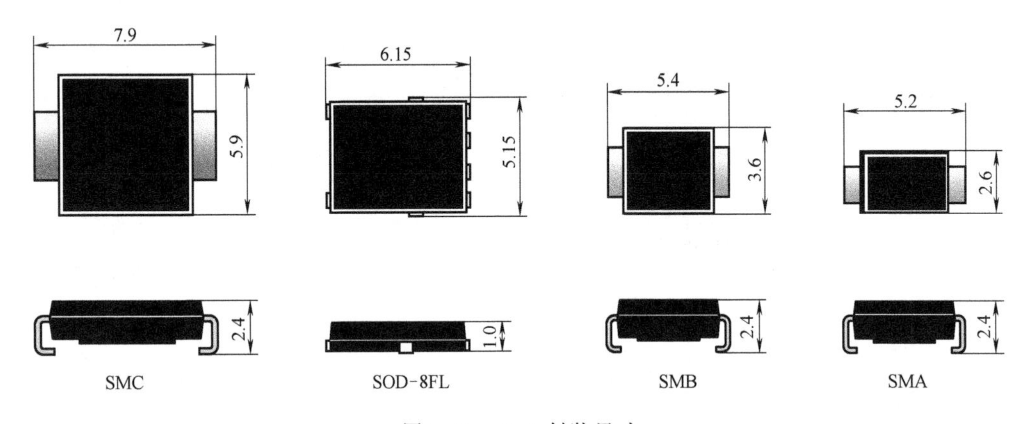

图 1-36　SMX 封装尺寸

7. 钽电容封装

钽电容全称是钽电解电容（如图 1-37 所示），也属于电解电容的一种，以金属钽为介质，不像普通电解电容那样使用电解液，钽电容也不需像普通电解电容那样使用镀了铝膜的电容纸绕制，本身几乎没有电感，但这也限制了它的容量。此外，由于钽电容内部没有电解液，所以很适合在高温下工作。固体钽电容器电性能优良，工作温度范围宽，而且形式多样，体积效率优异，其单位体积内具有非常高的工作电场强度，所具有的电容量特别大，即电容量非常高，因此特别适宜小型化。

电容上有标志的端为“+”，其容量与电阻“常规 3 位数字”法类似，即前两位表示数字，第三位表示倍率；不同的是电容的默认单位为 pF。如图 1-37 所示：227→22×10^{7}pF = 220000000pF = 220μF。SizeX 封装如图 1-38 所示，封装尺寸如表 1-27 所示。

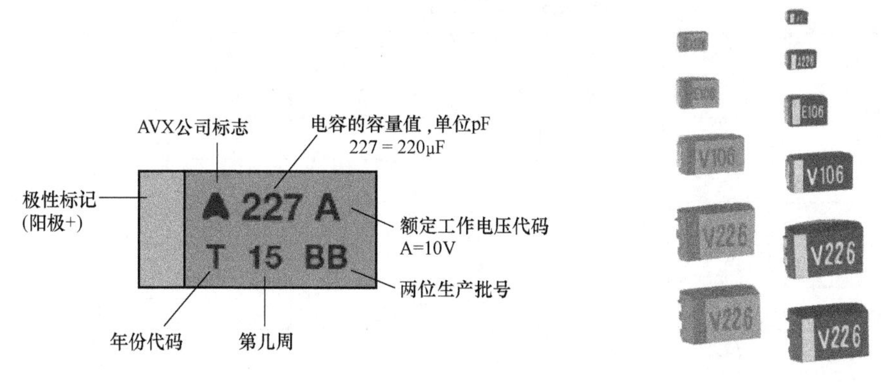

图 1-37 钽电容及其标志

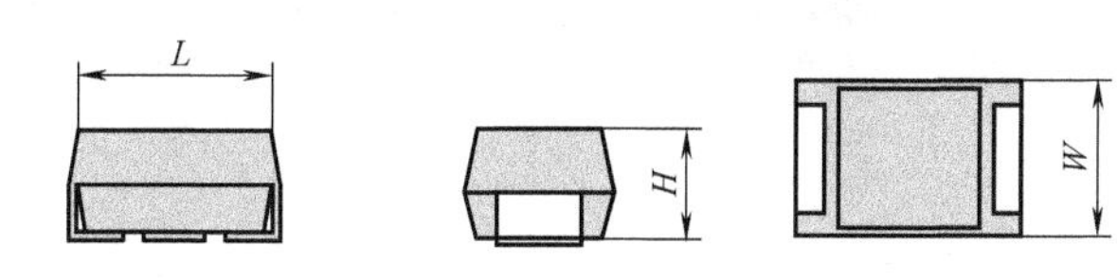

图 1-38 SizeX 封装

表 1-27 SizeX 封装尺寸

序 号	工业命名	公制(M)名称	耐压/V	长×宽×高(L×W×H)/(mm×mm×mm)
1	Size A	EIA 3216-18	10	3.2×1.6×1.8
2	Size B	EIA 3528-21	16	3.5×2.8×2.1
3	Size C	EIA 6032-28	25	6.0×3.2×2.8
4	Size D	EIA 7343-31	35	7.3×4.3×3.1
5	Size E	EIA 7343-43	50	7.3×4.3×4.3

8. 贴片式线绕功率电感封装

功率电感（如图 1-39 所示）分带磁罩和不带磁罩两种，主要由磁心和铜线组成，在电路中主要起滤波和振荡作用。功率电感有空心线圈的，也有带磁心的，主要特点是用粗导线绕制，可承受数十安、数百、数千、甚至于数万安。电感的默认单位为“μH”，其识别方法也类似于电阻的“常规 3 位数标志法”，即标志“101”的实际电感量为 $10\times10^1\mu H=100\mu H$；4R7 表示 4.7μH。屏蔽贴片电感封装尺寸如表 1-28 和表 1-29 所示。

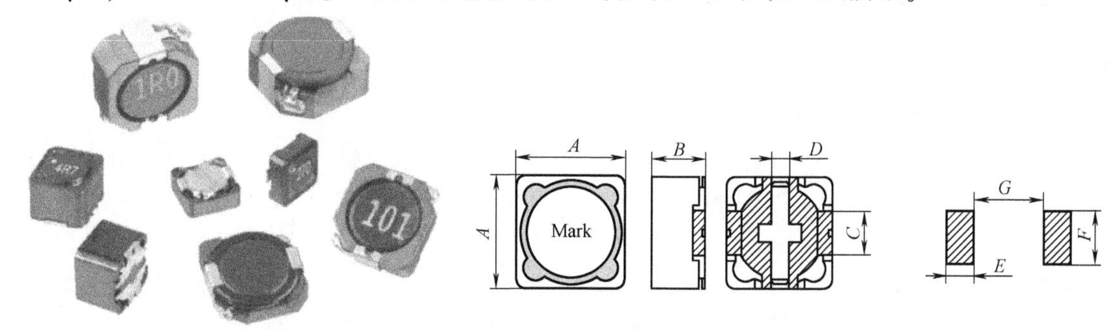

图 1-39 贴片功率电感

表 1-28 屏蔽贴片电感封装尺寸 （单位：mm）

型号	A(Max)	B(Max)	C(Ref.)	D(Ref.)	E	F	G
CKCH73	7.8	4.0	1.2	2.7	1.6	3.1	4.0
CKCH74	7.8	4.5	1.2	2.7	1.6	3.1	4.0
CKCH105	10.5	5.0	3.8	1.2	2.3	5.4	6.6
CKCH124	12.5	5.0	5.0	1.9	2.8	5.4	7.0
CKCH125	12.5	6.0	5.0	1.9	2.8	5.4	7.0
CKCH127	12.5	8.0	5.0	1.9	2.8	5.4	7.0
CKCH129	12.5	10.5	5.0	1.9	2.8	5.4	7.0
CKCH1510	15.5	11.5	5.0	1.9	2.8	5.2	9.7

表 1-29 CD 屏蔽贴片电感封装尺寸 （单位：mm）

型号	A	B	C(Max)	D(Max)	E	F	G
CKCD2D18	3.2±0.3	3.2±0.3	2.3	4.2	3.3	0.5	3.3
CKCD3D16	3.8±0.5	3.8±0.5	2.1	5.5	4.3	1.0	4.3
CKCD3D28	3.8±0.5	3.8±0.5	3.2	5.5	4.3	1.0	4.3
CKCD4D18	4.7±0.5	4.7±0.5	2.1	6.9	5.3	1.5	5.3
CKCD4D28	4.7±0.5	4.7±0.5	3.5	6.9	5.3	1.5	5.3
CKCD5D18	5.7±0.5	5.7±0.5	2.2	8.2	6.3	2.0	6.3
CKCD5D28	5.7±0.5	5.7±0.5	3.2	8.2	6.3	2.0	6.3
CKCD6D28	6.7±0.5	6.7±0.5	3.2	9.5	7.3	2.0	7.3
CKCD6D38	6.7±0.5	6.7±0.5	4.2	9.5	7.3	2.0	7.3

1.7.3 晶体管的封装

晶体管、场效应晶体管广义上都称为晶体管，在电路中的作用主要是对信号进行放大、变换或起开关作用；常见于功率放大器或开关电源中，其在开关电源中的作用主要是起开关作用；在其控制端（晶体管的 B 极、场效应晶体管的 G 极）加上合适的电压或电流，就可以控制另外两极导通。表 1-30 为常见晶体管的图形符号与贴片封装外形。

稳压管中在电路的作用是稳定输出电压的作用，其内部是比较复杂的带反馈调整的集成电路，可以在规定范围内使输出电压稳定，不随输入电压或负载功率变化而变化。

1.7.4 IC 的封装

1. IC 引脚的 3 种形状

业界一般以 IC 的封装形式来划分其类型，这些封装类型因其引脚的大小以及引脚与引脚之间的间距不一样，而呈现出各种各样的形状。引脚主要有下列 3 种形状，如图 1-40 所示。

1）翼形引脚（Gull-Wing）：常见的器件器种有 SOIC 和 QFP。具有翼形器件引脚的器件焊接后具有吸收应力的特点，因此与 PCB 匹配性好，这类器件引脚共面性差，特别是多引脚间距的 QFP，引脚极易损坏，贴装过程应小心对待。

表 1-30　常见晶体管的图形符号与贴片封装外形

项　目	NPN 型晶体管	PNP 型晶体管	MOS 管—N 沟道	MOS 管—P 沟道	稳压管
型号	2N3906、9013、9014、8050、2N5401	2N3904、9012、8550、2N5551	Si2305、BSS123、AO3402、BM3401、IRLR7843	FDV301N、AO3401、FR3709Z	ASM1117、LM1117
图形符号	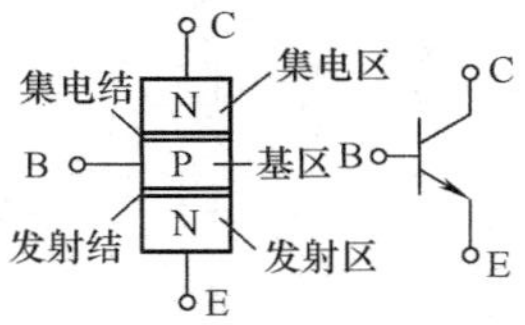 C 集电结 集电区 N P N B 基区 发射结 发射区 E；B C E	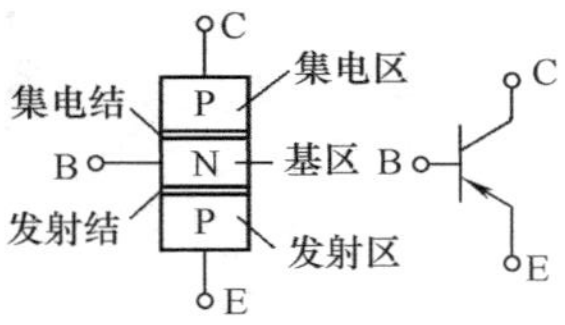 C 集电结 集电区 P N P B 基区 发射结 发射区 E；B C E	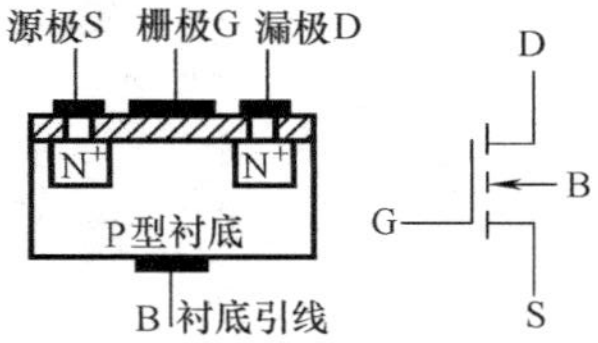 源极S 栅极G 漏极D N+ N+ P型衬底 B 衬底引线；D G B S	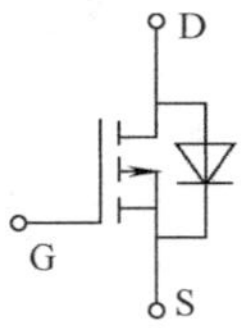 D G S	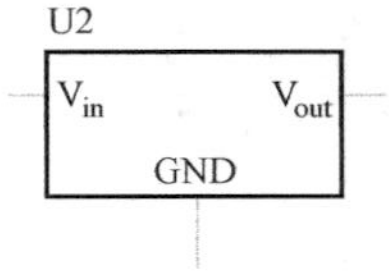 U2 V_{in} V_{out} GND
封装外形	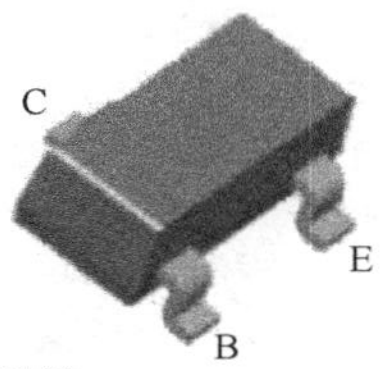 C B E SOT-23 Mark:3S	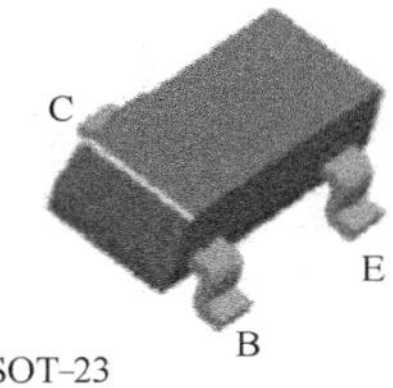 C B E SOT-23 Mark:3S	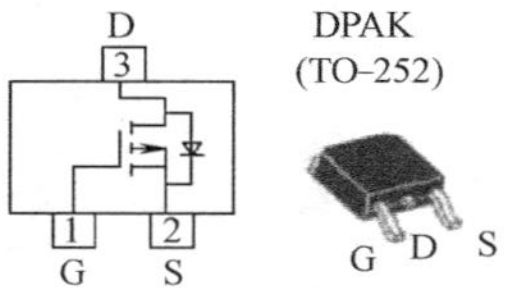 D 3 1 2 G S SOT-23；DPAK (TO-252) G D S	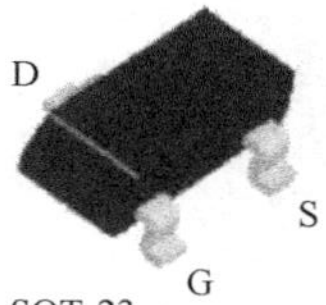 D G S SOT-23	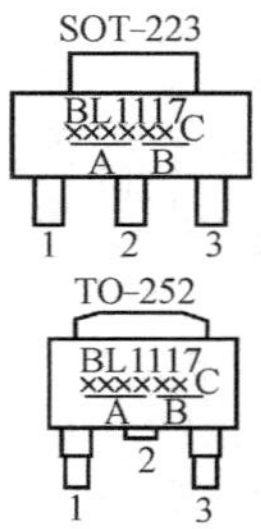 SOT-223 BL1117 xxxxxx C A B 1 2 3；TO-252 BL1117 xxxxxx C A B 1 2 3

2）J形引脚（J-Lead）：常见的器件品种有SOJ和PLCC。J形引脚刚性好且间距大，共面性好，但由于引脚在元件本体之下，故有阴影效应，焊接温度不易调节。

3）球栅阵列（Ball Grid Array）引脚：芯片I/O引脚呈阵列式分布在器件底面上，并呈球状，适应于多引脚数器件的封装，常见的有BGA、CSP等，这类器件焊接时也存在阴影效应。

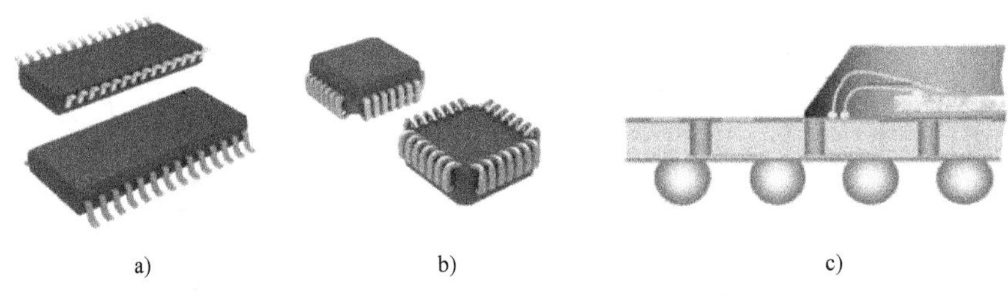

图1-40　翼形引脚、J形和球栅阵列引脚
a）翼形引脚　b）J形引脚　c）球栅阵列引脚

2. IC的封装命名方法

通常采用“类型+引脚数”的格式命名，如：SOIC-14、SOIC-16、SOJ-20、QFP-100、PLCC-44等。

3. 常见IC封装类型

（1）SOP封装

SOP封装由双列直插式封装DIP演变而来，是一种很常见的元器件形式。表面贴装型封装之一，引脚从封装两侧引出呈海鸥翼状（L字形）。材料有塑料和陶瓷两种。1969年飞利浦公司就开发出小外形封装（SOP）。以后逐渐派生出J形引脚小外形封装（SOJ）、薄小外形封装（TSOP）、缩小型SOP（SSOP）、薄的缩小型SOP（TSSOP）及小外形晶体管（SOT）、小外形集成电路（SOIC）等。SOP-8封装如图1-41所示。

图1-41　SOP-8封装

1）小尺寸J形引脚封装（Small Out-line J-lead package，SOJ）：零件两面有引脚，且引脚向零件底部弯曲（J形引脚），引脚间距1.27mm。SOJ-28封装如图1-42所示。

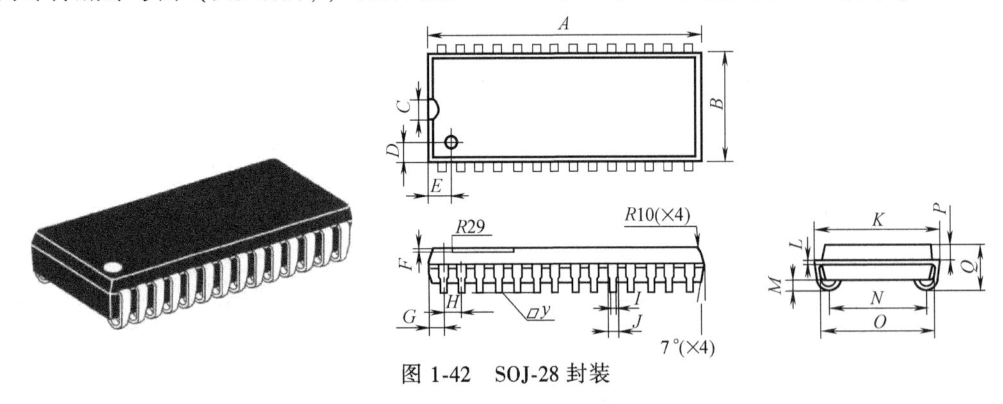

图1-42　SOJ-28封装

2）缩小型SOP（Shrink Small-Outline Package，SSOP）：即窄间距小外型塑封，零件两面有引脚，引脚间距0.65mm。SSOP-28封装如图1-43所示。

3）薄型小尺寸封装（Thin Small Outline Package，TSOP）：成细条状长宽比约为 2∶1，而且只有两面有引脚，引脚间距 0.5mm，适合用 SMT 技术在 PCB 上安装布线。TSOP-32 封装如图 1-44 所示。

图 1-43　SSOP-28 封装

图 1-44　TSOP-32 封装

4）薄的缩小型小尺寸封装（Thin Shrink Small Outline Package，TSSOP）：比 SOIC 薄，引脚更密，脚间距 0.65mm，相同功能的话封装尺寸更小。常见的有 TSSOP-8、TSSOP-20、TSSOP-24、TSSOP-28 等，引脚数量在 8 个以上，最多 64 个。TSSOP-8 封装如图 1-45 所示。

5）小外形集成电路封装（Small Outline Integrated Circuit package，SOIC）：零件两面有引脚，引脚向外张开（一般称为翼形引脚）。SOIC 实际上至少参考了两个不同的封装标准。EIAJ 标准中 SOIC 大约为 5.3mm 宽，习惯上使用 SOP；而 JEDEC 标准中 SOIC 8～16 大约为 3.8mm 宽，SOIC 16～24 大约 7.5mm 宽，引脚间距 1.27mm，习惯上使用 SOIC。SOIC 封装如图 1-46 所示。

图 1-45　TSSOP-8 封装

图 1-46　SOIC 封装

（2）方形扁平封装（Quad Flat Package，QFP）

方形扁平封装的零件四边有引脚，引脚向外张开，采用“L”翼形引脚。QFP 的外形有方形和矩形两种，如图 1-47 所示。日本电子工业协会用 EIAJ-IC-74-4 对 QFP 封装体外形尺寸进行了规定，使用 5mm 和 7mm 的整倍数，到 40mm 为止。TQFP 是引脚间距为 0.8mm 的封装，LQFP 是引脚间距为 0.5mm 的封装。

图 1-47　QFP 封装

（3）塑料有引脚（Plastic Leadless Chip Carrier，PLCC）封装

PLCC 封装如图 1-48 所示，零件四边有引脚，引脚向零件底部弯曲（J 形引脚）。PLCC 也是由 DIP 演变而来的，当引脚超过 40 个时便采用此类封装，也采用“J”结构。每种 PLCC 表面都有标试探性定位点，以供贴片时判定方向。

（4）陶瓷无引脚（Leadless Ceramic Chip Carrier，LCCC）封装

LCCC 封装无引脚，如图 1-49 所示。陶瓷芯片载体封装的芯片是全密封的，具有很好的环境保护作用。无引脚的电极中心距有 1.0mm 和 1.27mm 两种。

图 1-48　PLCC 封装

图 1-49　LCCC 封装

（5）球栅阵列（Ball Grid Array，BGA）封装

BGA 封装如图 1-50 所示，也叫焊球阵列封装；其外引线为焊球或焊凸点，它们成阵列分布于封装基板的底部平面上在基板上面装配大规模集成电路（LSI）芯片，是 LSI 芯片的一种表面组装封装类型。焊球材料为低熔点共晶焊料合金 63Sn37Pb，直径约 1mm，间距范围 1.27~2.54mm，焊球与封装体底部的连接不需要另外使用焊料。组装时焊球熔融，与 PCB 表面焊盘接合在一起，呈现桶状。

其种类有：塑料 BGA（Plastic Ball Grid Array，PBGA）；陶瓷 BGA（Cramic Ball Grid Array，CBGA）；载带 BGA（Tape Ball Grid Array，TBGA）；CSP 又称微型 BGA（Chipscale-Package，μBGA）。BGA 的外形尺寸范围为 7~50mm。

PBGA 是最普通的 BGA 封装类型，它以印制电路板基材为载体。PBGA 的焊球间距为 1.50mm、1.27mm、1.0mm，焊球直径为 1.27mm、1.0mm、0.89mm、0.762mm。

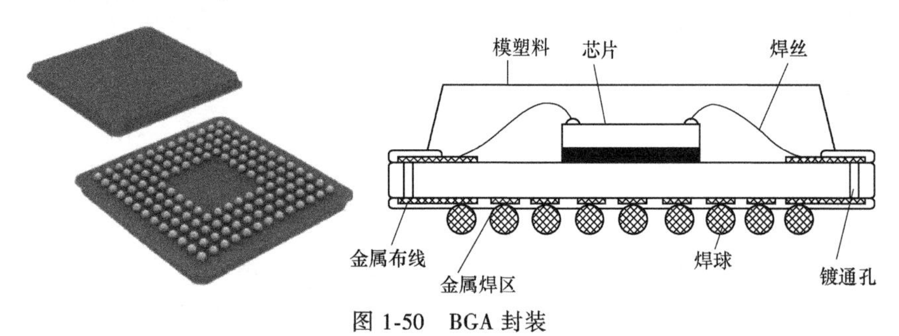

图 1-50　BGA 封装

BGA 技术有如下特点：成品率高，可将窄间距 QFP 焊点失效率降低两个数量级；芯片引脚间距大；显著增加了引脚数与本体尺寸比；BGA 引脚短、电性能好、牢固；焊球有效改善了共面性，有助于改善散热性；适合 MCM 封装需要，实现高密度和高性能封装。

（6）芯片级（Chip Scale Package，CSP）封装

CSP 封装如图 1-51 所示，以芯片尺寸形式封装。CSP 是 BGA 进一步微型化的产物，它的含义是封装尺寸与裸芯片（Bare Chip）相同或封装尺寸比裸芯片稍大（通常封装尺寸与裸芯片之比为 1.2∶1），CSP 外部端子间距大于 0.5mm，并能适应再流焊组装。

图 1-51　CSP 封装

这种封装形式最早是由日本三菱公司在 1994 年提出来的；对于 CSP，有多种定义：日本电子工业协会把 CSP

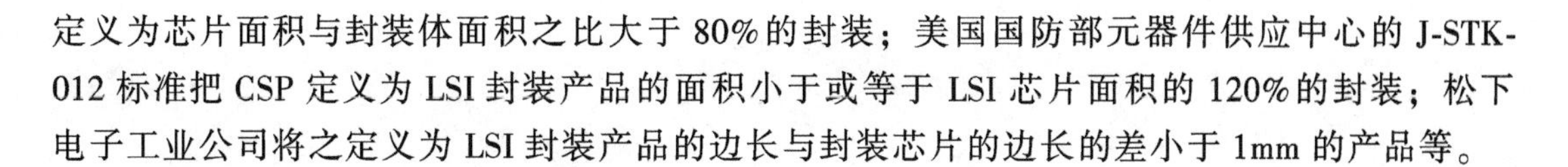

定义为芯片面积与封装体面积之比大于80%的封装；美国国防部元器件供应中心的J-STK-012标准把CSP定义为LSI封装产品的面积小于或等于LSI芯片面积的120%的封装；松下电子工业公司将之定义为LSI封装产品的边长与封装芯片的边长的差小于1mm的产品等。

1.7.5　贴片元器件的检测

贴片元器件的检测参考1.1~1.6中插装元器件的检测方法。

1.7.6　任务实施

1. 器材和设备

1）指针式、数字式万用表各一块。

2）各种不同封装形式的贴片元器件。

2. 实施步骤

（1）各种贴片元器件的识别

识别电阻、电容、电感、二极管、晶体管、集成芯片等贴片元器件。

（2）各种贴片元器件的检测

以下检测数据均填写在表1-31中。方法同1.1.5节THT电位器的检测。

1）根据贴片电阻、电容、电感识别其参数。

2）用万用表检测贴片电阻、电容、电感参数。

表1-31　贴片电阻、电容、电感的检测数据记录

序号	标称值	实测值
1		
2		
3		
4		
5		

项目2　电子元器件的焊接

本项目主要介绍电烙铁和焊接的相关知识，直插类元器件、贴片类元器件的焊接和拆焊方法。

任务2.1　通孔直插式元器件的焊接

任务目标

- 了解常用焊接工具的结构。
- 掌握焊接工具的使用。
- 能正确焊接、拆焊通孔直插式元器件。

2.1.1　认识电烙铁

微视频
认识电烙铁

电烙铁是电子制作和电器维修的必备工具，主要用途是焊接元器件及导线，常用的电烙铁按加热方式不同可以分为内热式和外热式两种，如图2-1所示；按功能可分为普通电烙铁和吸锡式电烙铁，如图2-1和图2-2所示。

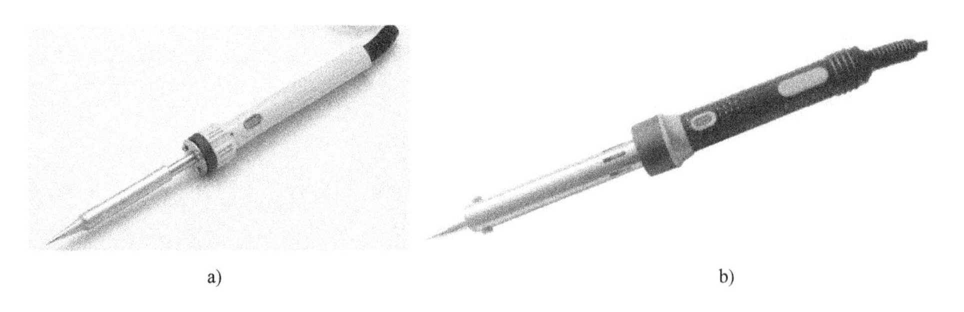

a)　　　　b)

图2-1　普通电烙铁
a）内热式电烙铁　b）外热式电烙铁

1. 内热式电烙铁

内热式电烙铁结构如图2-3所示，由烙铁头、烙铁心、外壳、手柄、接线柱、固定螺钉、电源线等部分组成。烙铁心的发热丝（如图2-4）绕在一根陶瓷棒上面，外面再套上陶瓷管绝缘，使用时烙铁头套在陶瓷管外面，热量从内部传到外部的烙铁头上，所以称为内热式。优点：具有发热快、体积小、重量轻和耗电低等特点。由于烙铁心安装在烙铁头里面，因而发热快，热利用率高，能量转换效率高，可达到85%~90%，一般功率小于50W，常见的有20~30W。缺点：烙铁心比较容易烧坏，寿命较短，且不易修复，需经常更换烙铁心。

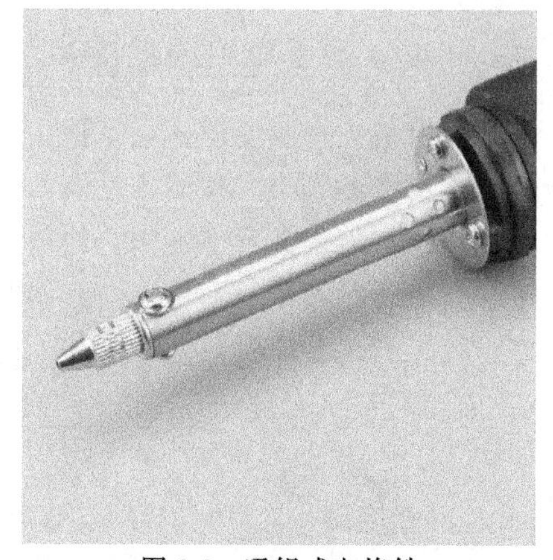

图 2-2　吸锡式电烙铁

2. 外热式电烙铁

外热式电烙铁结构如图2-5所示，由烙铁头、烙铁心、外壳、手柄、接线柱、固定螺钉、电源线等部分组成。其加热元件——烙铁心（图2-6）包在烙铁头外面。烙铁心是电烙铁的关键部件，它是将电热丝平行地绕制在一根空心瓷管上构成，中间的云母片绝缘，并引出两根导线与220V交流电源连接。由于发热电阻丝在烙铁头的外面，有大部分的热散发到外部空间，所以加热效率低，加热速度较缓慢，通常要预热5min左右才能焊接。优点：寿命较长。缺点：热损耗大，相对费电，体积较大，比内热式的重。

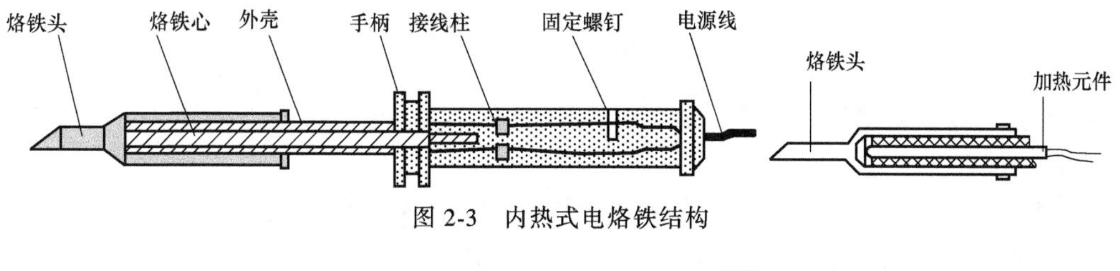

图 2-3　内热式电烙铁结构

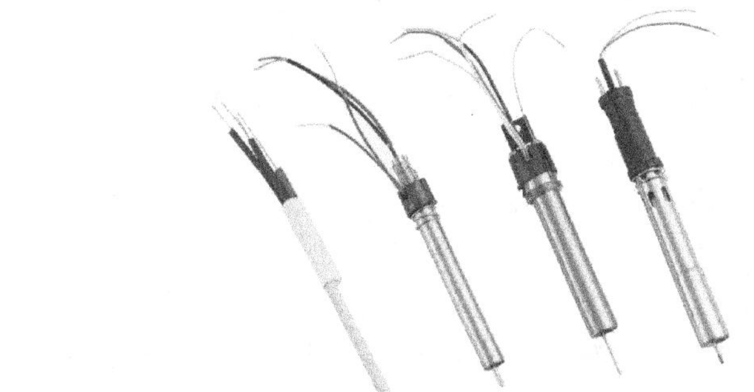

图 2-4　内热式电烙铁烙铁心

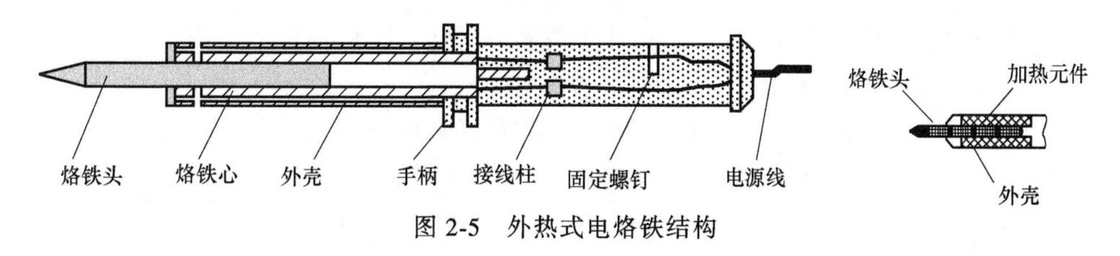

图 2-5　外热式电烙铁结构

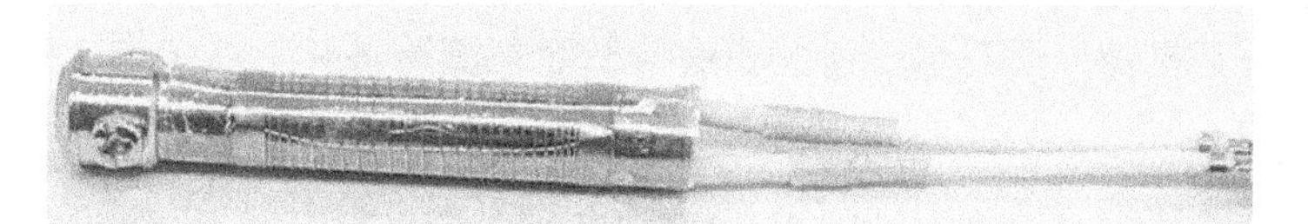

图 2-6　外热式电烙铁烙铁心

2.1.2　恒温电烙铁的使用和保养

恒温电烙铁也叫调温式电烙铁，在普通电烙铁的基础上增加一个功率控制器，使用时可以改变电功率的大小，从而改变烙铁头的温度，恒温电烙铁如图 2-7 所示。由于烙铁头始终保持在适于焊接的温度范围内，焊料不易氧化可减少虚焊，提高焊接质量；电烙铁也不会产生过热现象，从而延长使用寿命，同时防止被焊接的元器件因温度过高而损坏。因此，恒温电烙铁使用越来越广泛。

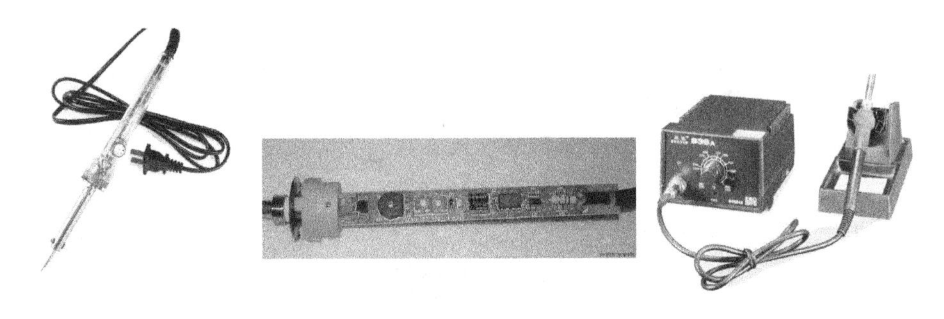

图 2-7　恒温电烙铁

1. 恒温电烙铁的使用

恒温电烙铁的使用，参见图 2-8 所示。

1）准备好电烙铁及需要的辅助材料，如烙铁架、焊锡、松香、湿的清洁海绵等。

2）根据焊接元器件的不同，调节电烙铁的设定温度。

3）接通电源加热，初次使用时冒烟是正常现象。

4）如是新的电烙铁，当温度升到 200℃ 左右时，用电烙铁融化松香，并在烙铁头上上锡。

5）达到设定温度后即可融化焊锡进行焊接。

6）焊接过程中如烙铁头上有杂质，可在湿的清洁海绵上进行擦除。

2. 恒温电烙铁的保养

掌握电烙铁正确的使用方法和良好清洁保养习惯不但可以保证良好的焊接质量，而且可延长烙铁头的寿命，具体的保养方法如下。

1）烙铁架中海绵应保持干净，并注入适当的水分，保持海绵潮湿即可。

2）在间隔使用情况下（即停止一段时间后再使用），使用前烙铁头需清洁擦拭后再使用，避免焊锡氧化，造成焊点不良。

3）当不使用电烙铁时，应及时关闭电烙铁电源，最好拔掉插头。使用后，应待烙铁头温度稍为降低后再加上新焊锡，使镀锡层有更佳的防氧化效果。

4）焊接时，只要烙铁头能充分接触焊点，热量就可以传递。勿在焊点上施压过大，否则会使烙铁头受损变形。

5）如果焊头不上锡，则利用焊锡丝和清洁海绵来清洁烙铁头表面。

2.1.3　钎焊

钎焊是在焊件不熔化的情况下，将熔点较低的钎料金属加热至熔化状态，并使之填充到

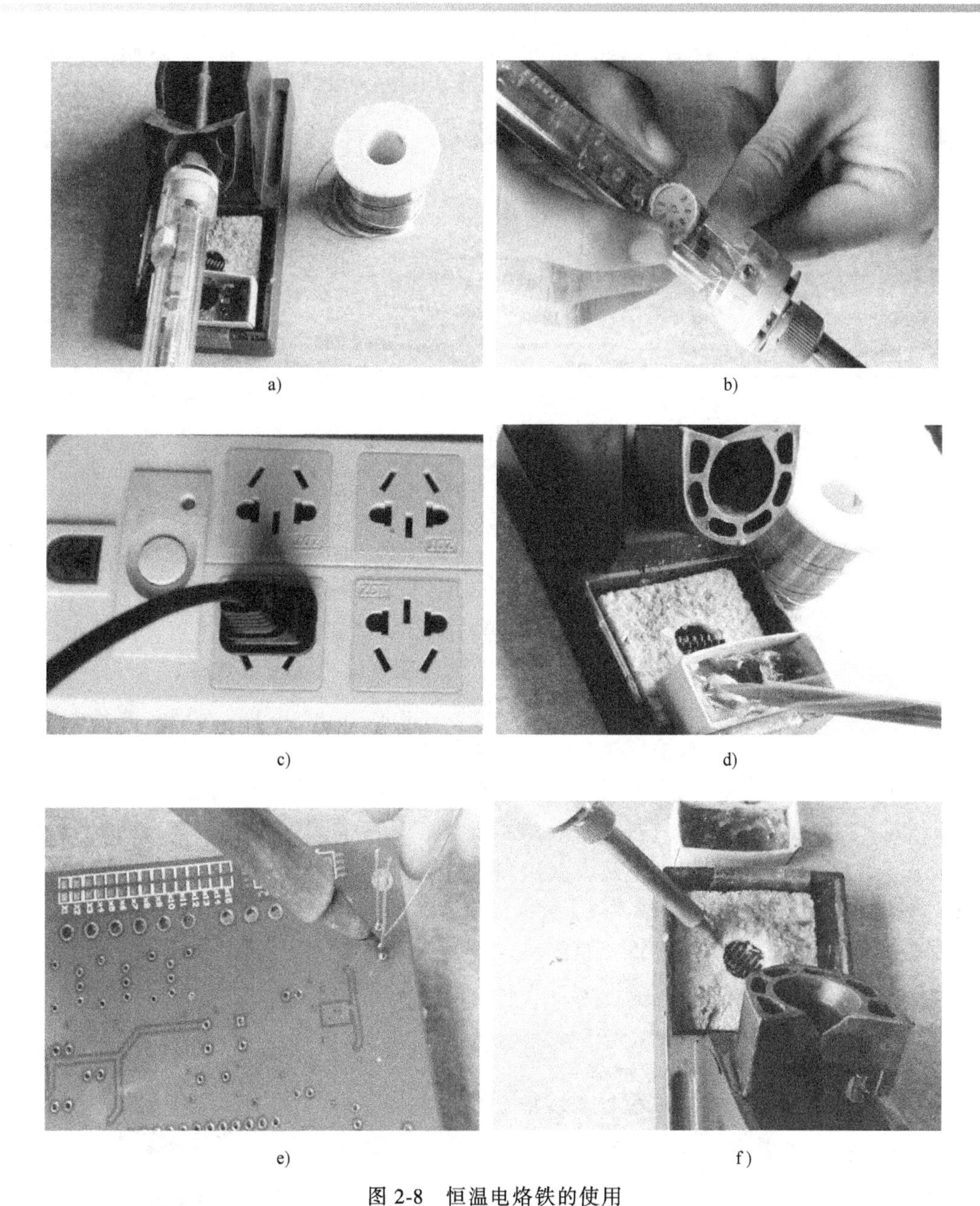

图 2-8　恒温电烙铁的使用

a）准备电烙铁及辅助材料　b）调节温度　c）接通电源　d）电烙铁上锡　e）焊接　f）擦除杂质

焊件的间隙中，与被焊金属相互扩散达到金属间结合的焊接方法。电子元器件焊接就是属于钎焊。焊料为焊锡（可带助焊剂），常选用松香作为助焊剂。

1. 焊接过程和焊接质量

（1）焊接过程

焊接包括润湿（横向流动）、扩散（纵向流动）和形成合金层（界面层）3 个过程。润湿又称浸润，是指熔融焊料在金属表面形成均匀、平滑、连续并附着牢固的焊料层。浸润程度主要决定于焊件表面的清洁程度及焊料的表面张力。流淌的过程一般是松香在前面清除氧化膜，焊锡紧跟其后，所以说润湿基本上是熔化的焊料沿着物体表面横向流动。润湿的好坏用浸润角表示，小于 90°说明已浸润，接近 90°时说明半浸润，大于 90°说明未浸润，如图 2-9 所示。

伴随着熔融焊料在被焊面上扩散的润湿现象还出现焊料向固体金属内部扩散的现象。扩散的结果使锡原子和被焊金属铜的交接处形成合金层，从而形成牢固的焊接点。

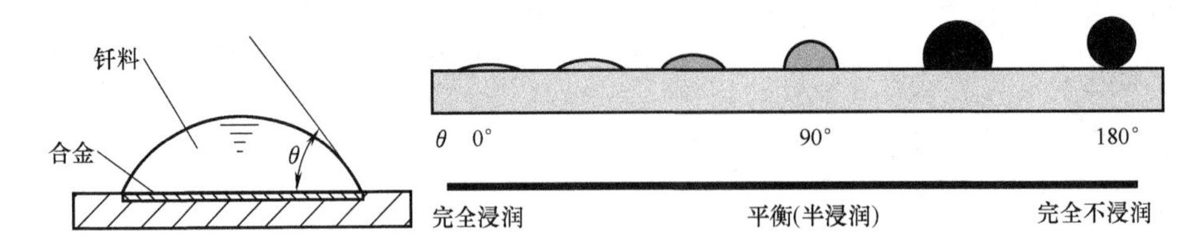

图 2-9　浸润角及不同的浸润状态

（2）焊接质量

焊接的质量取决于下列要素：

1）焊接母材的可焊性。可焊性是指液态焊料与母材之间应能互相溶解，即两种原子之间要有良好的亲和力。为了提高可焊性，一般采用表面镀锡、镀银等措施。

2）焊接部位清洁程度。焊料和母材表面必须“清洁”，即指焊料与母材两者之间没有氧化层、没有污染。当焊料与被焊接金属之间存在氧化物或污垢时，就会阻碍熔化的金属原子的自由扩散，就不会产生润湿作用。氧化是产生“虚焊”的主要原因之一。

可通过添加适当的助焊剂（松香、松香酒精溶液、氯化锌溶液等）提高助焊能力。助焊剂可破坏氧化膜、净化焊接面，使焊点光滑、明亮。

2. 焊料

焊料是易熔金属，它的熔点低于被焊金属，其作用是在熔化时能在被焊金属表面形成合金而将被焊金属连接到一起。按焊料成分区分，有锡铅焊料、银焊料、铜焊料等，在一般电子产品中主要使用锡铅焊料，俗称焊锡。手工烙铁焊常用管状焊锡丝，如图 2-10 所示。

图 2-10　管状焊锡丝

3. 焊剂

金属表面同空气接触后会生成一层氧化膜，氧化膜会阻止液态焊锡对金属的润湿作用。焊剂的作用就是去除焊接面的氧化膜，防止氧化，减小液态焊锡的表面张力，增加流动性，有助于焊锡润湿焊件，因此，焊剂也称助焊剂。焊点焊接完毕后，助焊剂会浮在焊料表面，形成隔离层，防止焊接面的氧化。助焊剂分为助焊膏、松香。不同的焊件要求，需要采用不同的焊剂，在电子产品中主要采用松香作为助焊剂（如图 2-11）。为焊接

图 2-11　松香助焊剂

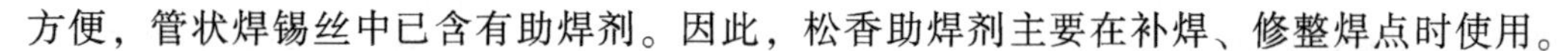

方便，管状焊锡丝中已含有助焊剂。因此，松香助焊剂主要在补焊、修整焊点时使用。

4. 焊接的操作过程

掌握正确的操作姿势，可以保证操作者的身心健康，减少劳动伤害。为减少焊剂加热时挥发出的化学物质对人体的危害，减少有害气体的吸入量，一般情况下，烙铁到鼻子的距离应该不少于20cm，通常以30cm为宜。

掌握好电烙铁的温度和焊接时间，选择恰当的烙铁头和焊点的接触位置，才可能得到良好的焊点。正确的焊接操作过程可以分成5个步骤，如图2-12所示。

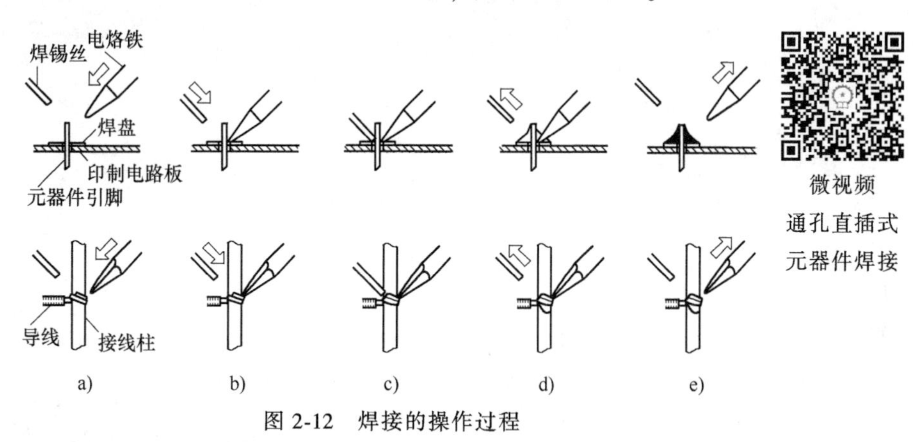

图2-12 焊接的操作过程

1）准备施焊。如图2-13所示。左手拿焊丝，右手握烙铁，进入备焊状态。要求烙铁头保持干净，无焊渣等氧化物，并在表面镀有一层焊锡。

2）加热焊件。如图2-14所示。烙铁头靠在两焊件的连接处，加热焊件，时间为1~2s。在印制电路板上焊接元器件时，要注意使烙铁头同时接触两个被焊接物。例如，图2-14中的元器件引线与焊盘要同时均匀受热。

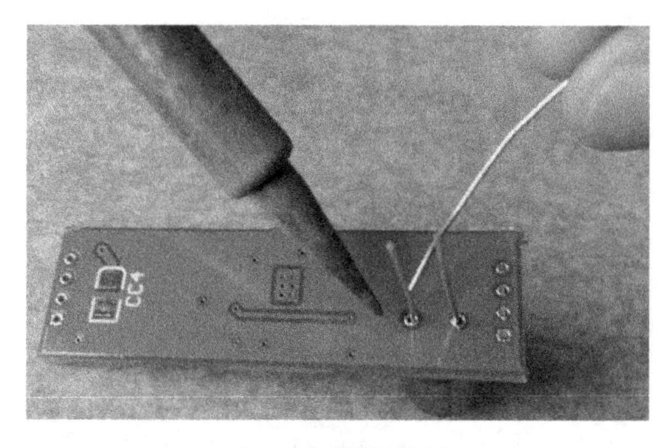

图2-13 准备施焊

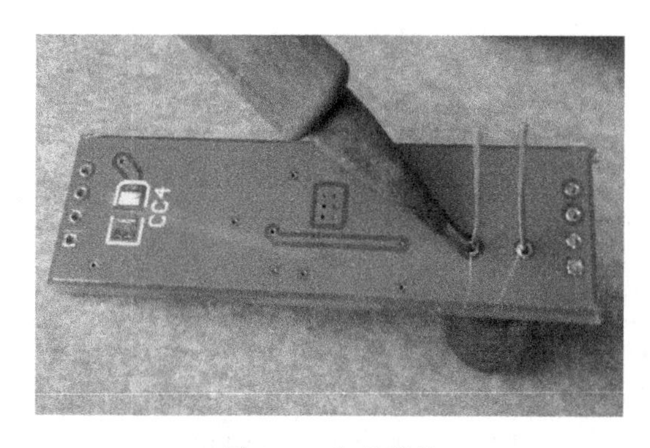

图2-14 加热焊件

3）送入焊丝。如图2-15所示，焊件的焊接面加热到一定温度时，焊锡丝从电烙铁对面接触焊件。注意：不要把焊锡丝送到烙铁头上！

4）移开焊丝。如图2-16所示，当焊丝熔化一定量后，立即向左上45°方向移开焊丝。

5）移开电烙铁。如图2-17所示，焊锡浸润焊盘和焊件的施焊部位以后，向右上45°方向移开电烙铁，结束焊接。从步骤3）开始到步骤5）结束，时间也是1~2s。

图 2-15　送入焊丝

图 2-16　移开焊丝

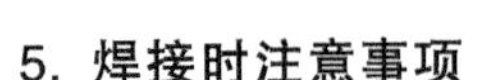

5. 焊接时注意事项

1）烙铁头的温度要适当。一般来说，将烙铁头放在松香块中，熔化较快又不冒烟时的温度较为适宜。

2）电烙铁焊接时间要适当。从加热焊接点到焊料熔化并流满焊接点，一般应在几秒钟内完成。如果焊接时间过长，则焊接点上的焊剂完全挥发，就失去了助焊作用。而焊接时间过短则焊接点的温度达不到焊接温度，焊料不能充分熔化，容易造成虚假焊。

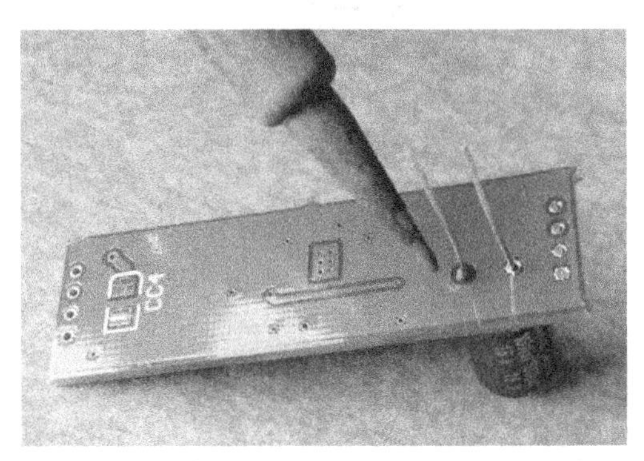

图 2-17　移开电烙铁

3）焊料与焊剂使用要适量。焊料以流满焊盘为原则。若使用焊料过多，一方面造成焊点过于饱满，另一方面造成焊料的浪费；若使用的焊剂过多，则易在引脚周围形成绝缘层，造成引脚与引脚座之间的接触不良。反之，焊料和焊剂过少易造成虚焊。

4）电烙铁焊接过程中不要触动焊点。在焊点上的焊料尚未完全凝固时，不应移动焊接点上的被焊元器件及导线，否则焊点要变形，出现虚焊现象。

5）恒温电烙铁焊接时不应烫伤周围的元器件及导线。焊接时注意，不要使电烙铁烫到周围导线的塑胶绝缘层及元器件的表面，尤其是焊接结构比较紧凑、形状比较复杂的产品。

6）焊接完成后，及时做好清理工作。焊接完毕后，应将剪掉的导线头及焊接时掉下的锡渣等及时清理，防止落入产品内，造成安全隐患。

2.1.4　拆焊

拆焊也叫解焊，是焊接的相反操作。焊接完毕的元器件需要替换、调试、维修时，首先要将焊点解开，实质上是溶化焊锡、移走焊锡、卸下元器件的过程。

1. 常用的拆焊工具

常用的拆焊工具是吸锡器，有以下几种：空心针头、金属编织网、手动吸锡器、电热吸锡器、电动吸锡枪、双用吸锡电烙铁、热风拆焊器等。

（1）空心针头

空心针头外形如图 2-18 所示，拆除元器件原理是利用医用空心针头与电烙铁配合来分离多引脚电子元器件的引脚与印制电路板的焊盘。使用时，根据元器件引脚的粗细选用合适的空心针头，应常备 8～24 号针头各一只。

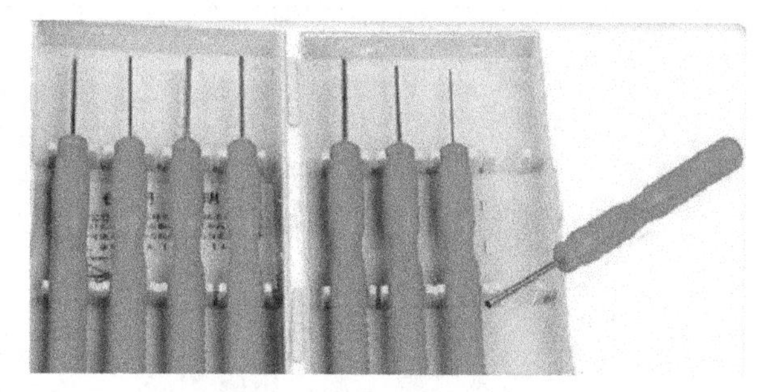

图 2-18 空心针头外形及使用

（2）手动吸锡器

手动吸锡器的外形如图 2-19 所示。使用时，先把吸锡器末端的滑竿压入，直至听到“咔”声，则表明吸锡器已被锁定。再用电烙铁对焊点加热，使焊点上的焊锡熔化，同时将吸锡器靠近焊点，按下吸锡器上面的按钮即可将焊锡吸上。若一次未吸干净，可重复上述步骤。在使用一段时间后必须清理，否则内部活动的部分或头部会被焊锡卡住。

（3）电动吸锡枪

电动吸锡枪的外形如图 2-20 所示。主要由真空泵、加热器、吸锡头及容锡室等组成，是集电动、电热吸锡于一体的新型除锡工具，且吸锡头有多种规格可供选择使用。

电动吸锡枪的使用方法是：吸锡枪接通电源后，经过 5～10min 预热，当吸锡头的温度升到最高时，用吸锡头贴紧焊点使焊锡熔化，同时将吸锡头内孔一侧贴在引脚上，并轻轻拨动引脚，待引脚松动、焊锡充分熔化后，启动真空泵进行吸锡即可。

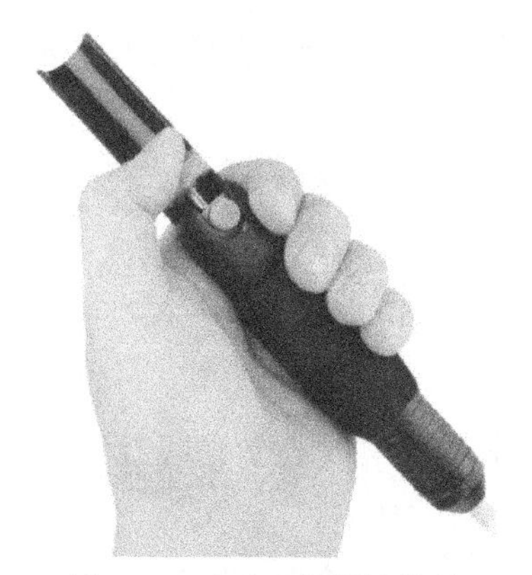

图 2-19 手动吸锡器的外形

图 2-20 电动吸锡枪的外形

2. 拆焊操作的原则

拆焊技术适用于拆除误装的元器件及引线，在维修时需要更换的元器件，临时安装的元器件或导线等。拆焊操作的基本原则：拆焊时不能损坏需拆除的元器件及导线，不能损坏焊盘和印制板上的铜箔等，最好不要移动其他元器件或导线。

3. 拆焊操作要点

严格控制加热的温度和时间。加热的温度过高或时间过长都有可能导致元器件损坏或铜箔脱落；而温度过低或时间过短就根本不能进行拆焊。拆焊时不要用力过猛。要借助工具，避免用力地拉、摇、扭元器件，这样都会损坏元器件和焊盘，尤其是塑料元器件。

（1）电烙铁直接拆除元器件

引脚比较少的元器件，如电阻、二极管、晶体管、稳压管等具有 2、3 个引脚的元器件，可先用电烙铁直接加热元器件引脚，然后用镊子将元器件取下。

（2）用空心针拆除元器件

用空心针拆除元器件方法如图 2-21 所示。用电烙铁给多引脚电子元器件引脚上的焊锡加热，待焊锡熔化后，这时左手把空心针头左右旋转插入引脚孔内，然后移开电烙铁并来回旋转针头，等焊锡凝固后拔出针头，该引脚就与焊盘完全分开了。按此方法拆除元器件的其他引脚。

（3）用手动吸锡器拆除元器件

利用电烙铁加热引脚焊锡，用吸锡器吸取焊锡，拆除步骤如下：右手以握笔式持电烙铁，使其与水平位置的电路板呈 35°左右夹角。左手以拳握式持吸锡器，拇指操控吸锡按钮。使吸锡器呈近乎垂直状态向左倾斜约 5°为宜，方便操作。将电烙铁头尖端置于焊点上，使焊点融化，移开电烙铁的同时，将吸锡器放在焊盘上按动吸锡按键，吸取焊锡。

图 2-21　用空心针拆除元器件方法

（4）使用电动吸锡枪拆除元器件

拆除步骤：选择内径比被拆元器件的引线直径大 0.1~0.2mm 的烙铁头。待烙铁达到设定温度后，对正焊盘，使吸锡枪的烙铁头和焊盘垂直轻触，焊锡熔化后，左右移动吸锡头，使金属化孔内的焊锡全部熔化，同时启动真空泵开关，即可吸净元器件引脚上的焊锡。按上述方法，将被拆元器件其余引脚上的焊锡逐个吸净。

2.1.5　任务实施

1. 认识恒温电烙铁的结构

结合图 2-22 识别恒温电烙铁的结构。

2. 恒温电烙铁的使用

参考图 2-23 所示，旋转温度调节旋钮，加热后放入松香中，根据松香的熔化程度判断

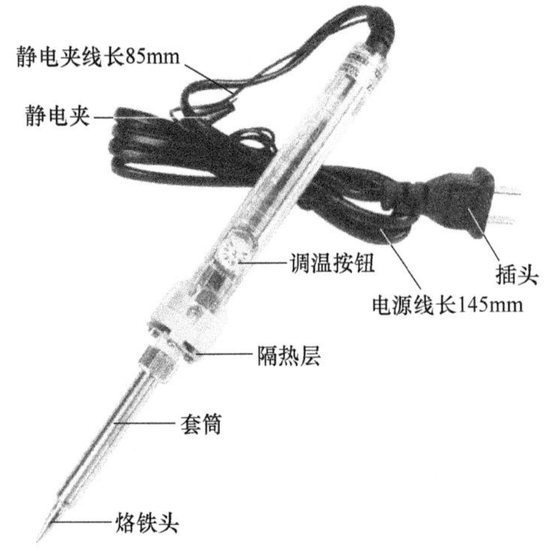

图 2-22　恒温电烙铁

图 2-23　恒温电烙铁温度调节旋钮

烙铁头温度的高低。其中手工焊接贴片元器件时，电烙铁温度一般调在270~290℃；焊接直插式器件时，电烙铁温度调在330~400℃；焊接引脚较粗的电源模块、变压器（或大电感）、大电解电容、大面积铜箔焊盘时，电烙铁温度调在450℃左右。

3. 电子元器件的焊接

在万能板上或PCB上完成以下元器件的焊接。

1）完成10个色环电阻器的焊接。

2）完成5个瓷介电容器和5个电解电容器的焊接。

3）完成5个电感器的焊接。

4）完成5个1N4001二极管的焊接。

5）完成5个9014晶体管的焊接。

6）完成2个14、16脚集成插座的焊接。

4. 电子元器件的拆焊

利用空心针头、金属编织网、手动吸锡器、电热吸锡器等工具完成上面所焊接电子元器件的拆焊。

1）完成10个色环电阻器的拆焊。

2）完成5个瓷介电容器和5个电解电容器的拆焊。

3）完成5个电感器的拆焊。

4）完成5个1N4001二极管的拆焊。

5）完成5个9014晶体管的拆焊。

6）完成2个14、16脚集成插座的拆焊。

任务2.2　贴片元器件的焊接

任务目标

- 掌握焊接贴片元器件常用工具的使用。
- 能正确焊接贴片元器件。

相关知识

微视频
焊接贴片元器件
常用工具

2.2.1　贴片元器件焊接的常用工具

1. 电烙铁

电烙铁一般选用恒温电烙铁，烙铁头可以先选择尖头的，也可以选择小刀头的。在焊接引脚比较多的芯片时，建议选择尖头烙铁头的电烙铁。

2. 焊锡丝

在焊接贴片元器件的时候，尽可能使用细的焊锡丝，便于控制给锡量，避免浪费焊锡。一般选用直径0.6mm的松香芯焊锡丝。

3. 镊子

镊子（如图2-24所示）的主要作用在于方便夹起和放置贴片元器件。如可用镊子夹住电阻放到电路板上进行焊接。镊子要求前端尖且平，以便于夹元器件。另外，对于一些需要防止静电的芯片，需要用到防静电镊子。

图 2-24　镊子

4. 吸锡带

焊接贴片元器件时，很容易出现上锡过多的情况。特别在焊密集多引脚贴片芯片时，很容易导致芯片相邻的两引脚甚至多引脚被焊锡短路。这时可用编织的吸锡带（如图 2-25 所示），去除多余的焊锡。先用电烙铁把焊点上的锡熔化，使锡转动移到编织吸锡带或多股铜线上，并拽动吸锡带，各引脚上的焊锡即被吸锡带吸附，从而使元件的引脚与线路脱离。当吸锡带吸满锡后，剪去已吸附焊锡的吸锡带。金属编织吸锡带（网）市场有专售，如果没有吸锡带，可用导线中的细铜丝（需要削除绝缘皮）拉直后浸上松香即可。

图 2-25　吸锡带

5. 带灯放大镜

对于一些引脚特别细小密集的贴片芯片，焊接完毕后需要检查引脚是否焊接正常、有无短路现象，此时用人眼是很费力的，因此需要用放大镜，从而方便可靠地查看每个引脚的焊接情况。普通放大镜在一般的条件下是可以使用的，但是如果遇到光线比较暗的时候，就显示出它的不足，此时可用带灯放大镜，如图 2-26 所示，它是在普通放大镜基础上加上光源构成的，现在一般采用 LED 灯作为光源。

6. 酒精

在使用松香作为助焊剂时，很容易在电路板上留下多余的松香。为了美观，这时可以用酒精棉球将电路板上残留的松香擦干净。

7. 热风枪

热风枪（如图 2-27）主要由气泵、印制电路板、气流稳定器、外壳和手柄等部件组成，

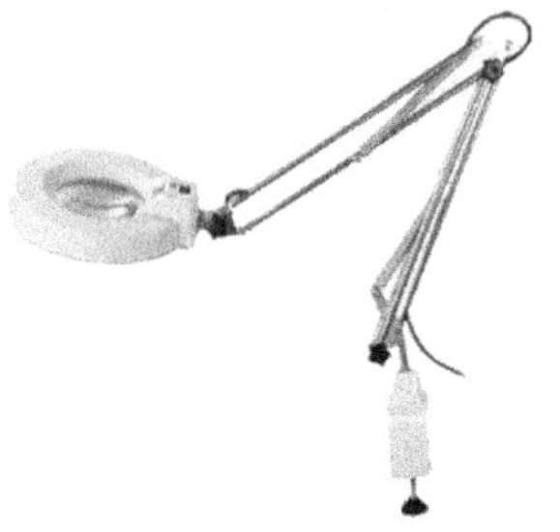
图 2-26　带灯放大镜

图 2-27　热风枪

主要是利用发热电阻丝的枪芯吹出的热风来对元器件进行焊接与拆焊元器件的工具。其优点是焊具与焊点之间没有硬接触，所以不会损伤焊点与焊件。对于普通的贴片焊接，可以不用热风枪，而对引脚比较多的芯片或 CPU，一般用热风枪进行拆焊。

2.2.2　手工焊接

微视频
贴片元器件的手工焊接

1. 清洁和固定 PCB

在焊接前应对要焊的 PCB（如图 2-28 所示）进行清洁，使其干净。如 PCB 表面有手印以及氧化物之类的，可用橡皮擦除。

手工焊接 PCB 时，可以用焊台之类的将其固定好，也可用手固定，从而方便焊接。但应避免手指接触 PCB 上的焊盘，以免影响上锡。

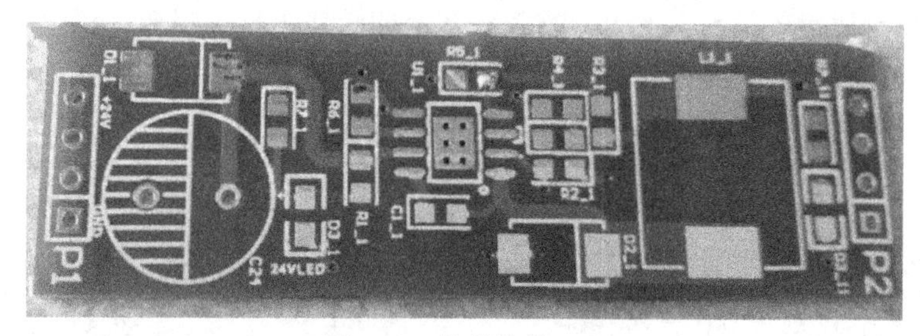

图 2-28　待焊接的 PCB

2. 引脚少的贴片元器件焊接

对于引脚数目少（一般为 2~5 个）的贴片元器件如电阻器、电容器、二极管、晶体管等，一般采用单脚固定法。固定、焊接过程如图 2-29 所示。以贴片电阻焊接为例，先对 PCB 上一个焊盘上锡，然后左手拿镊子夹持元器件放到安装位置并轻抵住电路板，右手拿烙铁靠近已镀锡焊盘熔化焊锡将该引脚焊好，依次点焊其他引脚即可。

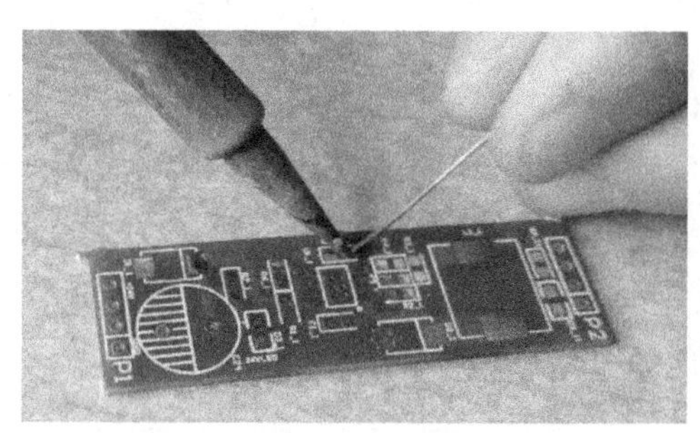

图 2-29　引脚少的贴片元器件焊接

3. 集成贴片芯片的焊接

对于引脚多的贴片芯片，可采用多脚固定的方法进行焊接，固定焊接如图 2-30 所示。先焊接固定一个引脚后，再对该引脚对角的引脚进行焊接固定，从而达到整个芯片被固定的目的。注意，芯片的引脚要判断正确，放置正确，芯片引脚一定要与焊盘对齐。具体焊接过程如下：在芯片焊盘一角上焊，用镊子夹持芯片，用电烙铁融化铜箔上焊锡固定一引脚，再固定其对角引脚，对于芯片引脚比较少的，可以采用点焊的方法焊接其余各引脚。

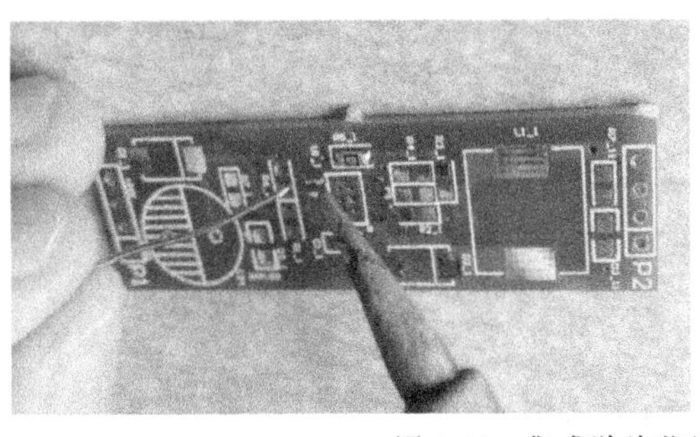

图 2-30　集成贴片芯片对角引脚固定焊接

对于引脚多而且密集的芯片，除了采用点焊外，也可以采取拖焊，如图 2-31 所示，即在一侧的引脚上足锡然后利用烙铁将焊锡熔化往该侧剩余的引脚上抹去，熔化的焊锡可以流动，也可以将板子适当的倾斜，通过烙铁头将多余的焊锡去掉。焊接过程中可能出现相邻引脚被锡短路现象，可用烙铁头挑开或用吸锡带去除焊锡。也可将电线的外皮剥去之后，露出细铜丝，用烙铁熔化一些松香在铜丝上，作为吸锡带使用。

图 2-31　集成贴片芯片拖焊

吸锡带的使用方法很简单，如图 2-32 所示，向吸锡带加入适量助焊剂（如松香）然后紧贴焊盘，用干净的烙铁头放在吸锡带上，待吸锡带被加热到要吸附焊盘上的焊锡融化后，慢慢地从焊盘的一端向另一端轻压拖拉，焊锡即被吸入带中。

在焊接过程中，由于使用松香助焊和吸锡带吸锡的缘故，电路板上芯片引脚的周围残留了一些松香，虽然并不影响芯片工作和正常使用，但不美观。可采用棉签蘸酒精进行清洗，如图 2-33 所示。清洗擦除时应该注意酒精要适量，且浓度要高一些，以快速溶解松香之类

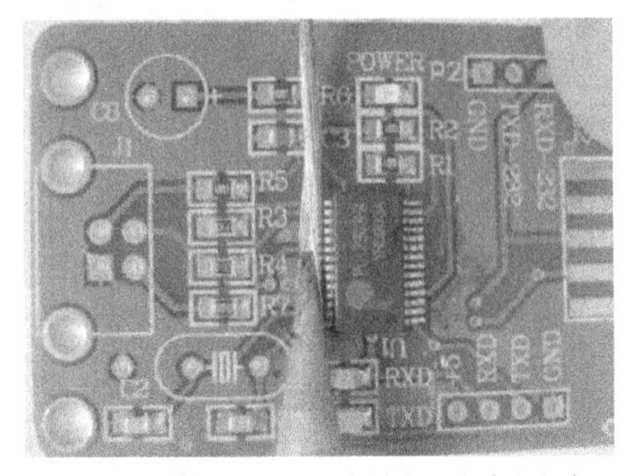

图 2-32　吸锡带吸去芯片引脚上多余的焊锡

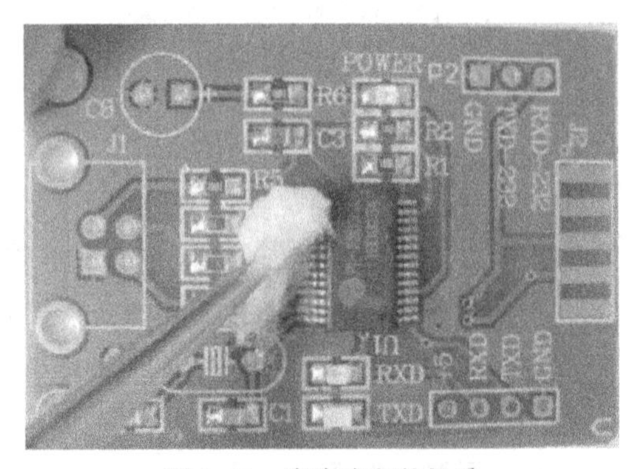

图 2-33　清除残留的松香

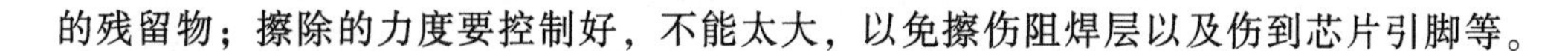

的残留物；擦除的力度要控制好，不能太大，以免擦伤阻焊层以及伤到芯片引脚等。

2.2.3　贴片元器件的拆焊

引脚不多的贴片元器件的拆焊：先在元器件焊接引脚多熔化些焊锡丝，然后轮流用电烙铁加热元器件的焊点，当元器件的几个引脚焊锡都在熔化状态时用镊子或烙铁头给元器件向外施加一点力，使元器件移出焊盘，即可取下元器件。

拆焊贴片式集成电路时，可将调温烙铁温度调至260℃左右，用烙铁头配合吸锡器将集成电路引脚焊锡全部吸除后，用尖嘴镊子轻轻插入集成电路底部，一边用电烙铁加热，一边用镊子逐个轻轻提起集成电路引脚，使集成电路引脚逐渐与印制板脱离。用镊子提起引脚时一定要随烙铁加热的部位同步进行，防止操之过急将线路板损坏。

拆焊高引脚密度贴片集成芯片时主要用热风枪，将热风枪的温度与风量调到适当位置，用镊子夹住元器件，用热风枪来回吹所有的引脚，等其都熔化后将元器件提起。

2.2.4　任务实施

1. 在PCB上完成以下贴片元器件的焊接

1）完成10个贴片电阻器的焊接。

2）完成10个贴片电容器的焊接。

3）完成10个贴片电感器的焊接。

4）完成10个贴片二极管的焊接。

5）完成10个贴片晶体管的焊接。

6）完成2个8、16脚集成贴片芯片的焊接。

2. 贴片元器件的拆焊

用调温电烙铁、吸锡器、热风枪等工具完成以下贴片元器件的拆焊。

1）完成10个贴片电阻器的拆焊。

2）完成10个贴片电容器的拆焊。

3）完成10个贴片电感器的拆焊。

4）完成10个贴片二极管的拆焊。

5）完成10个贴片晶体管的拆焊。

6）完成2个8、16脚集成贴片芯片的拆焊。

项目3 光伏草坪灯控制电路的设计与制作

晚上，走在公园里，不再是只有黑暗相伴，陪伴我们的还有五颜六色的草坪灯。光伏草坪灯已经渐渐地改变了人们的夜间生活和活动场所，特别是城市中，很多人白天忙于工作，需要晚间外出活动和锻炼，那么光伏草坪灯在这里不但起到照明的作用，还可以一定程度给人以美感，减轻人们的身心疲惫，它的独特而巧妙的设计，受到人们的喜爱。

本项目要求设计、制作一款工作稳定可靠、环保无污染、使用寿命长，可广泛应用的光伏草坪灯，控制电路要实现自动充放电控制，具体参数和要求如下。

1）光伏电池板参数 3.8V/80mA；储能器件为 2.4V/600mA · h Ni-Cd 蓄电池；选用 3.3V/6mA LED 灯。

2）白天，储能器件进行充电；晚上，LED 灯自动点亮，天亮后自动熄灭。

3）完成电路设计、仿真、PCB 制作、电路安装、调试。

任务 3.1 光伏草坪灯控制电路的设计

任务目标

- 掌握光伏草坪灯电路组成。
- 能分析光伏草坪灯控制电路的工作原理。
- 能用 Protel DXP 软件完成光伏草坪灯控制电路的绘制和 PCB 的设计。
- 能用 Multisim 软件完成光伏草坪灯控制电路仿真。

3.1.1 原理框图

光伏草坪灯一般由光伏电池板、控制电路、储能器件（蓄电池）、LED 灯组成，其原理框图如图 3-1 所示。光伏电池板是能源转换器件，将光能转换为电能；控制电路作用是使光

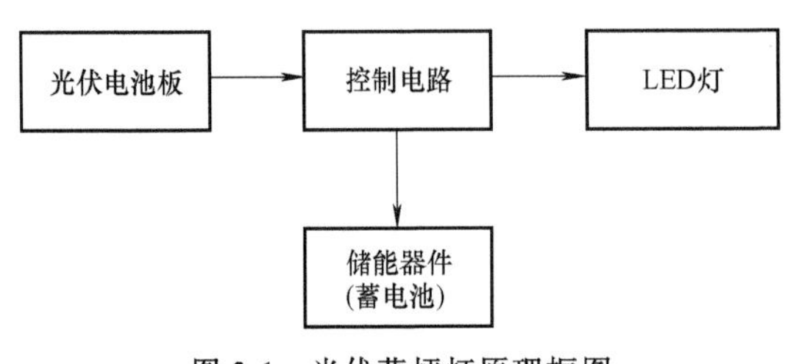

图 3-1 光伏草坪灯原理框图

微视频
光伏草坪灯工作原理

伏电池板和蓄电池高效、安全、可靠的工作，以获得最高效率并延长蓄电池的使用寿命，能自动防止蓄电池过充电和过放电；储能器件的作用是储存光伏电池方阵受光照时发出的电能并可随时向负载供电；LED灯主要实现照明。其基本工作原理：白天在太阳光的照射下，光伏电池板产生的直流电流通过控制电路对储能器件进行充电；晚上，储能器件通过控制电路向LED灯供电，LED灯点亮照明。

3.1.2　电路设计

光伏草坪灯控制电路可以采用单片机电路实现，也可以采用电阻器、晶体管、电容器、电感器等分立元器件实现。本项目控制电路采用分立元器件来实现。

1. 电路构成

光伏草坪灯电路原理图如图3-2所示。BT_1为3.8V/80mA光伏电池板，完成光能到直流电能的转换；BT_2为2.4V/600mA·h Ni-Cd蓄电池，实现储能；RP为光敏电阻，其阻值随着光照的不同而发生变化，可控制VT_2、VT_1的导通情况；VD_1为防反充二极管，防止晚上或阳光不足时，蓄电池对光伏电池板反向充电；VT_3、VT_4、C_2、R_4、L_1组成DC升压电路。

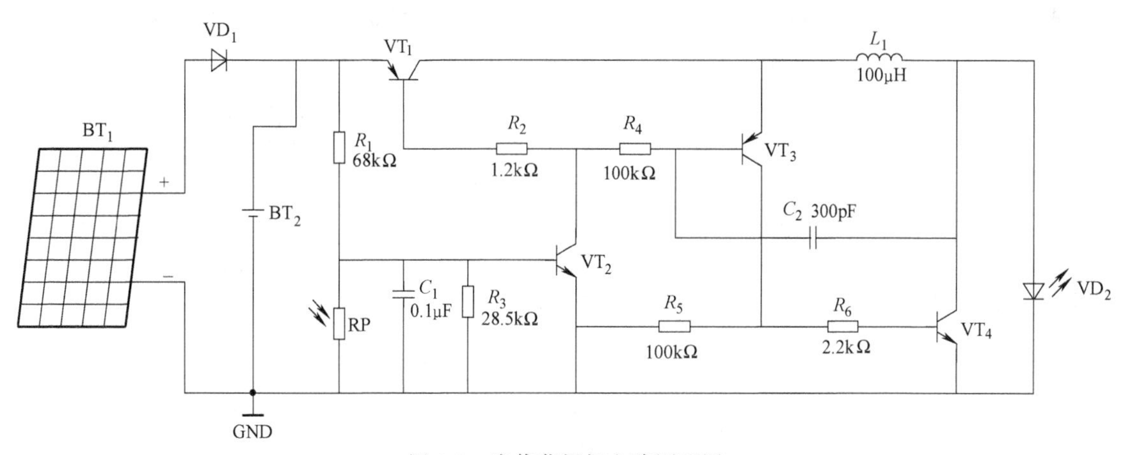

图3-2　光伏草坪灯电路原理图

当白天太阳光照射在光伏电池上时，光伏电池将光能转变为电能并通过控制电路将电能存储在蓄电池中。天黑后，蓄电池中的电能通过控制电路为草坪灯的LED光源供电。第二天早晨天亮时，蓄电池停止为光源供电，草坪灯熄灭，光伏电池继续为蓄电池充电，周而复始、循环工作。

2. 电路工作原理

如图3-2所示，白天有太阳光时，由BT_1把光能转换为电能，通过VD_1对BT_2充电，由于有光照，光敏电阻呈低阻，VT_2基极为低电平，LED灯不发光。当晚上无光照时，光伏电池停止为蓄电池BT_2充电，VD_1阻止蓄电池向光伏电池反向放电，同时光敏电阻RP呈高阻，VT_2导通，VT_1基极为低电平也导通，由VT_3、VT_4、C_2、R_4、L_1组成的DC升压电路工作，LED得电发光。

DC升压电路其核心就是一个互补管振荡电路，其工作过程如下：VT_1导通时电源通过L_1、R_4、VT_2向C_2充电，由于C_2两端电压不能突变，VT_3基极为高电平，VT_3不导通，随

着 C_2 的充电其压降越来越高，VT_3 基极电位越来越低，当低至 VT_3 导通电压时 VT_3 导通，VT_4 相继导通，C_2 通过 VT_4、电源、VT_3 发射结放电。当放完电后 VT_3 截止，VT_4 截止，电源再次向 C_2 充电，之后 VT_3 导通，VT_4 导通，C_2 放电，如此反复，电路形成振荡，在振荡过程中，VT_4 导通时电源经 L_1 和 VT_4 到地，电流经 L_1 储能，VT_4 截止时 L_1 产生感应电动势，和电源叠加后驱动 LED，使其发光。

提高电池电压可直接驱动 LED，可以提高效率，虽然电池电压提高，相应的光伏电池价格也大幅提高，但只要电路元件设置合适，其效率还是可以接受的。

当白天充电不够时（如遇上阴雨天等），BT_2 可能发生过放电，这样会损坏电池，为此特加 R_3 构成过放保护：当电池电压降至 2V 时，由于 R_3 的分压使 VT_2 基极电位不足以使 VT_2 导通，从而保护电池。

3.1.3 电路仿真

本电路的核心是由 VT_3、VT_4、C_2、R_4、L_1 组成的 DC 升压电路，而 DC 升压电路的核心就是一个互补管振荡电路。当晚上时，蓄电池已充满电压为 2.4V 时，VT_2 导通视为短路，通过 Multisim 仿真软件测得电容充电瞬时值如图 3-3 所示，其振荡电路仿真如图 3-4 所示。

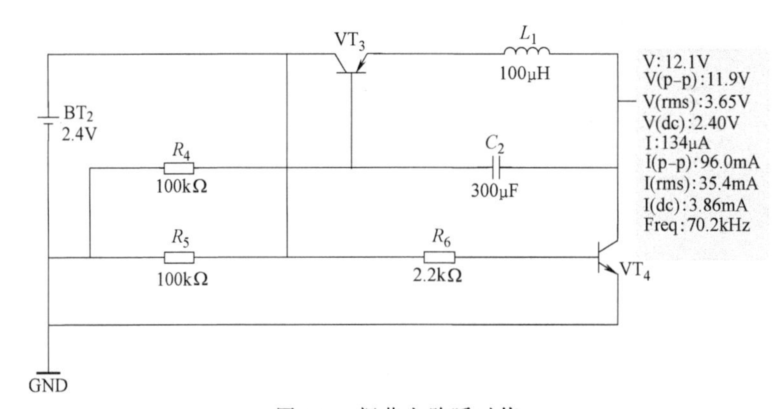

图 3-3 振荡电路瞬时值

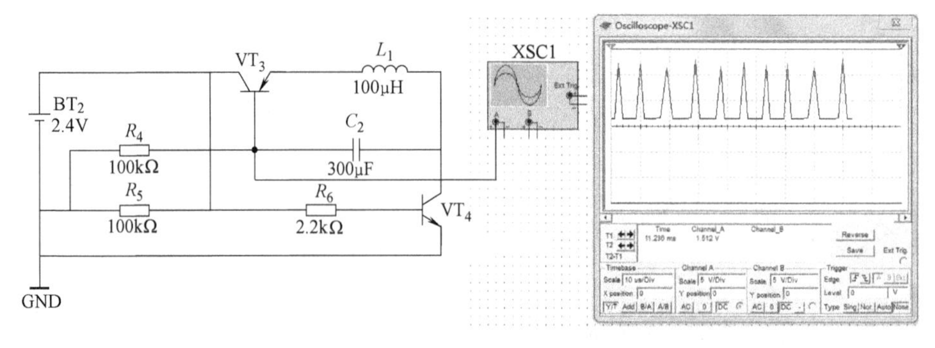

图 3-4 控制电路升压部分振荡电路仿真

3.1.4 PCB 设计

光伏草坪灯控制电路的 PCB 设计，采用单面板，板子的长宽为 60mm×40mm。导线宽度为 40mil，安全间距为 20mil，焊盘为用 80mil×80mil，焊盘孔径为 10mil。如图 3-5 所示为光伏草坪灯控制电路的 PCB 图。

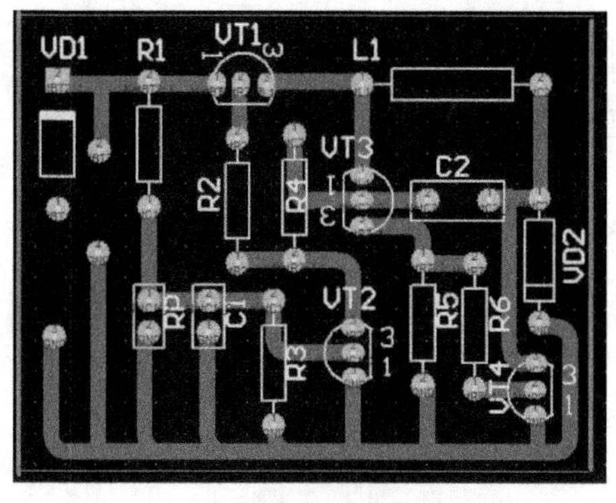

图 3-5　光伏草坪灯控制电路的 PCB 图

3.1.5　任务实施

1. 完成光伏草坪灯电路的设计

按照如图 3-6 所示流程完成光伏草坪灯电路的设计。

2. 用 Protel DXP 软件完成光伏草坪灯电路原理图的绘制

Protel DXP 是一款电路设计软件，该软件能实现从概念设计，顶层设计直到输出生产数据以及这之间的所有分析验证和设计数据的管理。电路原理图的绘制流程如图 3-7 所示。

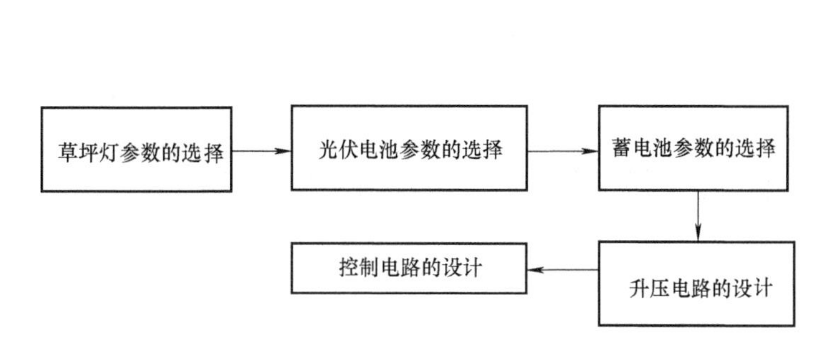

图 3-6　光伏草坪灯控制电路的设计思路

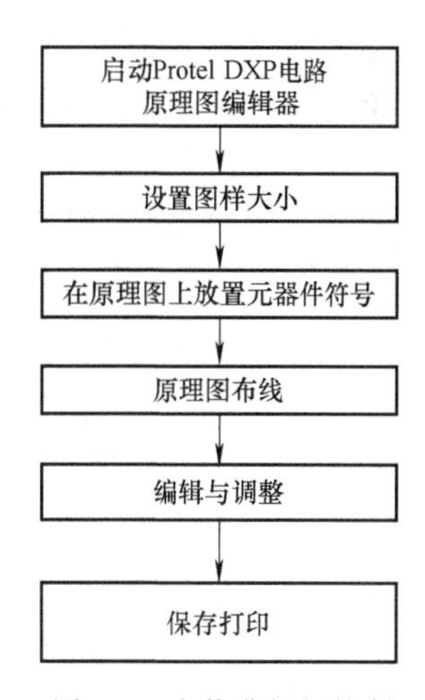

图 3-7　光伏草坪灯控制电路原理图的绘制流程

1）在项目文件中新建原理图文件。

2）设置原理图图样及相关信息。原理图图样是原理图绘制的工作平台，所有的工作都是在图样上进行的，为原理图选择合适的原理图图样并对其进行合理的设置将使得设计更加美观。

3）装载所需要的元器件符号库。在原理图设计中使用的元器件符号，因此需要在设计前导入所有需要的元器件符号，在 Protel DXP 中使用元件库来管理所有的元器件符号，因此需要载入元器件符号库，如果 Protel DXP 中没有所绘制图样需要的元器件，则需要自己建立元器件符号库，并加载自己绘制的元器件符号库。

4）放置元器件符号。元器件符号将按照设计原理放置在原理图图样上，在元器件放置过程中另外的一个重要工作就是设置元器件属性，尤其是元器件的标号和封装属性，该项属性将作为网络报表的一部分导入到 PCB 设计中，如果没有标号或没有封装将不可能完成 PCB 的设计。

5）调整原理图中的元器件布局。由于在放置元器件的过程中，元器件并不是一次放置到位，有可能元器件的位置在连接线路时不太方便，因此需要对元器件进行布局调整，以方便连接导线和原理图的美观。

6）对原理图进行连线。该步骤的主要目的是为元器件建立电气连接，在建立连接的过程中可以使用导线和总线，也可以使用网络标号，在建立跨原理图电气连接时将使用端口。该步骤引入的网络信息将作为网络报表的一部分导入到 PCB 设计中，在完成连线工作后，原理图设计的主要工作已经完成，所有 PCB 设计需要的信息已经完备，此时即可生成网络报表，准备 PCB 设计。

7）检查原理图错误并修改。在完成原理图绘制后，Protel DXP 引入了自动的 ERC 检测功能帮助设计者检查原理图。

8）注释原理图。

9）保存并打印输出。

3. 用 Protel DXP 软件完成光伏草坪灯电路 PCB 的设计

Protel DXP 软件主要功能是设计电路 PCB，其设计流程框图如图 3-8 所示。

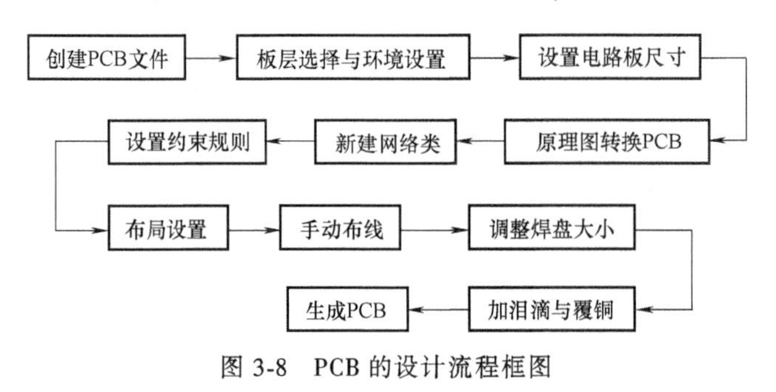

图 3-8　PCB 的设计流程框图

微视频
光伏草坪灯电路 PCB

1）在项目文件中建立 PCB 文件。

2）PCB 层选择与环境设置。

3）手动设置电路板大小，规划电路板的尺寸：60mm×40mm。导线宽度：40mil，安全间距：20mil。首先确定坐标原点，单击“编辑”→“原点”→“设定”，重新设定原点，然后单击“放置”→“直线”。注意选择合适的栅格捕获尺寸，要预留 2mm 的工艺边。

4）原理图到 PCB 的映射。在 PCB 编辑的界面选择“设计”，然后在弹出的对话框中单击“使变化生效”→“执行变化”按钮，导入元器件封装及元器件之间的逻辑连接，完成物理与逻辑映射。

5）新建网络类：电源类与非电源类。选择“设计”→“对象类”，打开类管理，新建新的网络类：电源类与非电源类。

6）设置约束规则。选择“设计”→“规则”命令，设置布局布线规则。

7）布局。手动布局从左到右布局，完成布局后将 ROM 删除，完成初步布局。

8）用交互式布线工具进行手动布线。

9）调整焊盘大小。

10）加泪滴与覆铜，最后生成 PCB。

4. 用 Multisim 软件完成控制电路的仿真

Multisim 是一款十分简单易学的电路仿真软件，是用软件模拟电子电工元器件及电子电工仪器和仪表，通过软件将元器件和仪器集合为一体，利用它可以完成数字电路、模拟电路等的仿真。

利用 Multisim 进行草坪灯电路的仿真，其流程图如图 3-9 所示。

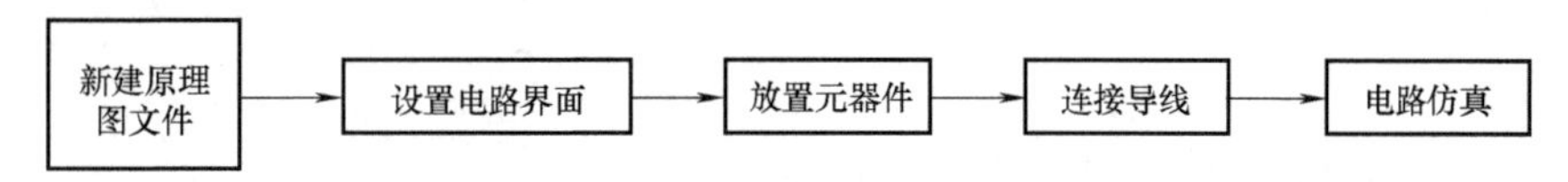

图 3-9　Multisim 软件仿真流程框图

1）运行 Multisim 软件。

2）新建原理图。创建方法如图 3-10 所示，选择菜单“File”→“New Project”命令，弹出“New Project”对话框，然后设置项目名称和保存位置等内容。

也可单独创建一个原理图文件，选择菜单“File”→“New”→“Schematic Capture”命令，如图 3-11 所示。

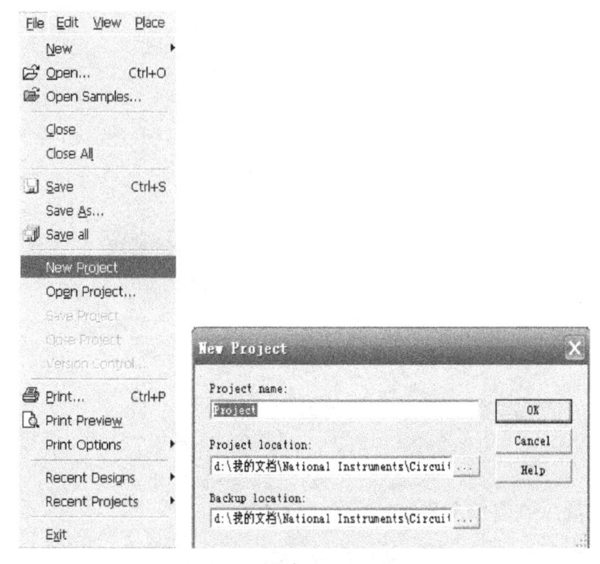

图 3-10　创建一个项目文件

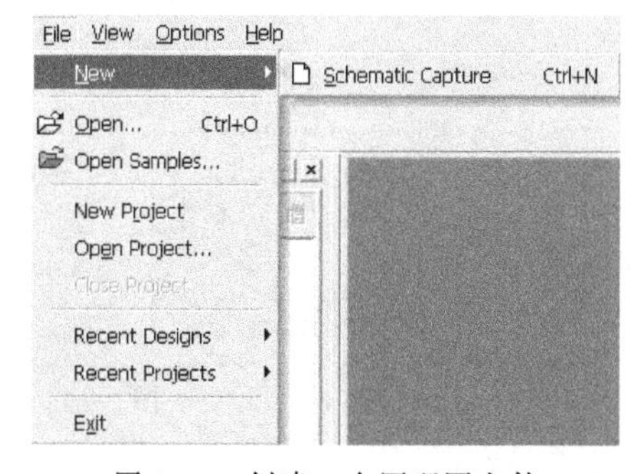

图 3-11　创建一个原理图文件

3）设置电路界面。设置界面的目的是方便电路图的创建、分析和观察。选择“Option”→“Preferences”命令即可出现电路界面的设置。

4）放置元器件。电路所需的元器件可以从元器件工具栏（Component Toolbar）或虚拟元器件工具栏（Virtual Toolbar）中提取，两者不同的是，从元器件工具栏中提取的元器件都与具体型号的元器件相对应，在“元件属性”对话框中不能更改元器件的参数（制造元器件的性能参数，如电阻、电容、电感的大小，晶体管的 IS、NF、BF、VAF、ISE 等参数），只能用另一型号的元器件来代替。从虚拟元器件工具栏中提取的元器件的大多数参数都是该种类元器件的典型值，部分参数可由用户根据需要自行确定，且虚拟元器件没有元器件封装，故制作印制电路板时，虚拟元器件将不会出现在 PCB 文件中。

5）连接导线。将鼠标指针移动到所要连接元器件的引脚上，鼠标指针就会变成中间有黑点的十字。单击鼠标并移动，就会拖出一条实线，移动到所要连接元器件的引脚时，再次单击鼠标，就会将两个元器件的引脚连接起来。草坪灯升压电路完整原理图如图 3-12 所示。

6）虚拟仿真。使用虚拟仪器时只需要在仪表工具栏中选中所需的仪器按钮，把其拖放至工作区即可。若双击该按钮即可打开该仪器的控制面板设置其参数。该仿真电路中主要用到双踪示波器。

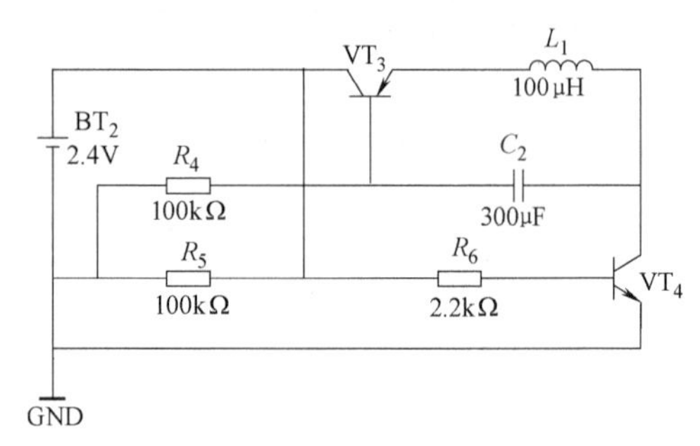

图 3-12　Multisim 绘制的草坪灯升压电路完整原理图

双踪示波器主要用来测量信号的波形、频率、幅度、周期，还可用于比较两信号间的相位。其图标和面板如图 3-13 所示，双击按钮即可出现面板，面板下方有 A、B 两个通道的输入端，右侧垂直方向为外触发信号输入端。使用时可以分别从 A 通道、B 通道或 A、B 两通道同时加入信号，打开“仿真开关”，双击“双踪示波器”按钮，出现其面板，然后进行相应设置调整，使显示的波形合适，如图 3-14 所示。

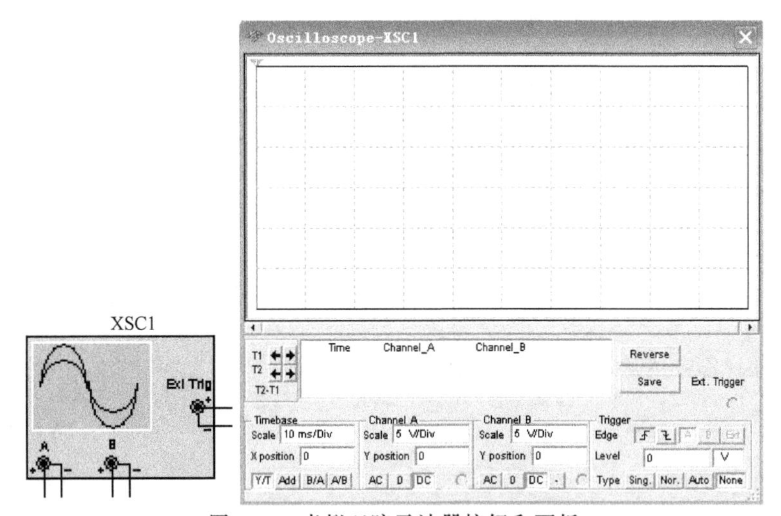

图 3-13　虚拟双踪示波器按钮和面板

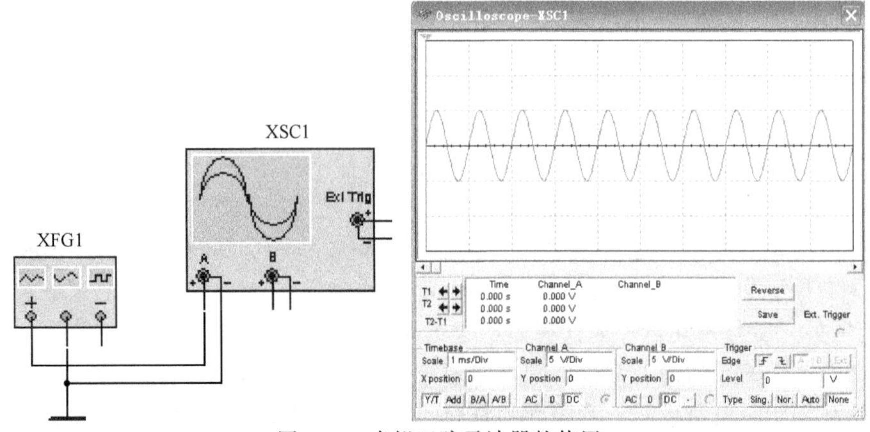

图 3-14　虚拟双踪示波器的使用

任务 3.2　光伏草坪灯控制电路的制作

任务目标

- 掌握光伏草坪灯控制电路所用元器件的选型、检测。
- 完成光伏草坪灯控制电路 PCB 的制作、电路装配和调试。

3.2.1　元器件的选型

1. 光伏电池的选择

光伏电池是依据半导体 PN 结的光伏效应原理把太阳光能转化为电能的半导体器件，它是光伏草坪灯的核心器件。光伏电池性能的好坏直接决定着能量的转换效率及输出电压的稳定性，同时也决定了光伏草坪灯的性能。因此，设计时应采用性价比高的单晶硅光伏电池。

由于地球上各个地区的太阳年总辐射量与平均峰值日照时数不同，光伏草坪灯的设计和灯的使用地理位置是有关系的，光伏电池组件额定输出功率和灯具的输入功率之间的关系是 2∶1~4∶1，具体比例还要根据灯的每天工作时间以及对连续阴雨天的照明要求决定。本项目光伏电池 BT_1 选用 3.8V/80mA 光伏电池板。

2. 光源的选择

由于 LED 技术目前已经实现了关键性突破，同时性能价格比也有较大地提高。现在的 LED 寿命已可达到 100000h 以上，而且工作电压低，非常适合应用于光伏草坪灯上。另外，LED 由低压直流供电，其光源控制成本低，可以调节明暗，并可频繁开关，而且不会对 LED 的性能产生不良影响。因此，从可靠性、性价比、色温和发光效率等几个方面综合考虑，设计时可选择额定电压为 3.3V、工作电流为 6mA 的超亮 LED 作为光源。

3. 其他元器件的选择

BT_2 选用两节 1.2V/600mA · h Ni-Cd 蓄电池，如需要增大发光度或延长时间，可相应提高光伏板及电池功率。VT_1、VT_3、VT_4 的 β 在 200 左右，VT_2 需 β 值大的晶体管。VD_1 尽量选管压低的，如锗管或肖特基二极管。R_1、R_3 建议选用 1% 精度电阻；RP 用亮阻 10~20kΩ、暗阻 1MΩ 以上的光敏电阻。其他电阻可选用普通碳膜 1/4W、1/8W 电阻。L_1 用 1/4W 色电感，直流阻抗要小。其他元器件参数如图 3-2 所示，元器件清单如表 3-1。

表 3-1　草坪灯控制电路元器件清单

元器件	规格	封装类型	元器件	规格	封装类型
VD_1	IN5817	DIO10.46-5.3×2.8	R_1	68kΩ	AXIAL-0.4
VD_2	BT3142	DIODE-0.4	R_2	1.2kΩ	AXIAL-0.4
BT_1	3.8V/80mA	自制	R_3	28.5kΩ	AXIAL-0.4
BT_2	2.4V/600mA · h	自制	R_4,R_5	100kΩ	AXIAL-0.4
VT_1	S9015	BCY-W3	R_6	2.2kΩ	AXIAL-0.4
VT_2	M285	BCY-W3	RP	光敏电阻	AXIAL-0.4
VT_3	S9015	BCY-W3	L_1	100mH	AXIAL-0.6
VT_4	S9013	BCY-W3	C_2,C_1	301、103	RAD-0.1

3.2.2 PCB 的制作

PCB 的制作过程如下。

1. 打印 PCB 图

可用激光打印机将 PCB 图打印在菲林纸上。打印时应注意：如图像未镜像，要进行镜像；菲林纸一定要保持干净，表面要平整，不能有污物和折痕；线路部分若有破洞透光，则以黑色粗笔对照原理图进行修补。

打印过程：准备菲林纸和打印机，如图 3-15 所示；设置打印 PCB 的底层，其他层不用打印；将 PCB 图打印到菲林纸上。

2. 切板

感光电路板又叫光印线路板，是通过光线直接照射均匀涂在电路板的感光药膜，有光照的地方的药膜会被显影剂溶解，没有溶解的感光膜保留在电路板的铜皮上，不让蚀刻剂腐蚀，最后保留成为线路。

标准感光板的尺寸为 100mm×150mm，由于本电路元器件较少，为了节省耗材，因而需要切板，如图 3-16 所示，根据打印出的 PCB 图的尺寸，用钢锯锯好或用切刀切割感光板，再用锉刀将毛边去除。感光板的尺寸：8cm×6cm。

图 3-15　打印准备

图 3-16　切割感光板

3. 曝光

将保护膜撕掉后，将打印的 PCB 图的菲林纸对正感光板的薄膜面，再用干净的玻璃贴紧原稿及感光板，放在曝光机中进行曝光，如图 3-17 所示。曝光时抽真空时间为 20s，曝光时间为 120s。

双面板曝光比单面板曝光要复杂一些，一定要保证正反面对应的焊盘放置准确。双面板曝光的方法一般采用两种方法。

（1）钻孔定位法

将原稿双面对正，然后用胶纸固定，与未撕保护膜的感光板对好且固定，用 1.0mm 小钻头在对角钻定位孔。最后在两根小钻头的帮助下对准位置，用胶纸固定后即可分别曝光。

（2）先固定原稿，再插入感光板

先将原稿正反面对正，两边用胶纸固定，然后再插入感光板。以双面胶纸将原稿与感光板粘贴固定，即可曝光，细线条小于 0.5mm 时，必须使用双面曝光机。

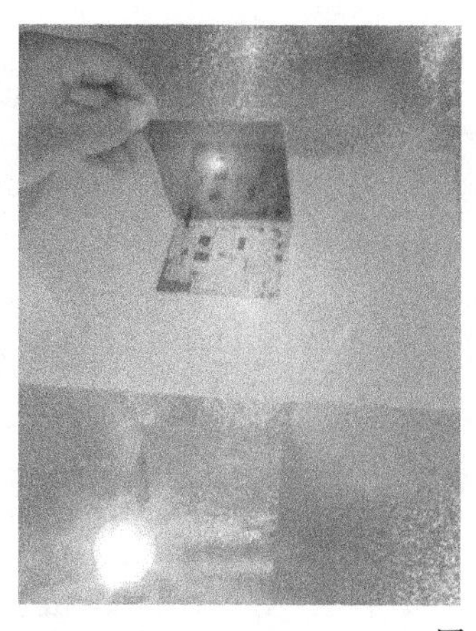

图 3-17　曝光

4. 显像

（1）调制显像液

显像剂（如图 3-18）和水按 1∶60 进行配制，即一包 5g 的显像剂配 300mL 的水。可用矿泉水瓶按比例先调制显像液，随时可以倒出使用，但使用过的显像液不能倒回瓶内。显像液浓度越高，显像速度越快，但是过快会造成显像过快（线路会全面地模糊缩小）；显像浓度过低则会造成显像很慢，造成显像不足（最终造成蚀刻不完全）。

（2）显像

待显像剂完全溶解后才可将感光板放入显像液里，感光板膜面朝上完全浸入显像液内。每隔数秒摇晃塑料盆或者是感光板，直到铜箔清晰且不再有绿色雾气冒起时即显影完成。此时需要再静待一段时间以确认显像百分之百完成，才能进行水洗步骤。显像的温度为 10～30℃，显像剂温度不能高于 30℃。显像后的电路板如图 3-19 所示。

图 3-18　显像剂

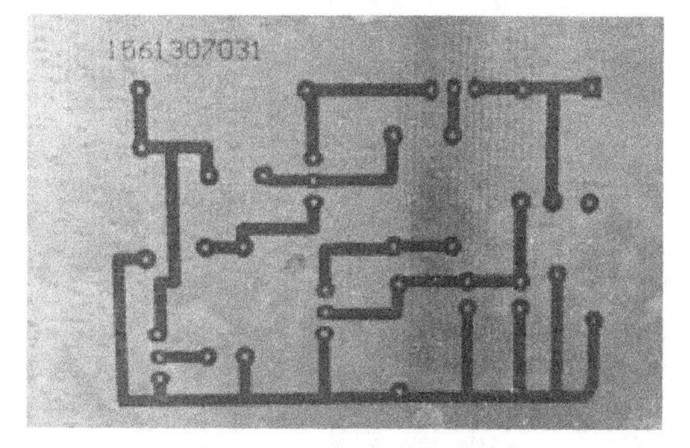

图 3-19　显像后的电路板

（3）水洗

标准操作显影时间约 1min，因感光板制造日期、曝光时间、显像液浓度、温度等不同而变化。显像完成后用水清洗电路板。

（4）干燥及检查

为了确保膜面无任何损伤，必须要做到把面晾干，短路处用小刀刮净，然后用黑色粗笔进行修补。

5. 蚀刻

1）环保蚀刻剂。

蓝色环保 PCB 腐蚀剂的成分是过硫酸钠，白色晶状粉末，无臭，能溶于水，腐蚀 PCB 时跟铜反应生成铜离子变蓝。过硫酸钠也叫高硫酸钠，可用作漂白剂、氧化剂、乳液聚合促进剂。图 3-20 为蚀刻后的电路板。

2）三氯化铁蚀刻剂。

三氯化铁蚀刻液的调配：250g 的三氯化铁约调配 1500~2000mL 的水，尽量用热水化开，可以避免把细导线蚀刻断。如果在塑料盆里蚀刻，其蚀刻时间约为 5~15min，蚀刻时轻摇塑料盆。如果采用蚀刻机，其蚀刻时间约为 1.5~3min。导线宽度小于 0.5mm 时，必须使用蚀刻机蚀刻。

蚀刻完成后，先在清水里清洗电路板，然后晾干。留在电路板上的感光膜可不必去除直接焊接，如需去除可用酒精、丙酮等溶剂。另外，将感光板放入蚀刻液内约 2s 后拿出来检视，可检查出显像结果成功与否。从蚀刻液中拿起感光板，此时非电路部分的铜箔应变为粉红色，如有些地方应变而未变则表示该处显像不足。补救方法为：用清水洗净后再放入显影液中再显影，然后再检视（显影时间应适当减少）。

6. 钻孔

经过了蚀刻之后，就开始钻孔（如图 3-21），首先要选择钻孔的直径，安装好钻头后，钻孔时，孔要对准钻头，轻轻地拨动开关，不能过快，否则钻头会被弄断，一定要专心，不能把孔钻歪。

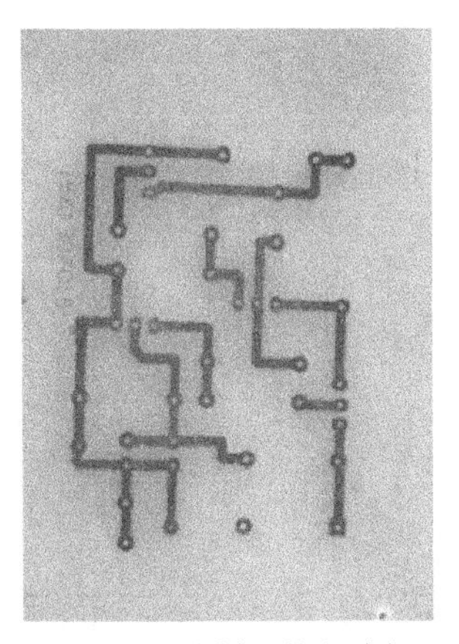

图 3-20 蚀刻后的电路板

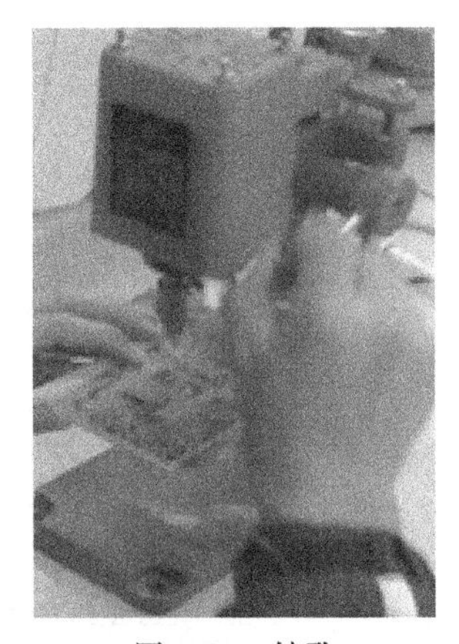

图 3-21 钻孔

3.2.3 任务实施

1. PCB 制作

按照如图 3-22 所示流程完成 PCB 的制作。

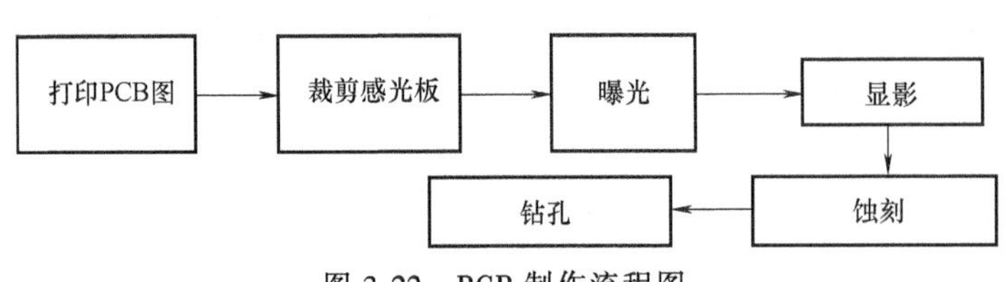

图 3-22 PCB 制作流程图

2. 元器件的识别、检测

(1) 色环电阻的检测

先根据色环电阻的色环颜色读出电阻的值，再用万用表进行检测，填入表3-2中，判别是否满足要求。

表3-2 色环电阻的检测

电阻标号	色环顺序	电阻标称值	偏差	万用表检测值	是否满足要求
R_1					
R_2					
R_3					
R_4					
R_5					
R_6					

(2) 光敏电阻（RP）的检测

在阳光下测量光敏电阻的阻值，遮住光敏电阻测量其阻值。

有阳时测量值：________；无光时测量值：________。

说明光敏电阻的阻值与阳光的变化有何关系：________________。

(3) 电容器的检测

根据电容器 C_1、C_2 标志，读出其电容值和耐压值，用万用表 $R\times10\text{k}\Omega$ 档检测电容器的质量。

电容器 C_1 的电容值及耐压：__________，漏电电阻：__________；

电容器 C_2 的电容值及耐压：__________，漏电电阻：__________。

(4) 晶体管的检测

根据常用晶体管的引脚识别（或万用表测量判别）方法，识别晶体管的E、B、C极，画出 VT_1、VT_2、VT_3、VT_4 引脚极性排列示意图。

用万用表 $R\times1\text{k}\Omega$ 档，分别测量晶体管各电极间的正反向电阻，填入表3-3中。

表3-3 晶体管正反向电阻测量 （单位：kΩ）

测量项目	B、E极间		B、C极间		C、E极间	
	正向电阻	反向电阻	正向电阻	反向电阻	正向电阻	反向电阻
VT_1						
VT_2						
VT_3						
VT_4						

(5) 电感的检测

根据电感线圈的色环读出电感值，并用电桥进行测量，填入表3-4。

表3-4 色环电感的识别与检测

电感标号	色环顺序	电感标称值	电桥检测值
L			

3. 电路板的焊接

根据电原理图在 PCB 焊接元器件后，焊接后电路板如图 3-23 所示。

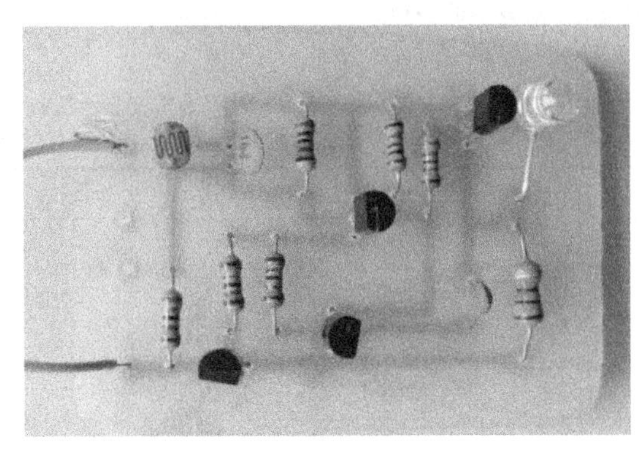

图 3-23　焊接后的电路板

4. 电路的调试

1）准备好万用表，选择合适的电压档位。在模拟光源情况下，测量光伏电池输出开路电压____ V，同时测量蓄电池开路电压____ V。

2）在模拟光源情况下，将光伏电池板和蓄电池接入电路，测试光伏电池板和蓄电池两端电压；断开模拟光源，测试光伏电池板和蓄电池两端电压。分析两种情况下，防反充二极管工作状态。

3）模拟光源处于最佳状态，测量 VT_2 基极电压____ V，VT_2 工作状态____；此时 LED 状态为____。

4）关闭模拟光源，测量 VT_2 基极电压____ V，VT_2 工作状态____；此时 LED 状态为____。同时用示波器观测电容 C_2 端的波形。

5）将模拟光源处于最佳状态，测量光伏电池板的开路电压____ V；短路电流____ mA。

6）关闭模拟光源，测量蓄电池电能输出。蓄电池输出电压____ V；蓄电池总输出电流____ mA，所以蓄电池输出____ mW 电能。此时，发光二极管两端电压____ V；发光二极管的输出电流____ mA，所以负载消耗____ mW 电能。

项目4　光伏控制器的设计与制作

现需要完成一光伏控制器的设计与制作，具体参数如下：

- 最大充电电流≤5A。
- 最大放电电流≤5A。
- 蓄电池额定工作电压为12V。
- 太阳能电池额定输出电压为18V。
- 太阳能电池最大开路电压为25V。
- 过充电电压为14.8V。
- 过放电电压为10.8V。
- 恢复供电电压12.3V。

任务4.1　光伏控制器的设计

任务目标

- 了解光伏控制的分类。
- 掌握光伏控制器的功能。
- 理解光伏控制器的主要技术参数。
- 能分析光伏控制器的工作原理。

蓄电池使用寿命的长短对太阳能光伏发电系统的寿命影响极大。延长蓄电池组的使用寿命关键在于对它的充放电条件加以控制。光伏发电系统中通过光伏控制器（实物如图4-1所

图4-1　光伏控制器实物

示）对蓄电池组的充放电条件进行控制，防止蓄电池组被光伏阵列过充电和被负载过放电。

4.1.1　光伏控制器的功能、分类及原理分析

1. 光伏控制器的功能

光伏控制器的基本功能是将光伏组件（阵列）产生的直流电能提供给蓄电池充电，同时防止蓄电池的过充电或过放电，即当蓄电池充电端电压超过额定充电压时控制器自动切断充电电路，而当蓄电池放电端电压低于额定放电电压时自动切断负载，从而最大限度保护蓄电池的使用寿命。此外，还具有一些其他保护功能，如防止反充功能、过载和短路保护功能。

2. 光伏控制器的分类

按照输出功率的大小不同，光伏控制器可分为小功率光伏控制器、中功率光伏控制器和大功率光伏控制器。

按照电路方式的不同，光伏控制器可分为串联型、并联型、多路控制型、脉宽调制型、智能型和最大功率跟踪型。

还有采用微处理电路的智能控制器，可实现软件编程和智能控制，具有数据采集、显示和远程通信功能。

3. 光伏控制器的电路及原理分析

虽然光伏控制器的控制电路根据光伏系统的不同其复杂程度有所差异，但基本原理是一样的，如图 4-2 所示是最基本的光伏控制电路的工作原理框图（单片机控制）。该电路主要由光伏组件（阵列）、光伏控制器、蓄电池及负载构成。开关 S_1、S_2 分别为充电控制开关和放电控制开关。当 S_1 闭合时，光伏组件对蓄电池进行充电，当蓄电池出现过充电时，S_1 及时断开，使光伏组件停止对蓄电池充电，S_1 还能按照预先设定保护模式自动恢复对蓄电池的充电。当 S_2 闭合时，蓄电池给负载供电，当蓄电池出现过放电时，S_2 能及时切断放电回路，使蓄电池停止向负载供电。S_1、S_2 可以由各种开关元器件构成，如晶体管、晶闸管、固态继电器和功率开关器件等电子式开关和普通继电器等机械开关。

下面按照电路方式的不同，分别对各类常用控制器的电路原理和特点进行说明。

（1）串联型控制器

串联型控制器的原理框图如图 4-3 所示。串联型控制器主要由 S_1、S_2、VD_1、VD_2、熔断器及检测控制电路等组成。

- VD_1 为防反充二极管，只有当光伏阵列输出电压大于蓄电池电压时，VD_1 才能导通，否则截止，从而保证夜晚或阴雨天气时不会出现蓄电池向光伏阵列反向充电的现象，起到反向充电保护作用。
- VD_2 为防反接二极管，当蓄电池极性反接时，VD_2 导通使蓄电池通过 VD_2 短路，产生很大的短路电流将熔断器熔断，起到防止蓄电池反接的保护作用。

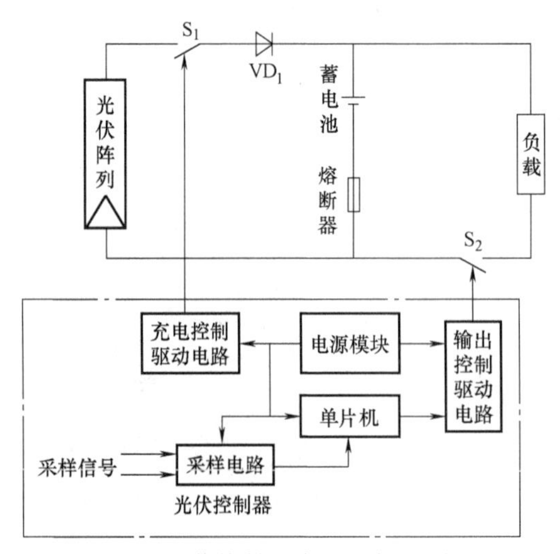

图 4-2　光伏控制电路的工作原理框图

● 开关 S_1、S_2 分别为充电控制开关和放电控制开关，检测控制电路随时对蓄电池的电压进行检测，当电压大于充满保护电压时，S_1 断开，电路实行过充电保护，当电压小于过放电电压时，S_2 关断，电路实行过放电保护。

串联型控制器利用串联在充电回路中的机械或电子开关器件控制充电过程。当蓄电池充满电时，开关器件断开充电回路，停止为蓄电池充电；当蓄电池电压回落到一定值时，充电电路再次被接通，继续为蓄电池充电。具体工作过程如下：

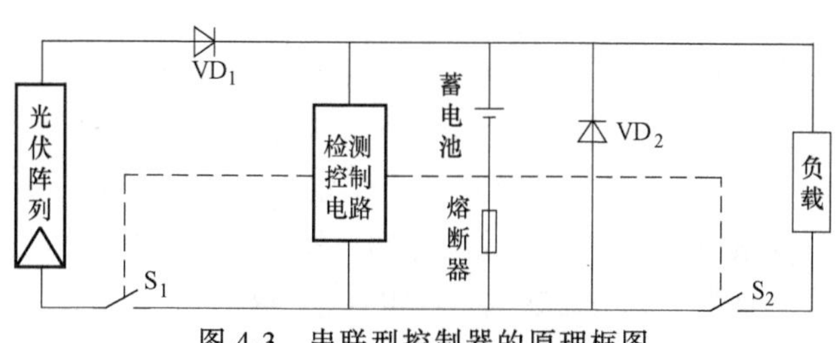

图 4-3　串联型控制器的原理框图

● 开关 S_1 闭合时，由太阳能电池组件（或阵列）通过控制器给蓄电池充电。当蓄电池出现过充电时，开关 S_1 能及时切断充电回路，使光伏阵列停止向蓄电池供电。开关 S_1 还能按预先设定的保护模式自动恢复对蓄电池充电。

● 开关 S_2 闭合时，蓄电池给负载供电。当蓄电池出现过放电时，开关 S_2 能及时切断放电回路，蓄电池停止向负载供电。当蓄电池再次充电并达到预先设定的恢复充电点时，开关 S_2 又能自动恢复供电。

串联型控制器结构简单，价格便宜，但控制器开关是被串联在充电回路中的，故电路的电压损失较大，使充电效率有所降低。

（2）并联型控制器

并联型控制器的原理框图如图 4-4 所示。它是利用并联在光伏组件（或阵列）两端的开关控制充电过程。当蓄电池充满电时，把在光伏组件（或阵列）的输出分流到旁路电阻器或功率模块上去，然后以热的形式消耗掉；当蓄电池电压回落到一定值时，再断开旁路恢复充电。由于这种方式要消耗热能，所以一般只限用于小型、小功率系统。

将电路中充电回路的开关器件 S_1 并联在太阳能电池阵列的输出端，控制器检测电路监控蓄电池两端电压，当充电电压超过蓄电池设定的充满断开电压值时，开关器件 S_1 导通，同时防反充二极管 VD_1 截止，使光伏阵列输出电流直接通过 S_1 旁路泄放，不再对蓄电池进行充电，从而保证蓄电池不被过充电，起到防止蓄电池过充电的保护作用。开关器件 S_2 为蓄电池放电控制开关，当蓄电池的供电电压低于蓄电池的过放电保护电压值时，S_2 关断，对蓄电池进行过放电保护。当负载因过载或短路使电流大于额定工作电流时，控制开关 S_2 也会关断，起到保护负载或短路保护作用。

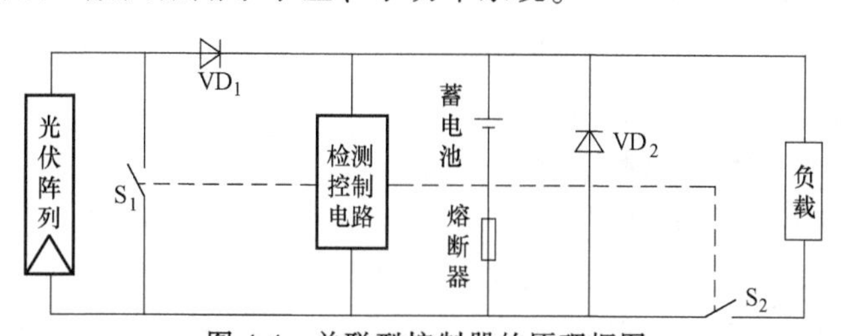

图 4-4　并联型控制器的原理框图

并联型控制器设计简单，价格便宜，为避免周围环境影响，电路系统完全密封，同时又要便于为冷却翅（并联控制器的功率控制管带有散热器，以便旁路时进行散热）提供通风路径。其缺点是有限的负载操作和有通风要求。

（3）多路控制器

多路控制器的原理框图如图 4-5 所示，将光伏组件（或阵列）分成多个支路接入控制器中。它可以依据蓄电池的充电状态，自动设定不同的充电电流。当蓄电池处于未充满状态时，允许光伏阵列电流全部流入蓄电池；当蓄电池接近充满状态时，控制器将光伏阵列各支路依次断开；当蓄电池逐渐接近完全充满状态时，“涓流”充电渐渐停止；当蓄电池电压回落到一定值时，控制器再将光伏阵列依次接通，实现对蓄电池充电电压和电流的调节。这种充电方式可以延长蓄电池的使用寿命。其具体工作过程如下：

当蓄电池充满电时，控制电路将控制从场效应晶体管 VT_1 至 VT_n 上下顺序断开相应光伏组件（或阵列）。当第一路光伏组件（或阵列）断开后，控制电路检测蓄电池电压是否低于设定值，如果是，则控制电路等待；等到蓄电池电压再次充到设定值，再断开第二路光伏组件（或阵列），类似第一路组件，当蓄电池电压低于恢复点电压时，执行相反过程，顺序接通被断开的光伏组件（或阵列），直至阳光非常微弱时全部接通。

图中 VT_2 为放电开关，当蓄电池容量低于的过放电参数时，可以断开 VT_2 来断开负载，以保证蓄电池不至于过放电。

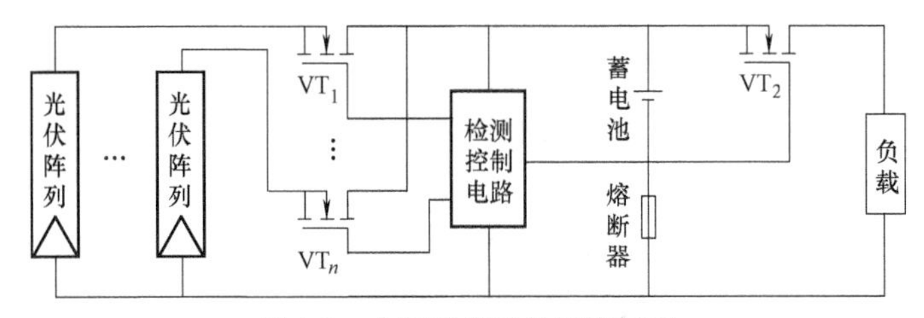

图 4-5　多路控制器的原理框图

这种控制方式属于增量控制法，可以近似达到脉冲控制器的效果，路数越多，越接近线性调节。但路数越多，成本也越高，因此确定光伏阵列路数时，要综合考虑控制效果和控制器的成本。这种控制方式主要适合几千瓦以上的光伏发电系统。

（4）脉宽调制型控制器

脉宽调制型（PWM）控制器的原理框图如图 4-6 所示。它以脉冲方式控制开、关光伏组件的输入，当蓄电池逐渐趋于充满时，随着其端电压逐渐升高，脉冲的频率或占空比发生变化，使导通时间缩短，充电电流逐渐趋于零。当蓄电池电压由充满点向下逐渐降低时，充电电流又逐渐增大。与串、并联型控制器电路相比，脉宽调制充电控制方式虽然没有固定的充电电压断开点和恢复点，但是当蓄电池端电压达到过充电控制点附近时，电路会控制使其充电电流趋近于零。这种充电过程能形成比较完整的充电状态，其平均充电电流的瞬时变化更符合蓄电池当前的充电状况，能增加光伏系统的充电效率，同时延长蓄电池的使用寿命。

脉宽调制型（PWM）控制器的优点是既保护蓄电池，又能充分利用能量。另外，它还

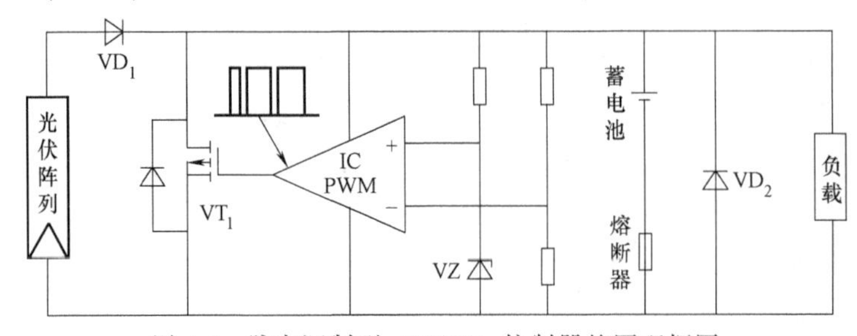

图 4-6　脉宽调制型（PWM）控制器的原理框图

可以实现光伏系统的最大功率跟踪功能。脉宽调制型控制器也常用于大型光伏系统。缺点是它自身会带来一定的损耗（为4%~8%）。

（5）智能控制器

智能控制器采用带 MCU 或 CPU（如 Intel 公司的 MCS 51 系列或 Microchip 公司 PIC 系列）对光伏电源系统的运行参数进行高速实时采集，并按照一定的控制规律由软件程序对单路或多路光伏阵列进行切离/接通控制。对中、大型光伏电源系统，还可通过单片机的 RS-232 接口配合 MODEM 调制解调器进行远距离控制。

智能控制器除了具有过充电、过放电、短路、过载和防反接等保护功能外，还利用蓄电池放电率高准确性的特点进行放电控制，而且具有高精度的温度补偿功能，其原理框图如图 4-7 所示。

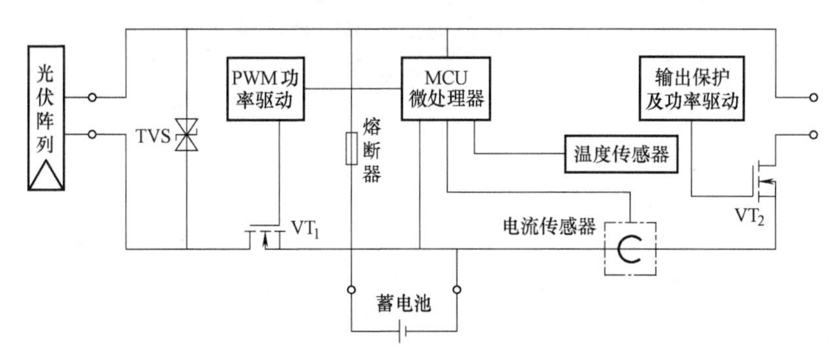

图 4-7　智能控制器的原理框图

4.1.2　光伏控制器的主要技术参数

（1）系统电压

系统电压即额定工作电压，指光伏发电系统的直流工作电压，通常有 6 个标称电压等级，即 12V、24V、48V、110V、220V 和 500V。

（2）最大充电电流

最大充电电流是指光伏组件或阵列阵输出的最大电流，根据功率大小分为 5A、6A、8A、10A、12A、20A、30A、40A、50A、70A、100A、150A、200A、250A 和 300A 等多种规格。有些生产厂家用光伏组件最大功率来表示这一内容，间接地体现最大充电电流这一技术参数。

（3）太阳能电池方阵输入路数

小功率光伏控制器一般都是单路输入，而大功率光伏控制器都是由太阳能电池方阵多路输入，一般大功率光伏控制器可输入 6 路，最多的可接入 12 路、18 路。

（4）电路自身损耗

电路自身损耗也叫空载损耗（静态电流）或最大自身损耗。为了降低控制器的损耗，提高光伏电源转换效率，控制器的电路自身损耗要尽可能低。

（5）蓄电池过充电保护电压（HVD）

蓄电池过充电保护电压也叫充满断开或过电压关断电压，一般可根据需要及蓄电池类型的不同，设定为 14.1~14.5V（12V 系统）、28.2~29V（24V 系统）和 56.4~58V（48V 系统），典型值分别为14.4V、28.8V和57.6V。

（6）蓄电池充电保护的关断恢复电压（HVR）

蓄电池充电保护的关断恢复电压指蓄电池过充后，停止充电，进行放电，再次恢复充电的电压。一般设定为13.1~13.4V（12V系统）、26.2~26.8V（24V系统）和52.4~53.6V（48V系统），典型值分别为13.2V、26.4V和52.8V。

（7）蓄电池的过放电保护电压（LVD）

蓄电池的过放电保护电压叫欠电压断开或欠电压关断电压，一般可根据需要及蓄电池类型的不同，设定为10.8~11.4V（12V系统）、21.6~22.8V（24V系统）和43.2~45.6V（48V系统），典型值分别为11.1V、22.2V和44.4V。

（8）蓄电池过放电保护的关断恢复电压（LVR）

蓄电池过放电保护的关断恢复电压指蓄电池放电过放电保护电压后，切断负载，等到太阳能给蓄电池充电某一电压，重新对负载供电的电压值。一般设定为12.1~12.6V（12V系统）、24.2~25.2V（24V系统）和48.4~50.4V（48V系统），典型值分别为12.4V、24.8V和49.6V。

（9）蓄电池充电浮充电压

当电池处于充满状态时，充电器不会停止充电，仍会提供恒定的电压给电池充电，此时的电压称为浮充电压，一般为13.7V（12V系统）、27.4V（24V系统）和54.8V（48V系统）。

（10）温度补偿

控制器一般都有温度补偿功能，以适应不同的环境工作温度，为蓄电池设置更为合理的充电电压。

（11）工作环境温度

控制器的使用或工作环境温度范围随厂家而不同，一般在-20~+50℃。

（12）其他保护功能

1）控制器输入/输出短路保护功能。控制器的输入/输出电路都要具有短路保护电路。

2）防反充保护功能。控制器要具有防止蓄电池向太阳能电池反向充电的保护功能。

3）极性反接保护功能。当太阳能电池组件或蓄电池接入控制器的极性接反时，控制器要具有保护电路的功能。

4）防雷击保护功能。控制器输入端应具有防雷击的保护功能，避雷器的类型和额定值应能确保吸收预期的冲击能量。

5）耐冲击电压和冲击电流保护。在控制器的太阳能电池输入端施加1.25倍的标称电压持续1h，控制器不应该损坏。将控制器充电回路电流达到标称电流的1.25倍并持续1h，控制器也不应该损坏。

4.1.3 硬件电路的设计

1. 电路原理图

太阳能光伏系统控制器系统使用额定输出电压18V的太阳能电池板，配用12V蓄电池，太阳能电池板的功率和蓄电池的容量可根据实际需要确定，同时考虑充电时间和用电时间的长短，进行合理搭配。本次设计采用额定输出功率10W、额定输出电压18V的太阳能电池板，容量4.5A·h、额定电压12V的蓄电池。

光伏系统控制器的电路原理图如图 4-8 所示。电路由单片机最小系统电路、充电控制电路、放电控制电路等部分组成。

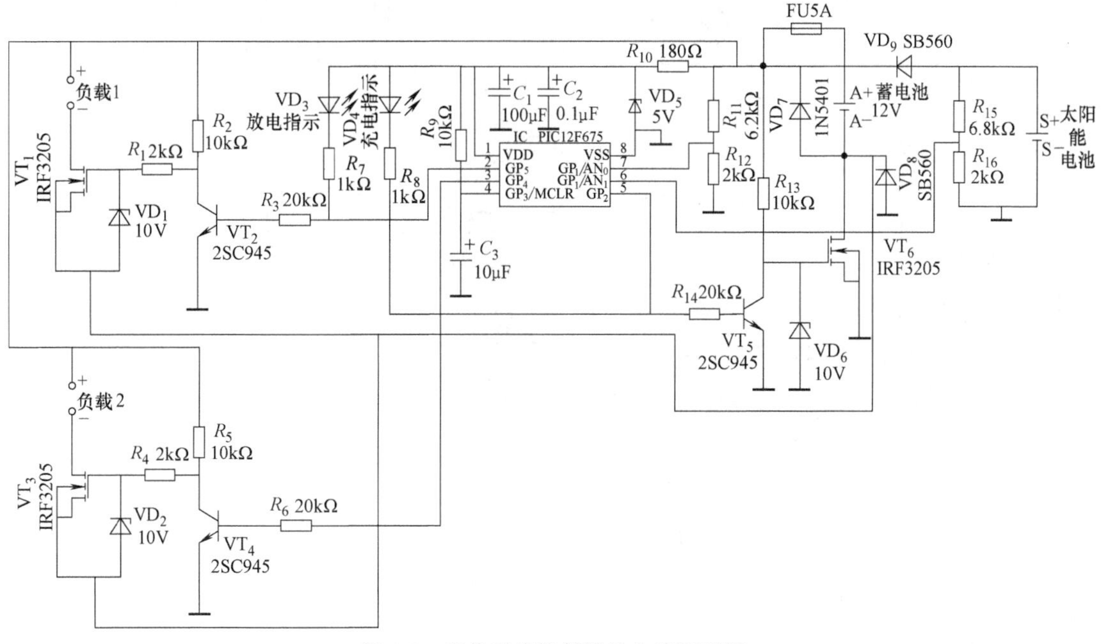

图 4-8 光伏系统控制器的电路原理图

2. 单片机最小系统电路

本系统采用的单片机芯片为 PIC12F675，是 Microchip 公司下的 12F 系列 8 引脚闪存 8 位 CMOS 单片机，具有高性能的 RISC CPU、特殊单片机功能、低功耗功能、多样的外设功能。

PIC12F675 的内部框图如图 4-9 所示，内含 1KB 的 Flash 只读程序存储器、64B 数据存储器 RAM 和 128B 的 E^2PROM，工作速度为 0~20MHz，工作电压为 2~4.5V。6 个具有复用功能的 I/O 引脚 GP_0~GP_5。PIC12F675 可以选择外部或内部振荡器，这里使用了内部振荡器，工作频率为 4MHz。片内有一个带有 8 位可编程预分频器的 8 位定时器/计数器 Timer0 和一个带有预分频器的 16 位定时器/计数器 Timer1，一个看门狗定时器，4 通道 10 位 A-D 转换器，一个模拟比较器。

PIC12F675 外形及引脚排列如图 4-10 所示。

PIC12F675 单片机的引脚功能如表 4-1 所示。

PIC12F675 单片机在整个系统中的作用及控制情况如下：系统控制器上电时，单片机开始工作，控制器采用 A-D 转换的方式测量蓄电池的电压，即先把蓄电池的电压转换成数据，然后将测试数据和已储存的过充电电压、过放电电压、恢复供电电压数据进行比较，根据比较结果做出相应的控制。电路中 R_{11}、R_{12} 和 R_{15}、R_{16} 分别组成蓄电池和太阳能电池的电压取样电路，太阳能电池的电压取样电路在增加夜灯控制功能时使用。PIC12F675 的 GP_0、GP_1 分别作两个通道 A-D 转换器的模拟信号输入端。通过单片机 GP_4、GP_5 端口输出高低电平，从而控制充放电电路。

单片机最小系统电路如图 4-11 所示，其中 R_9、C_3 为上电复位电路，R_{10}、VD_5、C_1、C_2 等组成单片机 5V 稳压电源。

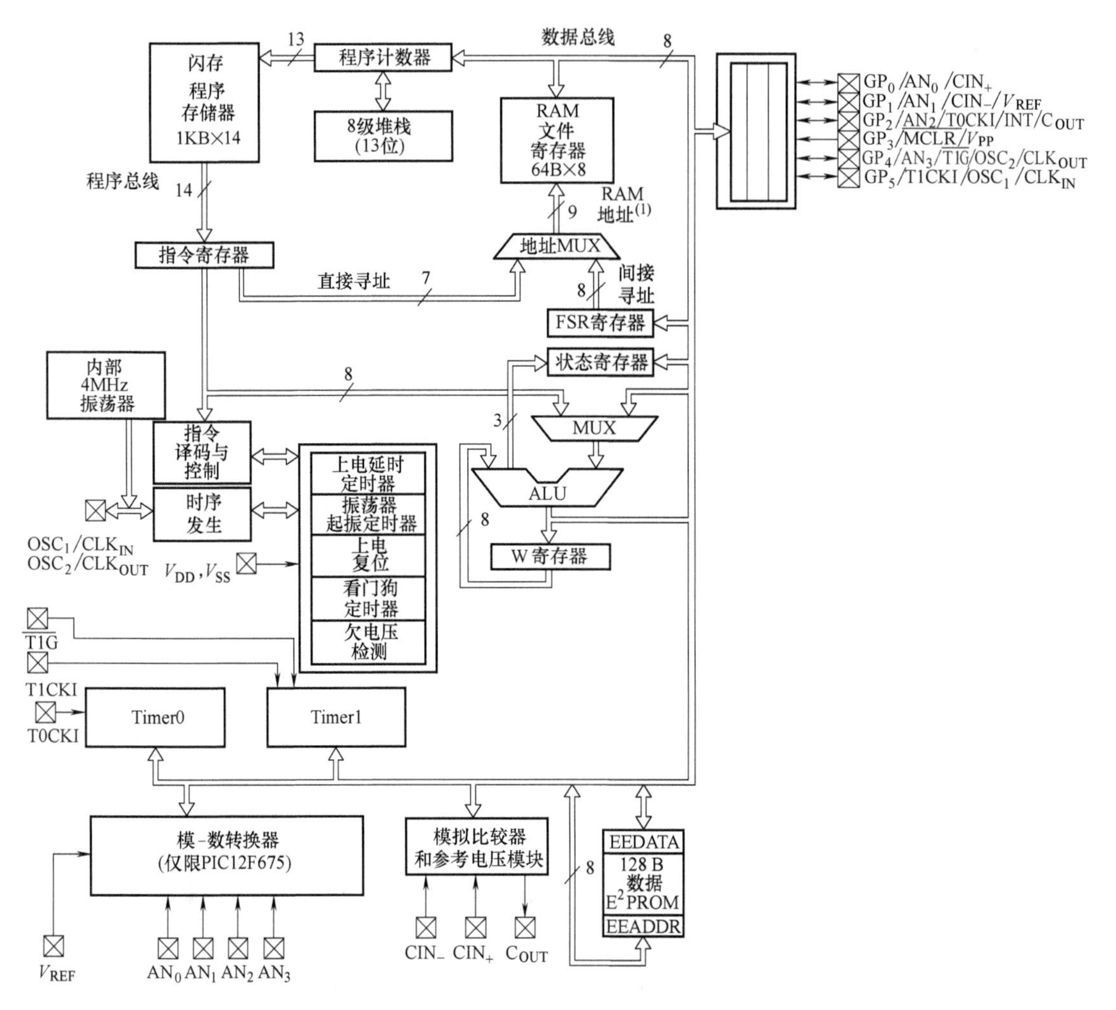

图 4-9 PIC12F675 的内部框图

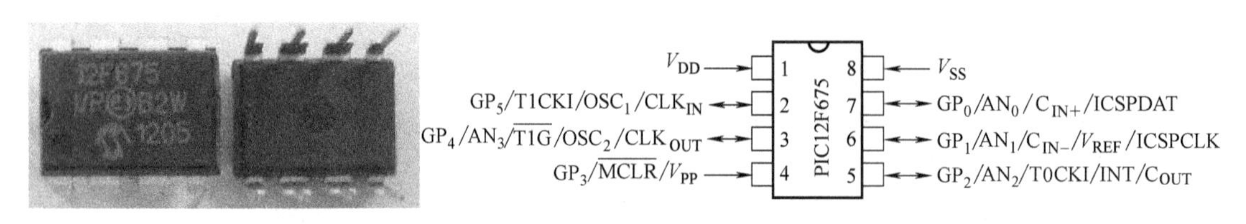

图 4-10 PIC12F675 外形及引脚排列

表 4-1 PIC12F675 单片机的引脚功能

引脚号	符号	说明	引脚号	符号	说明
1	V_{DD}	正电源输入脚，最高工作电压为 4.2V	5	GP_2	复用功能输出端口
2	GP_5	复用功能输出端口	6	AN_1	A-D 转换器
3	GP_4	复用功能输出端口	7	AN_0	A-D 转换器
4	$\overline{MCLR}$	上电复位端	8	V_{SS}	接地脚

3. 充放电控制电路

如图 4-8 所示，VD_9 起防止太阳能电池板接反的作用，当太阳能电池接反时也不会影响到电路的完整性，同时也具有防反充功能。VD_7、熔断器 FU 组成防蓄电池反接电路，当蓄电池接反时 VD_7 导通，通过熔断器 FU 使蓄电池短路，烧断熔断器，从而使蓄电池断开，起到保护电路和负载的作用。熔断器 FU 同时也起到过载保护作用。

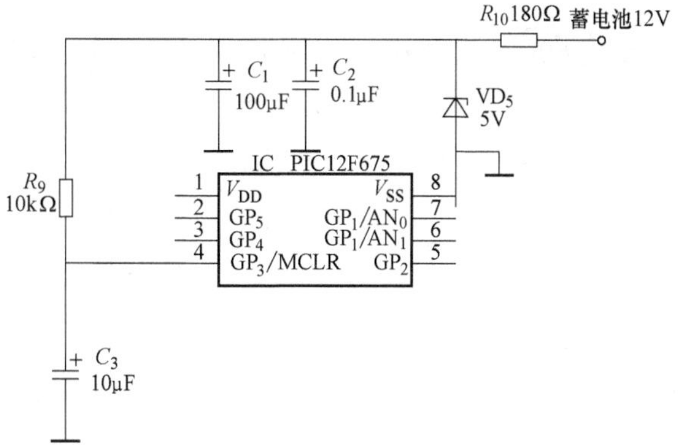

图 4-11 单片机最小系统原理图

充放电控制电路采用 A-D 转换的方式测量蓄电池的电压，即先把蓄电池的电压转换成数据，然后将测试数据和已储存的过充电电压、过放电电压、恢复供电电压数据进行比较，根据比较结果做出相应的控制。

电路中 R_{11}、R_{12} 和 R_{15}、R_{16} 分别组成蓄电池和太阳能电池的电压取样电路，PIC12F675 有 4 通道 10 位的 A-D 转换器，这里使用了 AN_0 和 AN_1 两个通道，转换结果 10 位二进制输出到 ADRESH 和 ADRESL 寄存器中，输出格式采用左对齐，即前 8 位存入 ADRESH，后两位存入 ADRESL，A-D 转换器的参考电压为 5V，能转换的最大模拟电压值就是 5V，因此取样电路要使用分压电两个通道 A-D 转换器的模拟信号输入端，PIC12F675 的 GP_3、GP_4、GP_5 分别作 3 个功能输出端。太阳能电池的电压取样电路在增加夜灯控制功能时使用。PIC12F675 的 GP_0、GP_1 分别作为控制端。

A-D 转换器的参考电压选择单片机内部的 V_{DD}，即 5V 作为参考电压。

蓄电池电压采样电路如图 4-12 所示。蓄电池两端电压通过 R_{11}、R_{12} 分压采样，R_{12} 所承受的电压通过 7 脚端 AN_0 进入单片机内，单片机根据 7 脚输入的电压从而做出相应的控制。

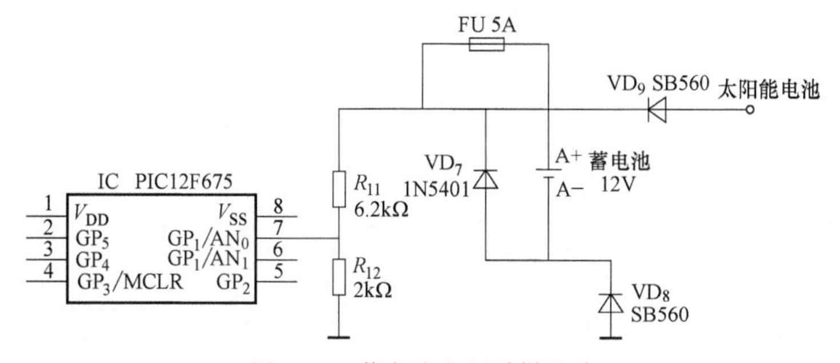

图 4-12 蓄电池电压采样电路

太阳能电压采样电路如图 4-13 所示。太阳能板两端电压通过 R_{15}、R_{16} 分压采样，R_{16} 所承受的电压通过 6 脚端 AN_1 进入单片机内，单片机比较 6 脚输入的电压从而做出相应的控制。这里的 6 脚端 AN_1 是预留的端口，利用这个端口的功能可以做成太阳能路灯系统控制器。当天黑时，控制器可以控制蓄电池向路灯

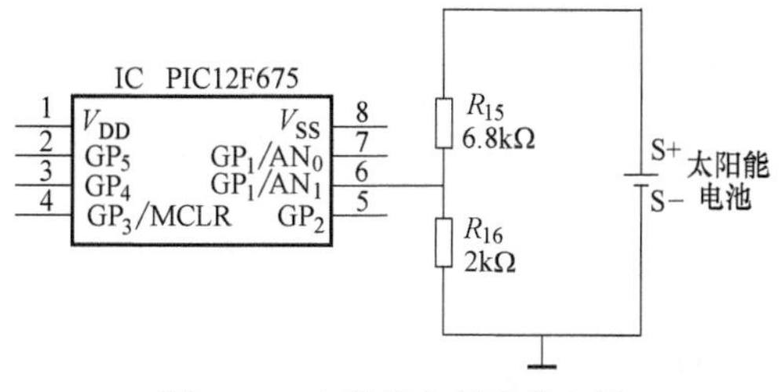

图 4-13 太阳能电压采样电路

放电。

充电控制电路如图 4-14 所示。VT_5、VD_6 等组成充电控制电路，当 PIC12F675 的 GP_2 脚（5 脚）输出低电平时，VT_5 截止、VD_6 饱和导通，太阳能电池通过 VD_9、VD_6 给蓄电池充电。

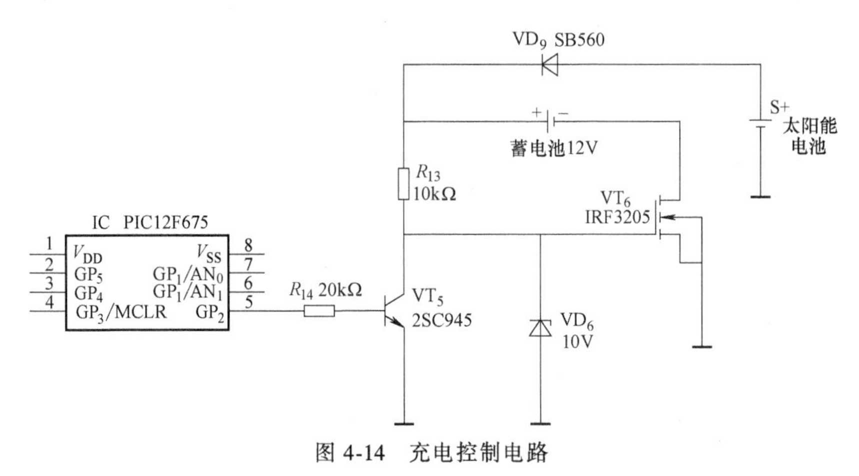

图 4-14　充电控制电路

放电控制电路如图 4-15 所示。两路蓄电池放电控制电路，使用两路负载可增加使用的灵活性，当程序对 PIC12F675 的 GP_4、GP_5 脚采取不同的控制时可实现不同的功能，比如 GP_4 作常规控制，GP_5 增加夜灯控制功能，只有在天黑以后蓄电池才对外供电。GP_4、GP_5 如果采用相同的控制功能，两个输出端也可以并联使用。以第一路（负载 1）为例，当 GP_5 输出低电平时，蓄电池通过 VD_8、VT_1 向负载供电。如过放电，GP_5 输出高电平，VT_1 断开，蓄电池停止放电。

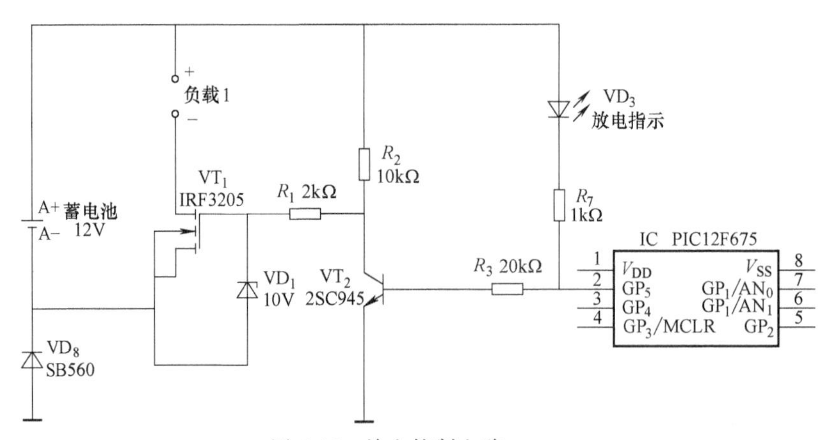

图 4-15　放电控制电路

4. 光伏控制器工作过程分析

接上太阳能电池板和蓄电池后，电路工作过程如下（设蓄电池的电压为 U）：

（1）充电工作

当 $U \leqslant 14.8\text{V}$ 时，GP_2 输出低电平，通过晶体管与场效应晶体管等所组合的充电控制电路，太阳能电池对蓄电池充电。

当 $U>14.8\text{V}$ 时，GP_2 输出高电平，太阳能电池停止对蓄电池充电。

（2）放电工作

当 U 由大于 12.3V 下降到 10.8V 前，GP_4、GP_5 输出低电平，通过晶体管与场效应晶体管等所组成的放电电路，蓄电池对负载放电。

当 $U \leqslant 10.8\text{V}$ 时，GP_4、GP_5 输出高电平，通过晶体管与场效应晶体管等所组成的放电电路，蓄电池停止对负载放电。

U 随着充电逐渐上升，当 $U>10.8\text{V}$ 时，电路并不立刻恢复蓄电池的供电，否则会在很短的时间内因电压下降又停止供电，形成一种振荡的供电状态，即时通时断，为了解决这一问题，设置了一个电压的回差，当蓄电池充电恢复到 $U>12.3\text{V}$ 时，通过晶体管与场效应晶体管等所组合的电路，GP_4、GP_5 再输出低电平恢复供电。

4.1.4　PCB设计

用 Protel DXP 完成智能光伏系统控制器的 PCB 布局设计，如图 4-16 所示。

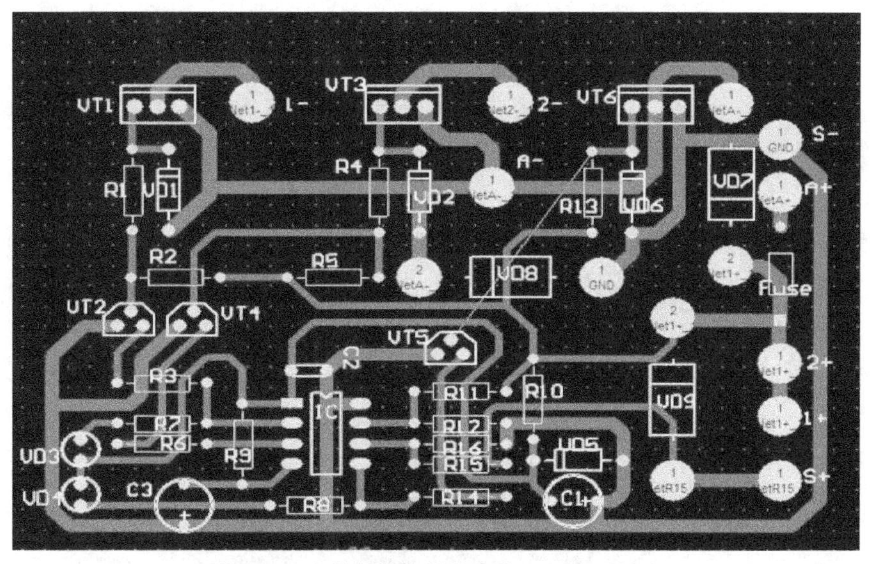

图 4-16　光伏系统控制器电路 PCB 布局设计

4.1.5　任务实施

1）参考 4.1.2 节光伏控制器的主要技术参数内容，理解项目简介的光伏控制器的技术参数要求，说明其具体含义。

2）根据项目要求，结合 4.1.3 硬件电路的设计内容，设计一简易太阳能蓄电池充放电控制器，绘制出原理图和 PCB 图，分析其工作原理。

3）电路仿真。

太阳能光伏系统控制器电路仿真在 Proteus（ISIS Professional）软件环境下进行。Proteus 是著名的 EDA 工具（仿真软件），从原理图布图、代码调试到单片机与外围电路协同仿真，一键切换到 PCB 设计，真正实现了从概念到产品的完整设计。是电路仿真软件、PCB 设计软件和虚拟模型仿真软件三合一的设计平台，其处理器模型支持 8051、HC11、PIC10/12/

16/18/24/30/DsPIC33、AVR、ARM、8086 和 MSP430 等，2010 年又增加了 Cortex 和 DSP 系列处理器，并持续增加其他系列处理器模型。在编译方面，它也支持 IAR、Keil 和 MPLAB 等多种编译器。

Proteus 的仿真界面如图 4-17 所示。

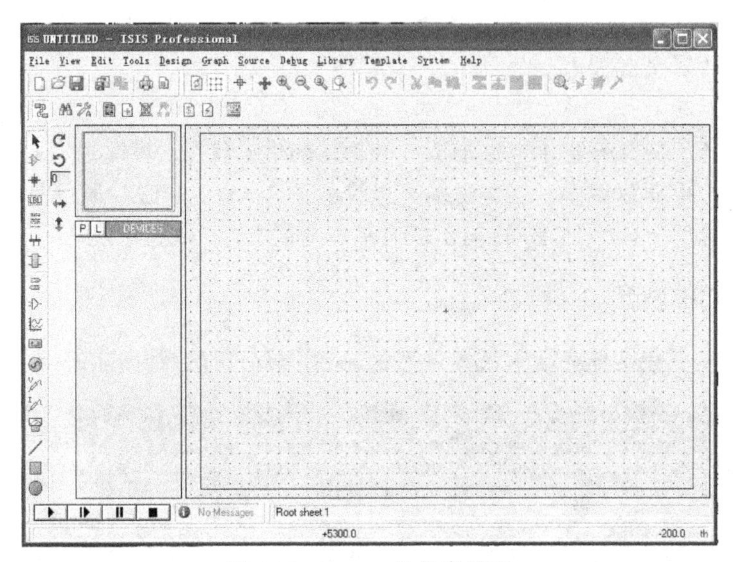

图 4-17　Proteus 的仿真界面

光伏控制器的电路仿真原理图如图 4-18 所示。

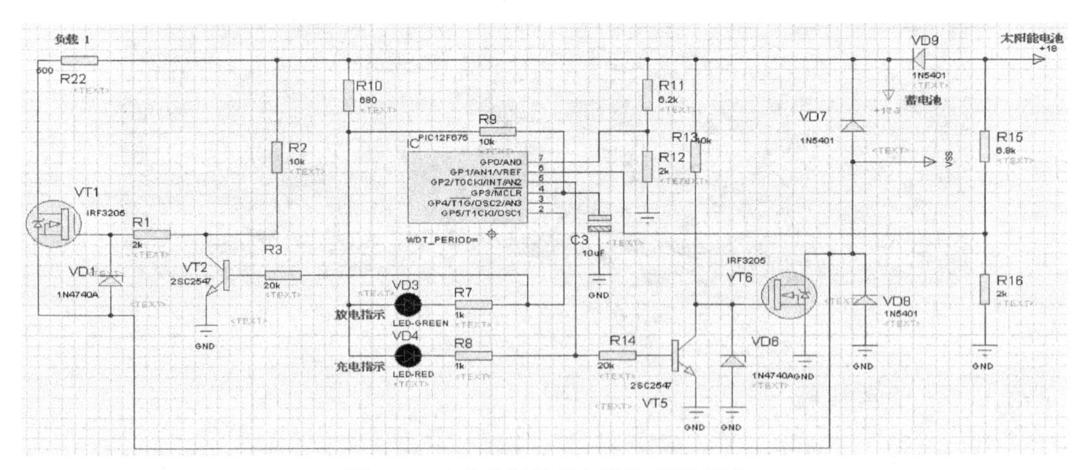

图 4-18　光伏控制器的电路仿真原理图

以下的仿真，太阳能电池的额定电压都为 18V。

① 当蓄电池电压 U=10.8V，仿真图参考图 4-19 所示，放电指示灯不亮，充电指示灯亮，AN_0 端口的输入电压为 [2/(2+6.2)]×10.8V=2.63V，GP_2 端口输出低电平，VT_5 截止，VT_6 因饱和导通。GP_4、GP_5 端口输出高电平，VT_1 最终截止，负载 1 两端电压为 0V。

② 当蓄电池电压 U=10.9V，仿真图参考图 4-20 所示，充放电指示灯都亮，AN_0 端口的输入电压为 [2/(2+6.2)]×10.9V=2.66V，GP_2 端口输出低电平，VT_5 截止，VT_6 因饱和导通，能够充电。GP_4、GP_5 端口输出低电平，VT_1 最终导通，负载 1 两端电压为 10.9V。

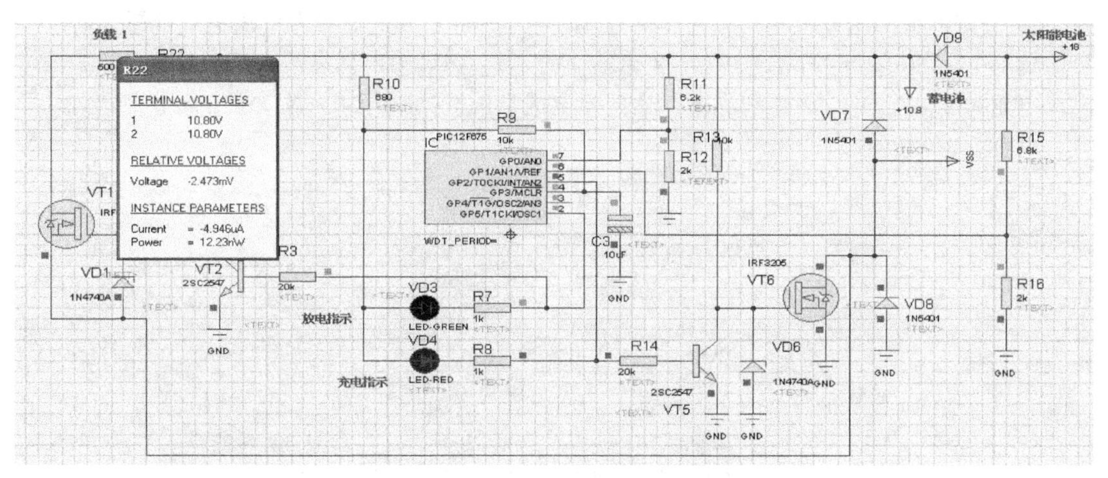

图 4-19　蓄电池电压 $U=10.8\text{V}$ 的仿真图

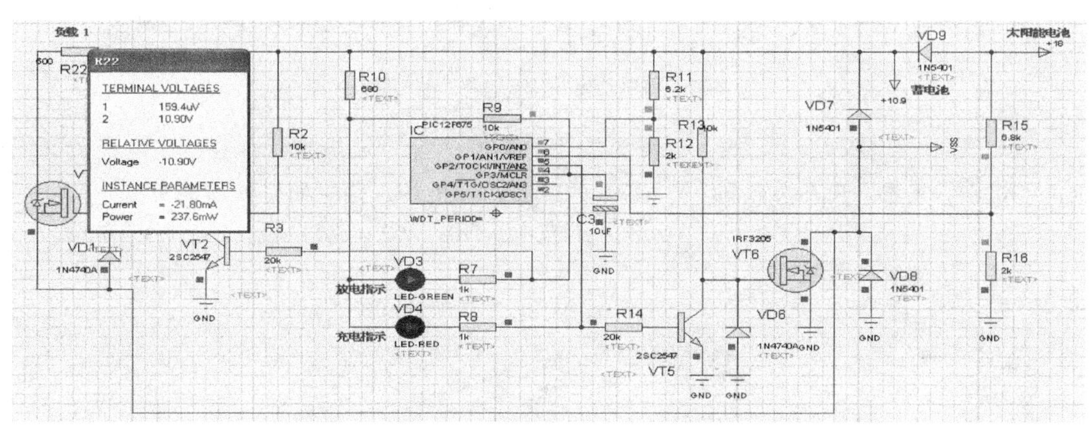

图 4-20　蓄电池电压 $U=10.9\text{V}$ 的仿真图

③ 当蓄电池电压 $U=12.2\text{V}$，仿真图如图 4-21 所示，充放电指示灯都亮，AN_0 端口的输入电压为 $[2/(2+6.2)]\times 12.2\text{V}=2.98\text{V}$，$GP_2$ 端口输出低电平，VT_5 截止，VT_6 因饱和导通，能够充电。GP_4、GP_5 端口输出低电平，VT_1 最终导通，负载 1 两端电压为 12.2V。

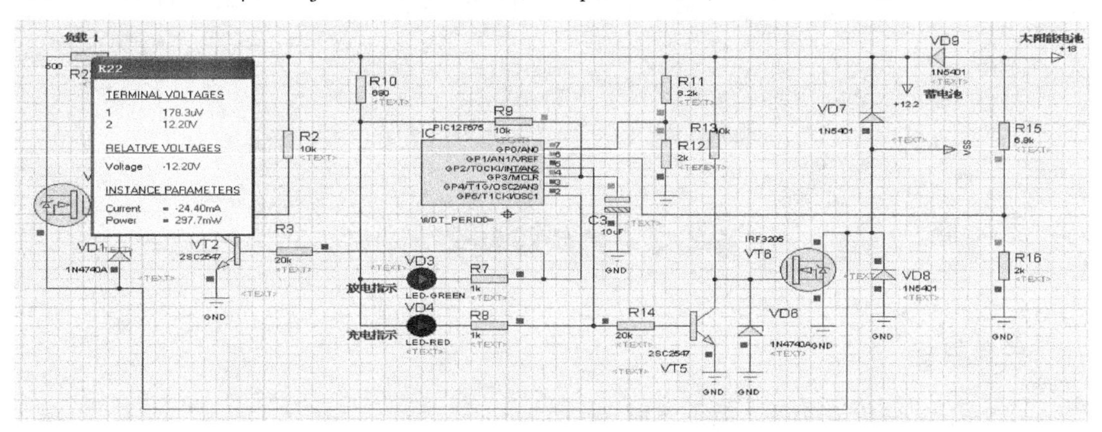

图 4-21　蓄电池电压 $U=12.2\text{V}$ 的仿真图

④ 当蓄电池电压 $U=14.8\text{V}$，仿真图如图 4-22 所示，充、放电充电指示灯都亮，AN_0 端口的输入电压为 $[2/(2+6.2)]\times14.8\text{V}=3.61\text{V}$，$GP_2$ 端口输出低电平，VT_5 截止，VT_1 中 G 端口电压为 9.9V，VT_6 因饱和导通，达到充电的目的。GP_4、GP_5 端口输出低电平，VT_1 导通，对负载正常放电。

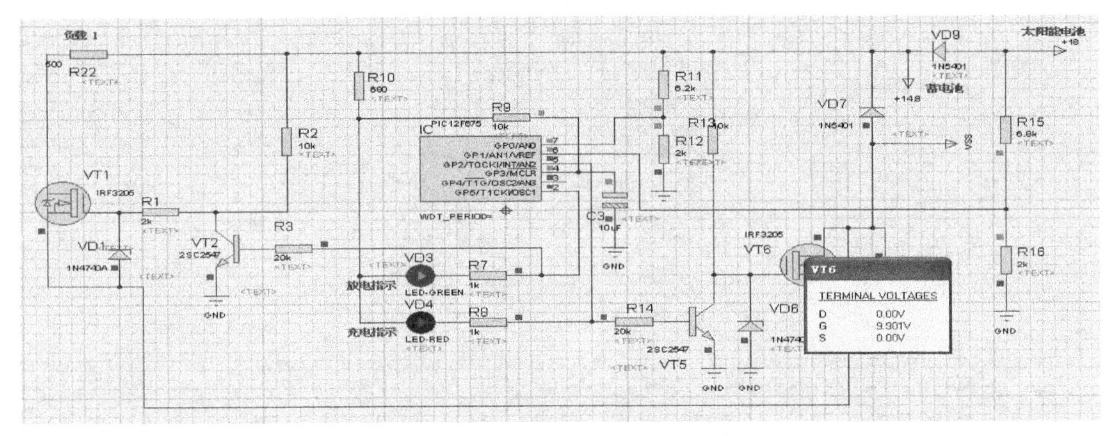

图 4-22　蓄电池电压 $U=14.8\text{V}$ 的仿真图

⑤ 当蓄电池电压 $U=14.9\text{V}$，仿真图参考图 4-23 所示，放电指示灯亮，充电指示灯不亮，AN_0 端口的输入电压为 $[2/(2+6.2)]\times14.9\text{V}=3.63\text{V}$，$GP_2$ 端口输出高电平，VT_5 导通，VT_1 中 G 端口电压为 0V，VT_6 截止，不充电。GP_4、GP_5 端口输出低电平，VT_2 截止，VT_1 导通，达到对负载放电的目的。

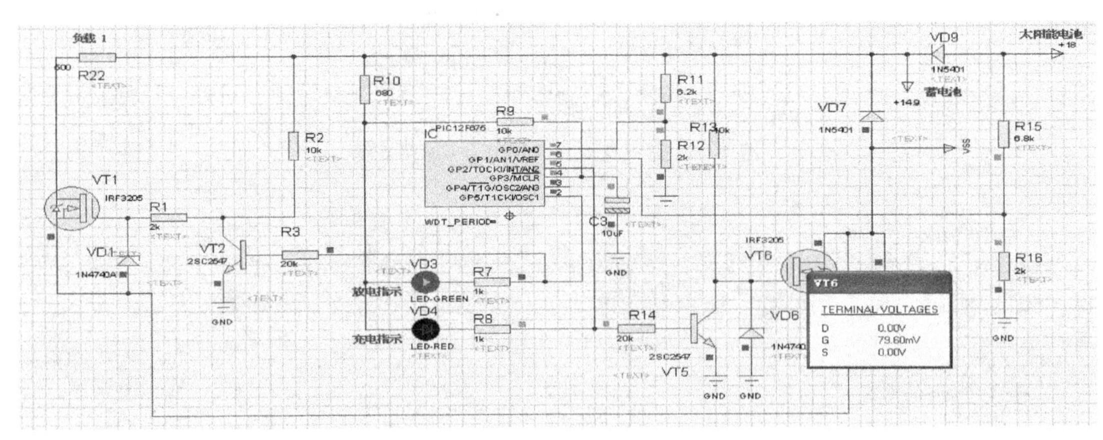

图 4-23　蓄电池电压 $U=14.9\text{V}$ 的仿真图

任务 4.2　光伏控制器的制作

任务目标

- 完成光伏控制器所用元器件识别、检测。
- 完成光伏控制器 PCB 的制作。

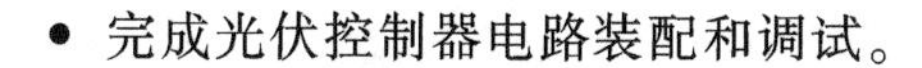

● 完成光伏控制器电路装配和调试。

4.2.1　元器件的选型

本次设计采用额定功率 10W、额定输出电压 18V 的光伏电池板，容量 4.5A · h、额定电压 12V 的蓄电池。

光伏控制器的元器件清单如表 4-2 所示。

表 4-2　光伏控制器的元器件清单

序　号	元器件名称	位　号	型号规格	数　量
1	单片机	IC	PIC12F675	1
2	电阻器	R_{10}	金属膜 1/4W 680Ω	1
3		R_7、R_8	金属膜 1/8W 1kΩ	2
4		R_1、R_4、R_{12}、R_{16}	金属膜 1/8W 2kΩ	4
5		R_{11}	金属膜 1/8W 6.2kΩ	1
6		R_{15}	金属膜 1/8W 6.8kΩ	1
7		R_2、R_5、R_9、R_{13}	金属膜 1/8W 10kΩ	4
8		R_3、R_6、R_{14}	金属膜 1/8W 20kΩ	3
9	电容器	C_2	瓷 0.1μF	1
10	电解电容器	C_1	100μF/16V	1
11		C_3	10μF/16V	1
12	二极管	VD_1、VD_2、VD_6	10V 稳压二极管	3
13		VD_5	5V 稳压二极管	1
14		VD_7	1N5401	1
15		VD_8、VD_9	SB560(5A60V)	2
16	发光二极管	VD_3	φ3 绿色	1
17		VD_4	φ3 红色	1
18	晶体管	VT_2、VT_4、VT_5	2SC945	3
19	场效应晶体管	VT_1、VT_3、VT_6	IRF3205	3
20	集成管座	—	DIP8	1
21	熔断器	FU	5A	1
22	电路板	—	PCB	1

4.2.2　PCB 的制作

通过手工制作方法制作光伏控制器 PCB 或用雕刻机完成 PCB 的制作。

4.2.3　元器件的检测

1. 色环电阻的检测

先根据色环电阻的色环颜色读出电阻值，再用万用表进行检测，填入表 4-3 中，判别是否满足要求。

表 4-3　色环电阻的识别与检测

电阻标号	色环顺序	电阻标称值	偏差	万用表检测值	是否满足要求
R_1					
R_2					
R_3					
R_4					
R_5					
R_6					
R_7					
R_8					
R_9					
R_{10}					
R_{11}					
R_{12}					
R_{13}					
R_{14}					
R_{15}					
R_{16}					

2. 稳压二极管的检测

根据稳压二极管标志的型号识别稳压值，用机械式万用表的 $R\times1k$ 档测量 VD_1、VD_2、VD_5、VD_6、VD_7、VD_8、VD_9 的正、反向电阻，填入表 4-4 中。

表 4-4　二极管正、反向电阻测量

测量项目	VD_1	VD_2	VD_5	VD_6	VD_7	VD_8	VD_9
正向电阻/kΩ							
反向电阻/kΩ							

将万用表转换到 $R\times10k$ 档，测量以上二极管的反向电阻，与表 4-3 测量数据进行比较，说明什么问题？

提示：当使用万用表的 $R\times1k$ 档测量二极管时，测得其反向电阻应该很大；将万用表转换到 $R\times10k$ 档，如果出现万用表指针向右偏转较大角度，即反向电阻值减小很多的情况，则该二极管为稳压二极管；如果反向电阻基本不变，说明该二极管是普通二极管。

稳压二极管的测量原理是：万用表 $R\times1k$ 档的内电池电压较小，通常不会使普通二极管和稳压二极管击穿，所以测出的反向电阻都很大；当万用表转换到 $R\times10k$ 档时，万用表内电池电压变得很大，使稳压二极管出现反向击穿现象，所以其反向电阻下降很多，由于普通二极管的反向击穿电压比稳压二极管高得多，因而普通二极管不击穿，其反向电阻仍然很大。

3. 电容器的检测

1）根据电容器 C_1 标志，读出其电容值和耐压值，用万用表 $R\times10k\Omega$ 档检测电容器的质量。

电容器 C_1 的电容值及耐压：__________，漏电电阻：__________。

2）根据电容器 C_2、C_3 标志，读出其电容值和耐压值，用万用表 $R\times10k\Omega$ 档检测电容器的质量。

电容器 C_2 的电容值及耐压：__________，漏电电阻：__________；

电容器 C_3 的电容值及耐压：__________，漏电电阻：__________。

4. 发光二极管的检测

如图 4-24 所示，判别发光二极管 VD_3、VD_4 的极性。

一般发光二极管两引脚中，较长的是正极，较短的是负极。对于透明或半透明塑封发光二极管，可以用肉眼观察到它的内部电极的形状，正极的内电极较小，负极的内电极较大。

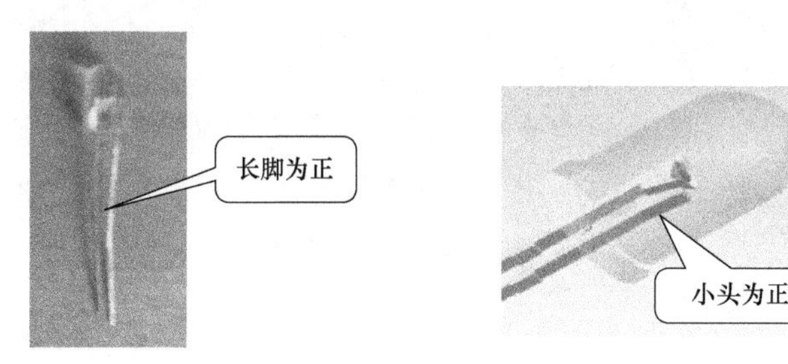

图 4-24　发光二极管的极性判别

普通发光二极管工作在正偏状态。一般用万用表 $R\times10k\Omega$ 档，方法和普通二极管一样，一般正向电阻为 15kΩ 左右，反向电阻为无穷大。

用万用表 $R\times10k\Omega$ 档测量 VD_3、VD_4 正、反向电阻。

VD_3 正向电阻________，反向电阻：________；

VD_4 正向电阻________，反向电阻：________。

5. 晶体管的检测

根据常用晶体管的引脚识别（或万用表测量判别）方法，识别晶体管的 E、B、C 极，画出 VT_2、VT_4、VT_6 引脚极性排列示意图。

用万用表 $R\times1k\Omega$ 档，分别测量晶体管各电极间的正、反向电阻，填入表 4-5 中。

表 4-5　晶体管正、反向电阻测量　　（单位：kΩ）

测量项目	B、E 极间		B、C 极间		C、E 极间	
	正向电阻	反向电阻	正向电阻	反向电阻	正向电阻	反向电阻
VT_2						
VT_4						
VT_6						

6. 场效应晶体管的检测

结合图 4-25 判别场效应晶体管 VT_1、VT_3、VT_6（型号均为 IRF3205）的引脚排列情况。可以参考下面方法判断场效应晶体管触发导通情况。把机械式万用表打到 $R\times10k$ 档或 $R\times1k$ 档，黑表笔接 G 极，红表笔接 S 极，同时黑表笔接 D 极，测量出很小的阻值，说明场效应晶体管导通。然后黑表笔接 S 极，红表笔接 G 极，再次用黑表笔接 D 极，红表笔接 S 极，此时阻值很大，说明场效应晶体管关断了。即 G

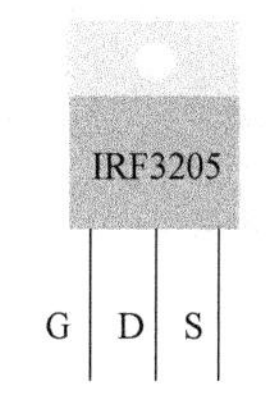

图 4-25　IRF3205 场效应晶体管引脚排列

极控制 D 极与 S 极的导通与关断。若给 G 极加正电压，D 与 S 开通，加反电压是关断。

4.2.4 电路的装配

在图 4-16 所示的 PCB 上，完成元器件的装配焊接。

4.2.5 电路的测试

1. 程序编写及下载

根据任务要求完成程序的编写，并下载到单片机中。

2. 过充电保护电压测试

按照图 4-26 连接好电路（负载可以不接），为便于测试，太阳能电池板和蓄电池分别用稳压电源代替。先将与太阳能电池板相连的稳压电源调至 17V，与蓄电池相连的稳压电压调至 12V，此时充电指示灯点亮灭。缓慢调节与蓄电池相连的稳压电源旋钮，模拟蓄电池充电电压逐渐升高，上升到充电指示灯由亮到熄灭时，证明蓄电池已经充满，系统进入了充满保护状态，此时蓄电池的电压为过充保护电压。

过充电保护电压：______________V。

可调稳压电压
(0～30V)
太阳能电池接线端
光伏控制器
负载接线端
负载
蓄电池接线端
可调稳压电压
(0～30V)

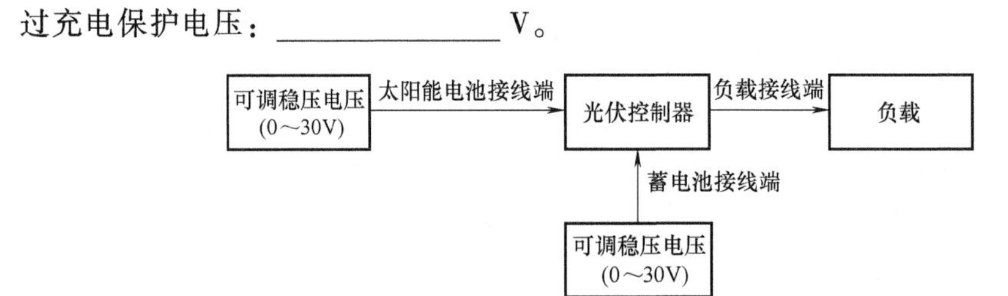

图 4-26　光伏控制器过充电保护电压测试

3. 过放电保护电压测试

按照如图 4-27 所示连接好实验导线，蓄电池用可调稳压电源代替，先将稳压电源电压调到 12V，模拟蓄电池电压为 12V，点亮 12V 指示灯。缓慢调节可调稳压电源的电压调节旋钮，模拟蓄电池放电电压逐渐降低，降至指示灯不亮时的电压即为控制器放电保护电压。

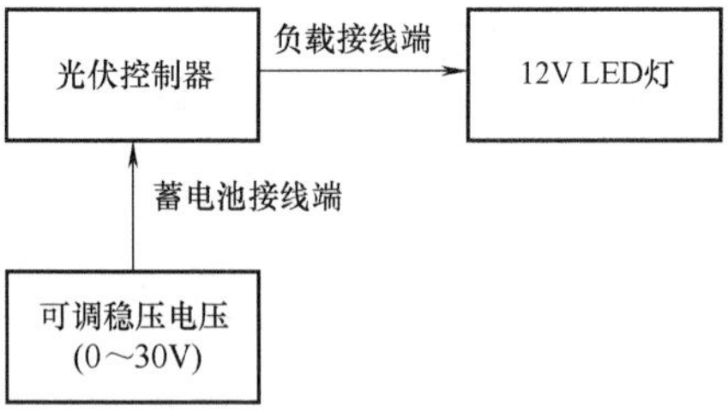

光伏控制器
负载接线端
12V LED灯
蓄电池接线端
可调稳压电压
(0～30V)

图 4-27　光伏控制器过放电保护电压测试

过放电保护电压：______________V。

4.2.6 任务实施

参考 4.2.1~4.2.4 节，完成光伏控制器 PCB 的制作，元器件的识别、检测，电路焊接，程序编写、下载，电路的调试，把检测数据填到相关表格。

项目5　光伏逐日系统的设计与制作

本项目是2017年全国职业院校技能大赛光伏电子工程系统的设计与实施赛项的试题。

1. 硬件电路焊接要求

根据光伏逐日系统原理图、装焊图和元器件清单，将选取的电子元器件及功能部件正确地装配在印制电路板上。元器件焊接安装无错漏，元器件、导线安装及元器件上字符标识方向均应符合典型工艺要求；电路板上插件位置正确，接插件、紧固件安装可靠牢固；电路板和元器件无烫伤和划伤处，整机清洁无污物。

2. 功能程序代码编写要求

（1）上电复位

系统接通电源，光伏电池板运行到水平状态（水平状态为0°位置）。等待3s后，光伏电池板向南运行，运行至向南倾斜45°，动作持续时间为3s。光伏电池板再向北运行90°，动作持续时间为6s，等待3s后再回到水平状态，动作时间为3s。

（2）按键技术要求

按键S_1有多模式切换的功能（S_1作为功能键用，不作为系统复位按键使用！），并把各种模式下的舵机角度信息发送到STC-ISP软件的串口助手进行显示。

技术参数如下：

1）按键S_1按第一下，“东”指示灯点亮，此时逐日系统用光伏电池电压实现光伏逐日系统在两个维度跟踪太阳光运行，跟踪角度分辨率1°，跟踪精度±2°。

2）按键S_1按第二下，“北”指示灯点亮，此时逐日系统用光敏传感器D_0口实现光伏逐日跟踪系统在两个维度跟踪太阳光运行，跟踪角度分辨率1°，跟踪精度±2°。

3）按键S_1按第三下，“南”指示灯点亮，系统按键复位，光伏电池板运行到水平状态（水平状态为0°位置）。等待3s后，光电池板向东运行，运行至向东倾斜45°，动作持续时间为3s。光电池板再向西运行90°，动作持续时间为6s。等待3s后再回到水平状态，动作时间为3s。

4）按键S_1按第四下，系统又回到按第一下时，如此循环。

注意说明：计算机和电路板用USB转TTL的下载器进行连接，为了避免两个电源同时上电产生的冲突，这里声明一个上电顺序的要求：下载程序的时候，先把24V电源断开，程序下载完成后，再断开下载器，接上24V电源；最后再接上下载器（这里的下载器就是电路板和计算机进行通信的线）。逐日跟踪时，（不包括上电复位和按键复位）舵机南北转角不得超过20°。

3. 串行口通信

编写串口通信程序，通信协议自定义，用STC-ISP软件的串口助手对光伏逐日系统采集数据和控制数据进行监测，ASCII码明文实时显示东西向和南北向两个舵机的角度（十进制），刷新周期1s。

例如：东、90°，北、30°，表示东西舵机位置东偏西90°，南北舵机位置南偏北30°。

任务5.1 认识光伏逐日系统

任务目标

1）掌握光伏逐日系统的构成。

2）能说明光伏逐日系统各部分的作用。

光伏逐日系统实现对模拟光源的自动跟踪控制。通过光伏电池板或光敏传感器模块两种检测方式来比较各个方位的日照强度，控制舵机的转动，使光能检测模块正对光源，从而实现逐日的功能。

微视频
光伏逐日系统简介

微视频
光伏逐日系统组成

光伏逐日系统整体结构参考图5-1所示，主要由光敏传感器、舵机、逐日控制板和底座等组成。

5.1.1 光敏传感器

光敏传感器如图5-2所示，上面有光伏电池板、挡光板、光敏电阻采集模块。有两种方法来判断其是否正对光源，即4个方位的传感器接收的辐照相同，一是通过4个光伏电池板输出的电流大小进行判断，二是根据4个光敏电阻采集模块输出电压大小进行判断。

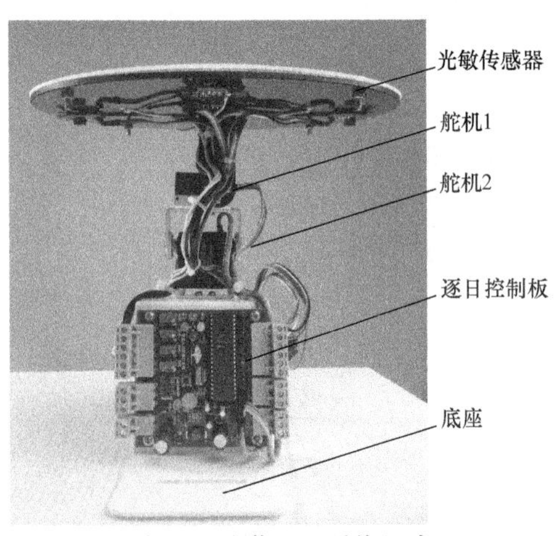

图5-1 光伏逐日系统组成

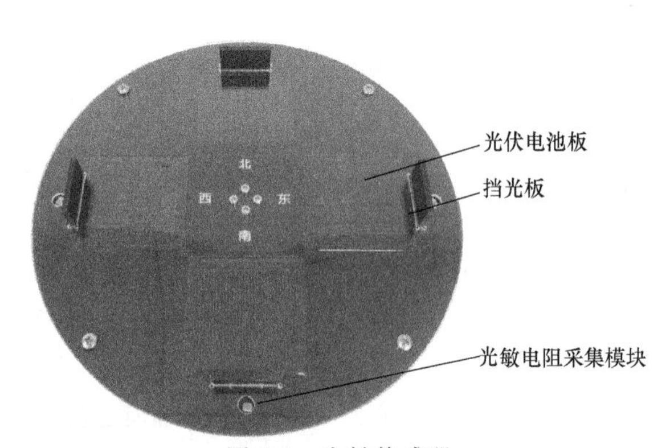

图5-2 光敏传感器

面板上面有4块6.36mm×6.36mm光伏电池板，开路电压为4.8V，短路电流约为60mA，电池板在受到光照时将光能转换成电能送到逐日控制板，经电流电压转换后给A-D采样，通过对4路A-D采集的值进行分组（东西、南北）比较，来判断光源的方位。

光敏电阻采集模块（如图5-3所示）主要是当其受到不同强度的光照时，其阻值会发生变化，通过与固定阻值的电阻串联，可将这种电阻大小的变化转换成电压的变化。可调电阻主要用来调节比较阈值电压，从而调节对光检测的灵敏度。当有光源照射到光敏电阻时，比较器输出低电平，开关量指示灯应该点亮，如不亮，则需缓慢调节可调电阻使其点亮。

挡光板的作用：因为光敏传感器的灵敏度比较高，挡光板可以让侧向光形成阴影，增加东西或南北方向相对光敏电阻的光照对比，提高系统光源跟踪精度。接线端子由上至下分别为模拟量输出、开关量输出、GND端、5V供电。

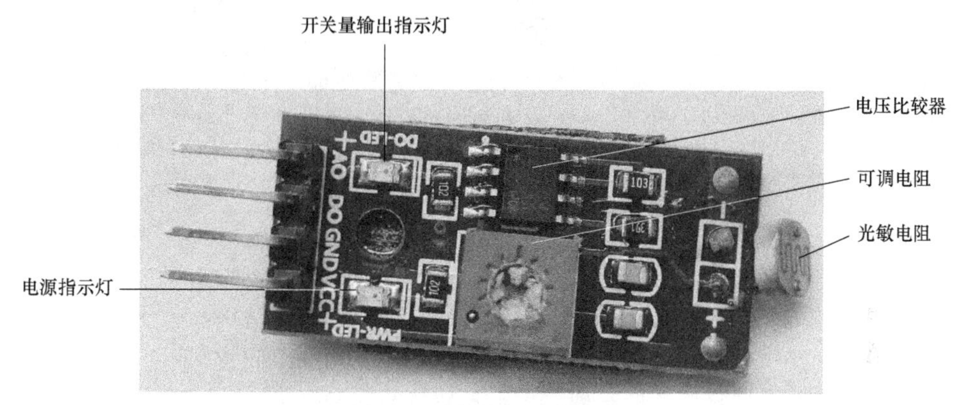

图 5-3　光敏电阻采集模块

5.1.2　舵机

舵机（如图5-4a所示）受逐日控制板输出的固定周期的可变脉冲的控制，然后带动光伏面板东西或南北转动，该款数字舵机内部伺服控制板采用单片机MCU控制，有别于传统的模拟舵机，但是控制方式是相同的，同是PWM脉宽型调节角度，周期20ms，占空比0.5~2.5ms的脉宽电平对应舵机0°~180°范围，且呈线性关系。系统所用舵机DS3115MG参数见表5-1所示。

舵机与模拟舵机的最大区别是带位置锁定功能，给一次PWM脉宽，舵机输出角度可锁定，直到下次给不同的角度脉宽或者断电才可以改变角度。另外控制精度高、线性度好，与控制协议严格一致，输出角度准确且响应速度快是数字舵机品质好的重要依据。

表 5-1　舵机 DS3115MG 参数

序　号	项　目	参　数
1	产品速度	0.16s/60°(7.4V)
2	堵转扭矩	15kg/cm(6V)、17kg/cm(7.4V)
3	工作电压/V	6~7.4
4	空载电流/mA	80~100
5	工作频率/Hz	50~330
6	操作角度/(°)	180(左右各90)
7	中立位置/μs	1500
8	脉冲死区/μs	3
9	脉冲宽度范围/μs	500~2500
10	可动角度范围/(°)	360

装配时应注意控制线（如图 5-4b 所示）的顺序，上面的为舵机 1，下面的为舵机 2。

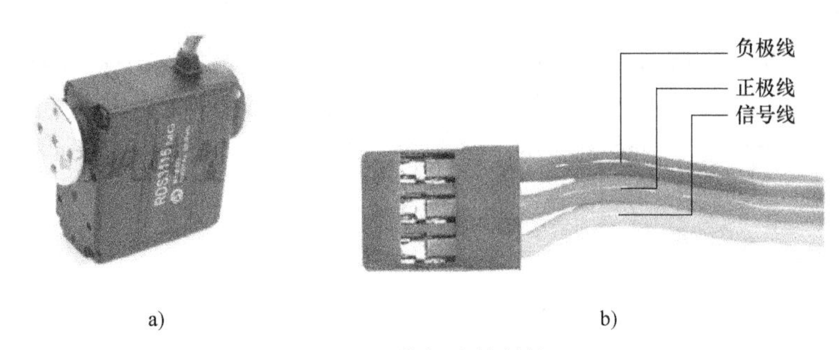

图 5-4　舵机和控制线
a）舵机　b）控制线

5.1.3　逐日控制板

逐日控制板（图 5-5）是整个系统核心控制部分，它根据光伏电池板或光敏传感器采集模块输出的信号，东西、南北两组进行比较，判断面板和光源之间的方位关系，再输出控制信号给舵机，带动光伏面板向光源方向转动，从而达到控制要求。

图 5-5　逐日控制板

5.1.4　底座

底座（如图 5-6）是支撑光伏面板和舵机的构件。底座中的两个凸点为北面指向标识，装配时要和其上的光伏面板的北向一致。

5.1.5　任务实施

1. 器材和设备

1）斜口钳、一字螺钉旋具、十字螺钉旋具、小手电筒光源。

2）万用表。

2. 实施步骤

（1）系统的拆装

1）用斜口钳剪断扎带。

2）从逐日控制板上移除各种线缆。

3）用螺钉旋具拆下控制板。

4）拆下最上面的圆形光敏传感器。

5）拆下两舵机。

6）再按相反的顺序将系统组装好。

（2）光敏传感器测量

1）给控制板接入24V电源，下方两个电源指示灯亮起。

2）接上“北南西东”4个方向光伏电池板的电缆。

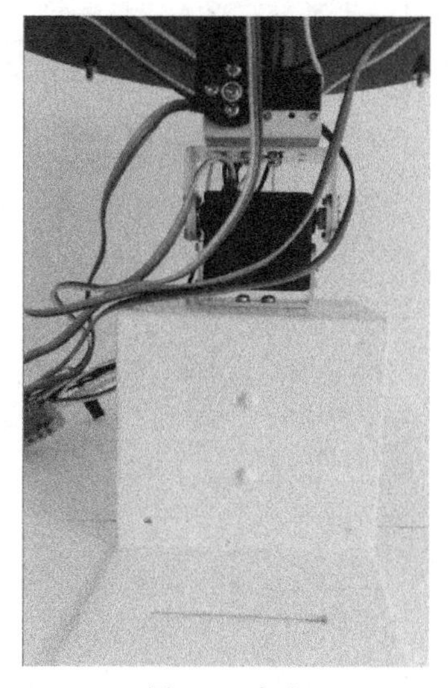
图5-6　底座

3）用一光源（手电筒）从正中、偏东、偏南、偏西、偏北共5个方位照射光伏电池板。用万用表分别测量X0（北+）、X1（南+）、Y0（西+）、Y1（东+）4处对地（GND）的电压，填入表5-2中。

表5-2　光伏电池板输出电压测量　（单位：V）

方位	南北		南北电压差	东西		东西电压差
	X0	X1	$V_{X1}-V_{X0}$	Y0	Y1	$V_{Y1}-V_{Y0}$
正中						
偏东						
偏南						
偏西						
偏北						

4）光敏电阻采集模块的调节。在无光照时，调节电位器，使开关量输出指示灯DO_LED熄灭；有光照时，指示灯亮。反复调节几次，找到一个合适的值。

任务5.2　硬件电路的设计

任务目标

微视频
硬件电路的设计

- 了解主控电路中STC15F2K60S2单片机的特点。
- 能分析MP1584EN降压电路和HT7350稳压电路的工作原理。
- 能分析光伏电池信号采集与调整电路工作原理。
- 理解光敏传感器工作原理，能分析光敏电阻模块工作原理。
- 能分析方位指示电路MAX232串口通信电路工作原理。

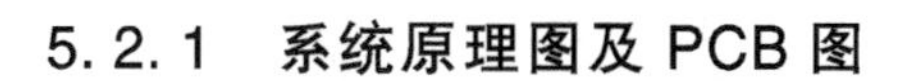

5.2.1　系统原理图及PCB图

图5-7为光伏逐日系统总图，展示了整个逐日系统除电源之外其他部分的电路，包括单

片机最小系统、232 通信电路、指示灯电路、电压调整电路及接口电路。图 5-8 为控制板顶层电路图，图 5-9 为元器件位置图。

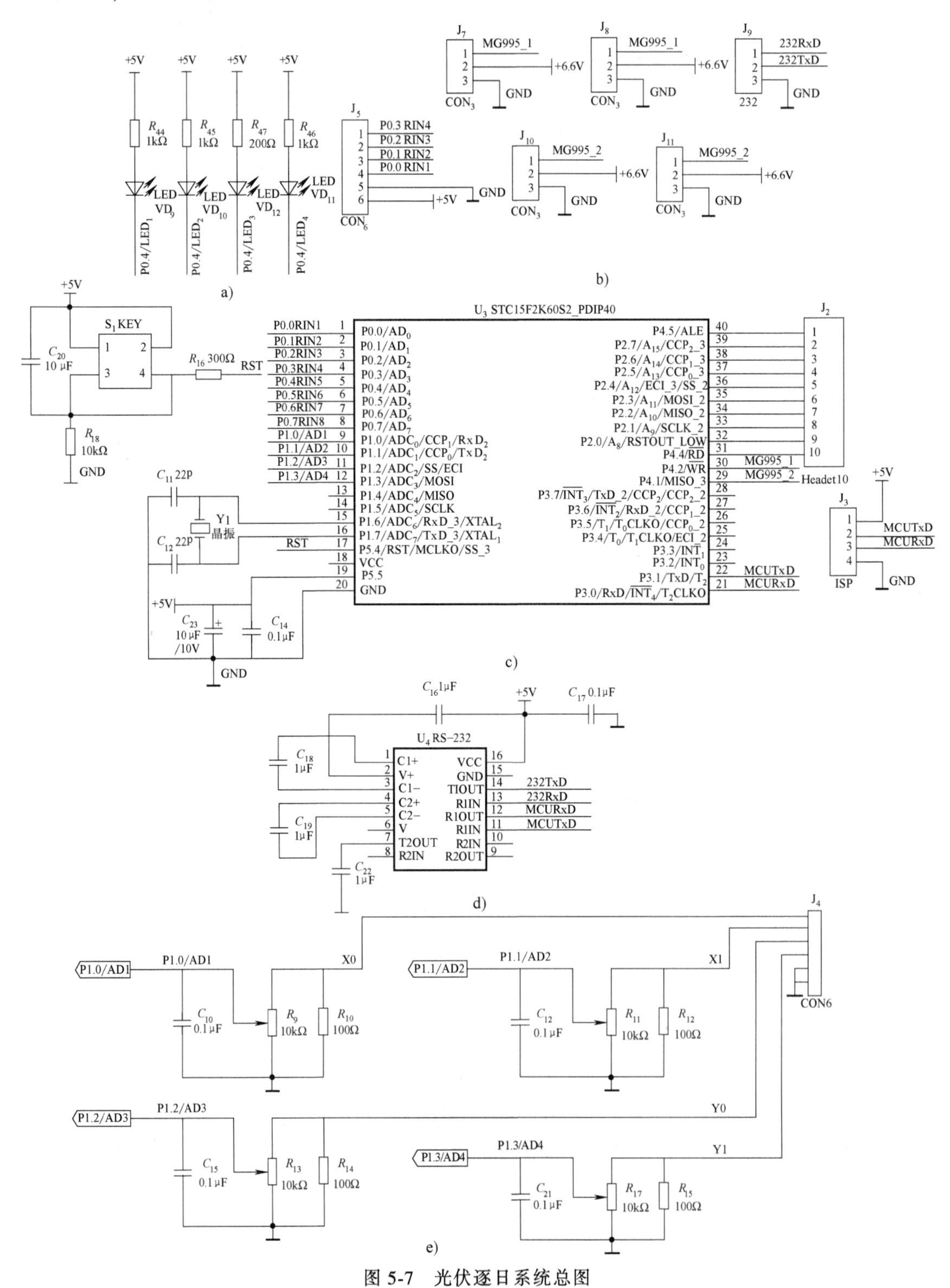

图 5-7 光伏逐日系统总图

a）指示电路 b）接插件电路 c）单片机主控电路 d）RS-232 电路 e）接口电路

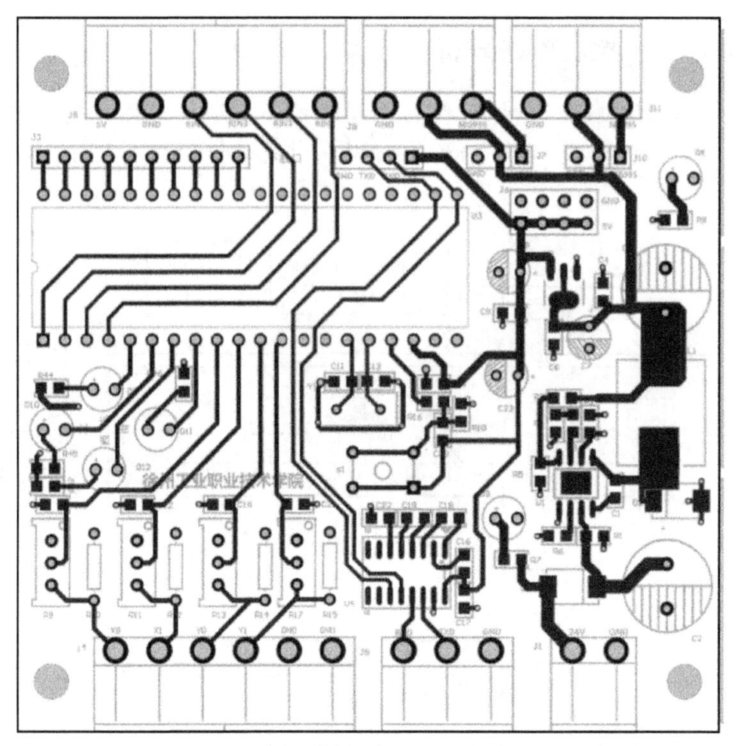

图 5-8　控制板顶层电路图

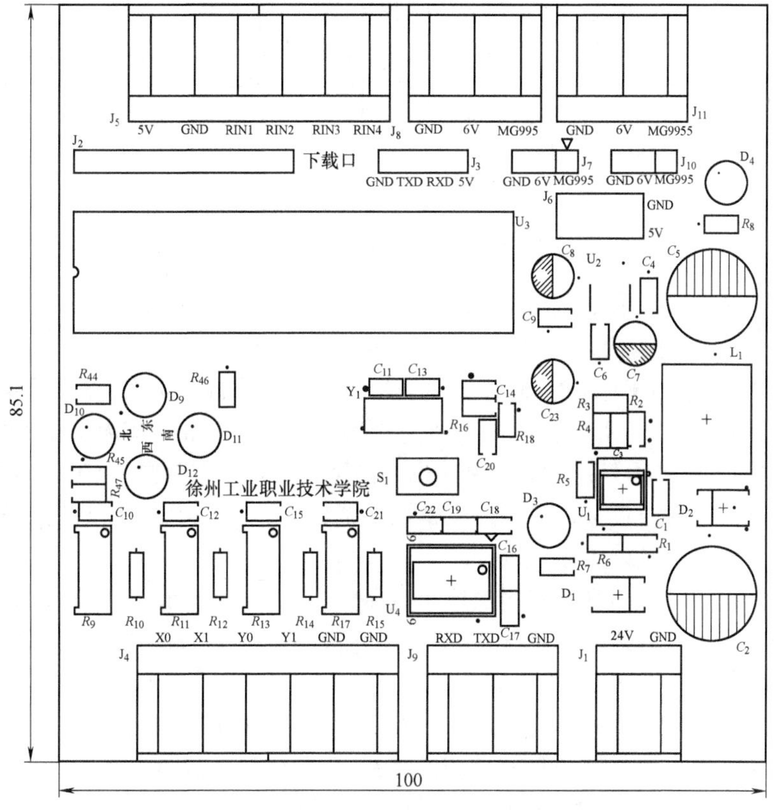

图 5-9　元器件位置图

5.2.2 单片机主控制电路分析

本系统采用 STC15F2K60S2 单片机作为控制芯片，它是 STC 生产的单时钟（机器周期 1T）单片机，指令代码完全兼容传统 8051，但指令执行速度快 8~12 倍，它的内部结构图如图 5-10 所示。

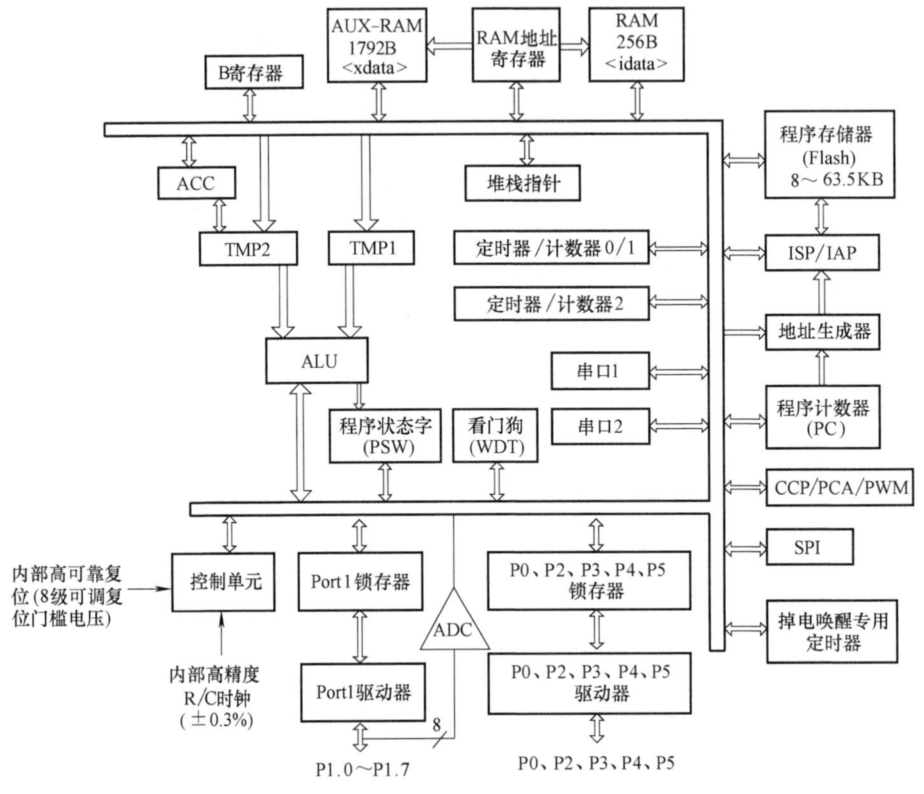

图 5-10　STC15F2K60S2 内部结构图

相对于传统的 51 单片机，其增加了 8 路 10 位的高速 A-D 转换器，输入与 P1 口共用；增加了串口 2，使系统的串口数量变成 2 个；串口 1（RxD/P3.0，TxD/P3.1）可以在（RxD_2/P3.6，TxD_2/P3.7）、(RxD_3/P1.6，TxD_3/P1.7）3 组引脚进行切换；3 个通道的捕获/比较单元（CCP/PWM/PCA），可以实现 3 个定时器或 3 路 9~16 位的 PWM；另外内部集成了高精度的 R/C 时钟，误差只有±0.3%，温漂也控制得比较好，在常温-20℃~65℃范围内，只有±0.6%，可在下载时通过 ISP 编程，频率设置范围为 5~35MHz，内部集成复位电路，真正做到只要接上电源就可以工作。

利用该单片机设计的逐日系统的主控制电路（如图 5-7c 所示)，单片机的 18、19 引脚是系统的电源与地引脚，并接滤波电容 C_{23}、C_{14}；为了增加系统的灵活性，系统也设计了时钟晶振路（Y_1、C_{11}、C_{13})，复位电路（C_{20}、S_1、R_{16}、R_{18})，复位电路不仅可以用作按键复位使用，还可以通过下载器将其设置成普通 I/O 口 P5.4 使用，这时这个电路就变成了一个“高电平”有效的按键输入电路；接口 J_3 为 ISP 下载程序接口，除电源、地外，中间两引脚与单片机串口通信引脚 21（RxD)、22（TxD）相连。

其他接口规划：1~4 脚和光敏传感器输出相连；5~8 脚和 4 个方位 LED 灯相连；9~12 脚与光伏电池板的采集信号相连；29、30 脚输出 PWM 信号和舵机控制电路相连；J_2 为系统预留口。

5.2.3　MP1584EN 降压电路分析

MP1584EN 降压电路如图 5-11 所示，通过 MP1584EN 芯片把从开关电源过来的 24V 直流电转换成+6.6V，给舵机供电。DS3115MG 舵机的工作电压范围为 6~7.4V。

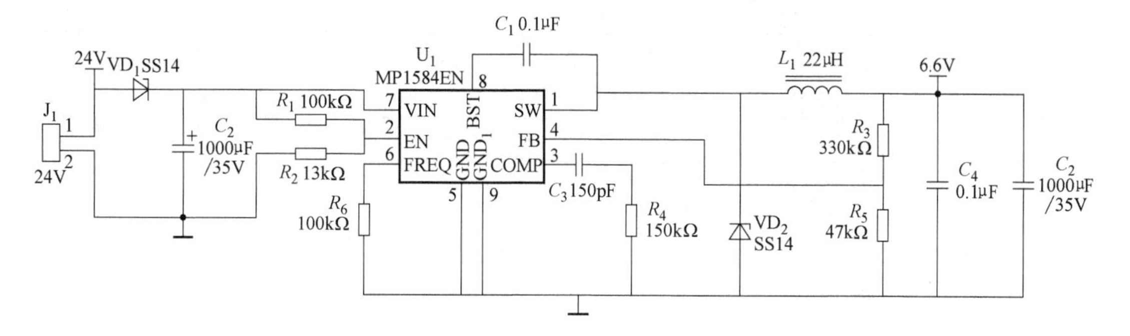

图 5-11　MP1584EN 降压电路

MP1584EN 是美国芯源（MPS）公司生产的一款降压型 DC-DC 开关稳压芯片，它内部集成有高压功率 MOSFET，无须用户另购，节约了成本，简化了设计；开关频率可达 1.5MHz，高的开关频率可减小电感的电感量，使输出电压更稳定；其能提供最高 3A 的输出电流；输入电压范围 4.5~28V；输出电压范围 0.8~25V；1.5ms 的软启动时间；其芯片功能及引脚排列如图 5-12 所示。

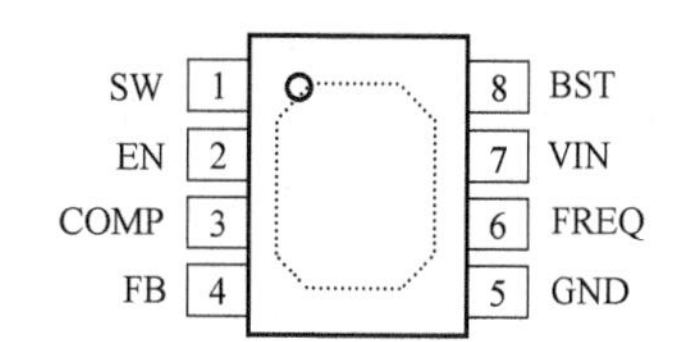

图 5-12　MP1584 芯片功能及引脚排列

结合功能框图，再详细说明一下芯片各引脚的功能，如表 5-3 所示。

表 5-3　MP1584 芯片引脚功能

SOIC 引脚	名称	功能描述	备注
1	SW	开关引脚，内部开关场效应晶体管输出，外部必须接一个导通电压低、能快速恢复的肖特基二极管，布线时二极管要尽可能靠近 SW 引脚，以减少开关尖峰	
2	EN	使能输入，当引脚被接低于阈值电压时，芯片将停止工作；高于阈值电压或悬空时，芯片正常工作	低的阈值电压是 1.2V，高的阈值电压是 1.5V，即低于 1.2V 时，芯片将关闭输出，变为待机模式；高于 1.5V，则芯片使能工作
3	COMP	补偿引脚，接内部误差放大器输出端，对反馈控制回路进行频率补偿	
4	FB	输出反馈引脚，接内部误差放大器反相输入，与内部 0.8V 的参考电压比较，解决整个电路的输出压	$V_{OUT}=0.8V\times\frac{1}{F}$，$F$ 为输出电压的反馈系数

（续）

SOIC 引脚	名称	功能描述	备注
5	GND/PAD	地引脚，将芯片背面的裸露焊盘连接到地平面上，以提高其散热性能	
6	FREQ	芯片开关频率设置引脚，通过外接“接地电阻”来设置	$R_{freq}=\dfrac{180000}{[f_s]^{1.1}}$
7	VIN	输入电源引脚，即给内部控制电路供电，也给 MOS 开关管供电	范围 4.5~28V
8	BST	自举引脚，与 SW 开关输出引脚之间连接一个电容，提高内部场效应晶体管的控制极工作电压	

结合表 5-3 功能，对逐日系统的 6.6V 的降压电路进行分析。

1）24V 电压经二极管 SS14 接入到芯片的第 7 脚 VIN：

$$V_{IN}=24-V_{F-D_1}=24V-0.6V=23.4V\leqslant 28V$$

2）芯片的 EN 端，由电阻 R_1、R_2 对 V_{IN} 输入电压分压而得

$$V_{EN}=\frac{R_2}{R_1+R_2}V_{IN}=\frac{13k\Omega}{100k\Omega+13k\Omega}\times 23.4V\approx 2.7V>1.5V$$

2.7V 的电压远大于 1.5V 的芯片开门阈值电压，所以该降压电路一接入 24V 的电源便开始工作，不受其他电路控制。

3）芯片的 FREQ 引脚，外接对地电阻 R_6（100kΩ），那么系统的开关频率为

$$f_s=\sqrt[1.1]{\frac{180000}{100}}kHz=\sqrt[1.1]{1800}kHz\approx 910kHz$$

4）此降压电路的输出电压 V_{OUT} 由 R_3 与 R_5 组成的电压反馈的系数大小确定：

$$F=\frac{R_5}{R_5+R_3}=\frac{47k\Omega}{330k\Omega+47k\Omega}\approx 0.12467$$

因为

$$V_{FB}=V_{OUT}F=0.8V$$

所以

$$V_{OUT}=\frac{0.8V}{F}=\frac{0.8V}{0.12467}\approx 6.42V$$

理论计算结果略小于 6.6V 的设计目标，误差约为 2.8%。另外为了确保自举电路在无负载的情况下也能正常工作，芯片的设计规范要求 BS 路的电流最小为 20μA，在无负载时，取样反馈电阻便成了电路的负载，因此此处的取样电阻 R_3、R_5 不能太大，厂家要求 R_5 保持在 40kΩ 以下，典型推荐值为 40.2kΩ，在此推荐值下 R_3 计算公式为

$$R_3=50.25\times(V_{OUT}-0.8)k\Omega$$

此降压电路工作后会一直有负载（单片机系统）接入，因此取样反馈电阻取大一点，也不会影响芯片稳定工作。

5）输出电感的大小由公式：

$$L_1=\frac{V_{OUT}}{f_s\Delta I_L}\left(1-\frac{V_{OUT}}{V_{IN}}\right)$$

V_{OUT} 为输出电压，V_{IN} 为输入电压，f_s 为开关频率，ΔI_L 为电感纹波电流（即开关周期

内变化电流）的峰值，从公式可以看出大的电感可以减小纹波电流，但会增加成本与体积，在逐日系统时，负载电流是不断变化的，在设计时要尝试，选择合适的电感。

5.2.4 HT7350稳压电路分析

由于单片机工作的电源电压为5V，而MP1584EN降压电路输出的是6.6V，所以通过一个HT7350稳压芯片把6.6V直流电压变为5V直流电压给单片机供电。HT7350稳压电路如图5-13所示。

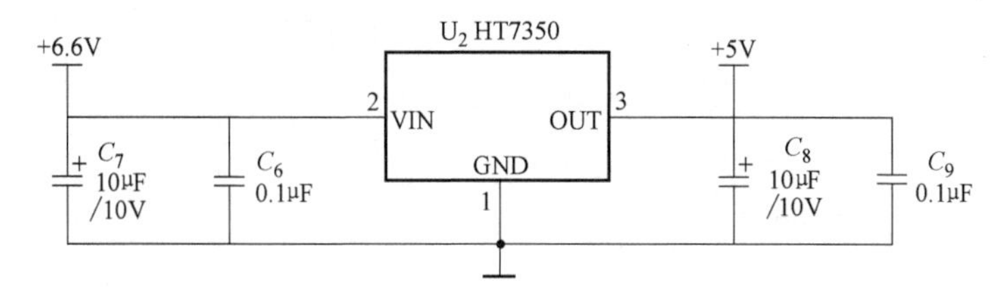

图5-13 HT7350稳压电路

HT7350是一个线性、低功率的三端稳压芯片，采用了CMOS工艺，很小的输入/输出电压差即可使其工作，最小压差为1V，其相关性能参数如表5-4所示。

表5-4 HT7350的性能参数

符号	含义	测试条件		最小值	典型值	最大值	单位
		V_{IN}	条件				
V_{OUT}/V	引脚3，输出电压	6V	$I_{OUT}=40mA$	4.85	5	5.15	V
$I_{OUT(MAX)}$	最大输出电流	6V	$V_{OUT}\geqslant 4.5V$	250	—	—	mA
ΔV_{OUT}	负载调整率	6V	I_{OUT}在1~100mA变化	—	45	90	mV
V_{DROP}	最小输入输出压差	—	$I_{OUT}=40mA$	—	60	—	mV
I_{SS}	静态电流	6V	无负载	—	4	8	μA
—	电源电压调整率	—	$I_{OUT}=40mA$，V_{IN}在6~12V变化	—	0.2	0.3	%/V
V_{IN}	输入电压	—	—	—	—	12	V
—	温度系数	6V	$I_{OUT}=80mA$ $-40℃<T_a<85℃$	—	±0.7	—	ppm/℃

从上表可以看出，HT7350是一个低功率的器件，最大输出电流只有250mA，最大的功耗为500mW，因为其为线性调压器件，它的$P_m=I_{OUT}(V_{IN}-V_{OUT})$，高的输入电压$V_{IN}$会降低输出电流。

5.2.5 光伏电池信号采集与调整电路分析

由于光伏电池板制造工艺或安装精度的差异，在同样的光照情况下，4个电池板输出的电流大小可能也有一定的差异，它们流过100Ω取样电阻后，转换成的电压也会有所不同，也就需要对输入进单片机采样的电压进行微调。电压调整电路如图5-14所示，调整方法是让光源处于光伏面板的正中间时，调节R_9、R_{11}、R_{13}、R_{15}使输出电压一致。

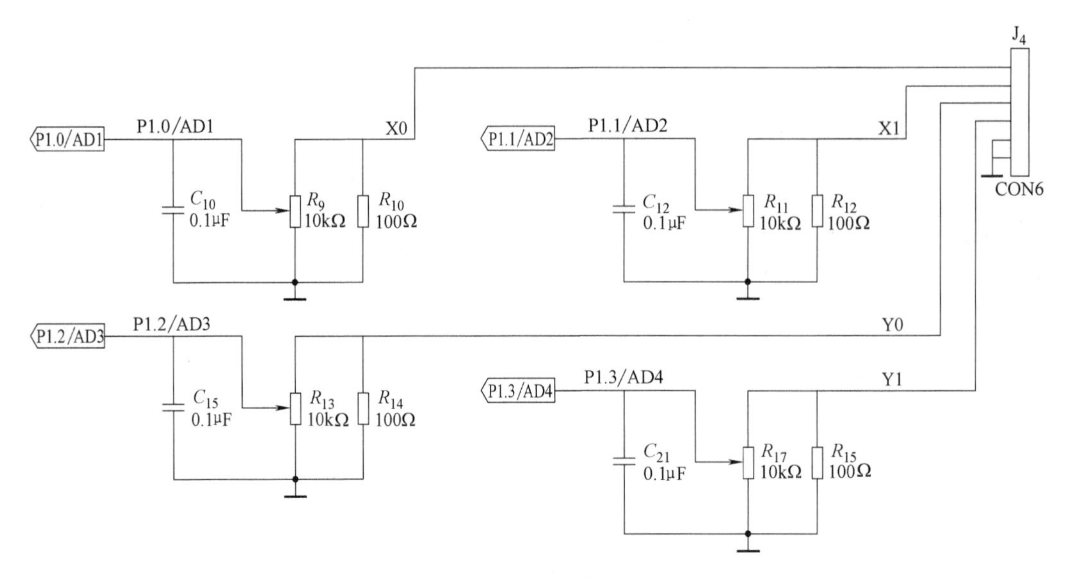

图 5-14　电压调整电路

要全面理解电路的工作原理，必须先了解一下光伏电池的输出特性。

光伏电池是一种光敏器件，它能吸收太阳光谱中的紫红至红外光之间的光，例如硅基光伏电池吸收光的波长范围为 300~1200nm（可见光的波长范围为 390~780nm），然后将这部分光能转化电能，硅基光伏电池的电路模型如图 5-15 所示。

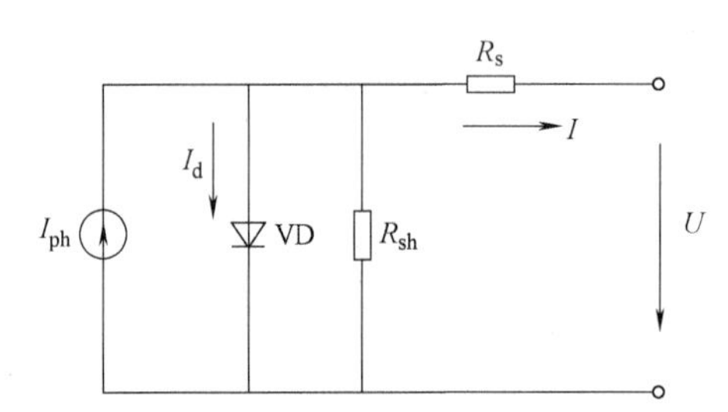

图 5-15　硅基光伏电池的电路模型

I_{ph}—光生电流　I_d—载流子复合引起的二极管电流

R_{sh}—并联电阻，由漏电流形成

I_{ph}：光生电流，与光伏电池的转换效率、电池的面积、光的辐照强度都有关，按 20%的转换效率来估算，1cm^2 大小的硅基光伏电池在标准测试条件下（1000W/m^2、25℃、AM1.5）的光生电流约为 40mA，其大小也近似等于光伏电池的短路电流 I_{SC}。瑞亚光伏电子工程的设计与实施竞赛环境平台上两个灯管亮度为 100%，灯杆垂直时，在平台的模拟地面上的辐射强度大约为 1000W/m^2，将光伏电池置于该平面上，测量其短路电流即为它的光生电流 I_{ph}。

二极管的电流大小 I_d 主要与它两端的电压有关，它的伏安特性与普通二极管的正向伏安特性类似，当它两端的电压 U_D（即 U_{Rsh}）超过二极管的正向阈值电压时，它就相当于短路，此时 $I_d \approx I_{ph}$，输出电流 I 等于 0，此时的输出电压 U 最大，称为开路电压 U_{OC}，受限于硅材料的禁带宽度，单片硅基光伏电池的开路电压一般为 0.6~0.7V。

R_{sh}、R_s 与电池的生产工艺有关，R_{sh} 一般较大，R_s 较小，在理想情况下，R_{sh} 为无穷大，R_s 则等于 0。

下面以 60 片多晶硅电池片串联而成的光伏组件在不同光照强度下的 *I-V* 曲线来说明光伏电池的输出特性，如图 5-16 所示。从图中可以看出，光照强度对光伏电池的短路电流影响很大，近似线性关系，在图中表现为沿电流（*Y* 轴）曲线随光照强度的增加而等距向上平移；光照强度对开路电压影响不大，在图中表现为在电压（*X* 轴），不同光照强度的曲线基本汇集在一处。从图中还可以看出：在虚线之前的各条曲线基本都是平行于 *X* 轴，这说明光伏电池在输出电压比较少的时候，因还没有接近二极管的导通阈值电压，内部等效二极管不分流，光伏电池相当于一个光控“恒流源”。因此要用光伏电池作为光敏器件，最好是让光伏电池工作在“恒流”区域，这一区域的输出电压按经验值来估算是小于开路时的 80%。

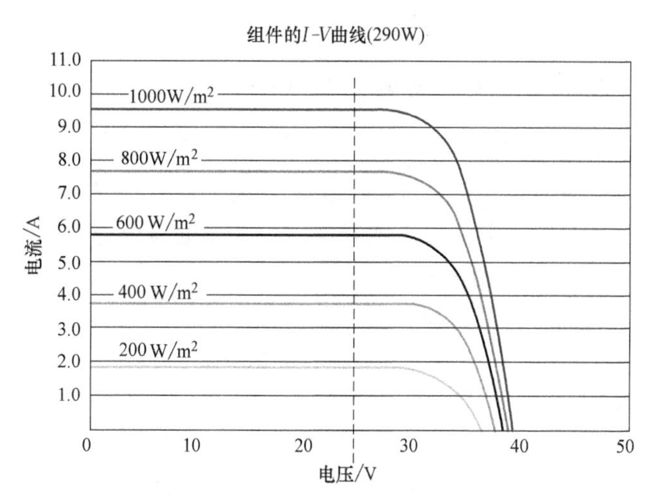

图 5-16　60 片多晶硅组件 *I-V* 特性曲线

在了解光伏发电原理后，再结合光伏电池信号采集与调整电路来分析其工作原理，其中一路的等效电路如图 5-17 所示。点画线框为光伏电池的等效电路，因 R_{sh} 一般较大，此处为了简化分析，忽略其对电路的影响。系统所采用的是滴胶光伏电池，由 8 小片先串再并的形式封装，在平台上灯光全开时，实测开路电压 V_{OC} 为 4.8V 左右，短路电流在 60mA 左右。

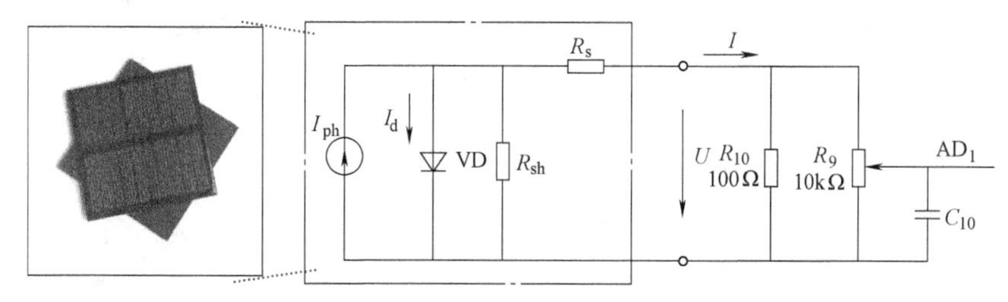

图 5-17　光伏电池信号采集与调整等效电路

因 A-D 采样输入阻抗极高，A-D 采样电流 $I_{AD1}\approx 0$

所以，光伏电池负载为 $R_{10}//R_9$

$$R_L=R_{10}//R_9=\frac{R_9\times R_{10}}{R_9+R_{10}}=\frac{100\times 10000}{100+10000}\approx 99(\Omega)$$

灯光亮度 100%时，$V_{OC}=4.8V$

所以估算光伏电池最大功率点电压

$$V_{max}=V_{OC}\times 80\%=3.84V$$

此时输出电流
$$I_{max}=\frac{V_{max}}{R_L}=\frac{3.84V}{99\Omega}\approx 0.039A=39mA$$

通过上述分析，可以看出 39mA 小于 100%光源亮度的短路电流 60mA，这说明此电路在亮度较弱的时候对光源亮度的变化比较敏感，灵敏度高。当亮度使光伏电池的输出电流超过39mA、电压增加到3.84V后，因电压的升高，光伏电池内部复合会增加（内部的二极管会慢慢导通），输出电流会有所减小，使其对光强的灵敏度变小；结论是A-D采样电压的增加幅度减缓，接近开路电压后基本就不再变化。所以该系统如要达到比较好的逐日效果，平台上模拟光源的亮度则不能太高。

5.2.6 光敏传感器模块分析

1. 光敏电阻

光敏电阻（Light Dependent Resistor）又称光电导管，如图5-18所示，它是利用半导体的光电导效应制成的光敏元件。所谓光电导效应是表示材料（或器件）受到光辐射后，材料（或器件）的电导率发生变化。

它具有很大的优势：

1）光谱响应范围宽，根据光电导材料的不同，光谱响应可从紫外光、可见光、近红外扩展到远红外，尤其对红光和红外辐射有较高的响应度。

2）工作电流大，可达数毫安。

3）所测光强范围宽，既可测强光也可测弱光。

4）灵敏度高，光导电增益大于1。

5）偏置电压低，无极性之分，使用方便。

但其也有光照射下光电转换线性较差、光电弛豫过程（从某一状态逐渐恢复到平衡态的过程）较长、频率响应很低的缺点。

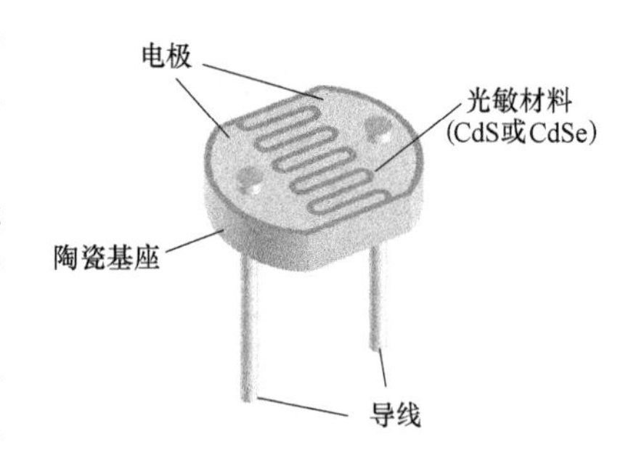

图5-18 光敏电阻外形与结构

不同种类的光敏电阻会因光敏材料的不同，在光谱上呈现出不同的灵敏度，如图5-19所示可见光区的几种光敏电阻的谱响应特性曲线，其中硫化镉（CdS）光敏电阻的光谱响应范围为400~700nm，灵敏度最高的波长为530nm左右的绿光；光敏电阻的阻值与光照度之间是一个非线性关系，如图5-20所示。

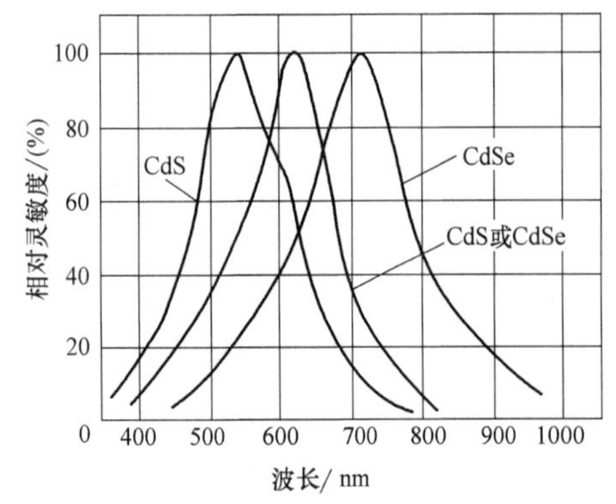

图5-19 光敏电阻的光谱响应特性曲线

CdS—硫化镉，CdSe—硒化镉 Cd（S.或Se）—硫化镉与硒化镉混合

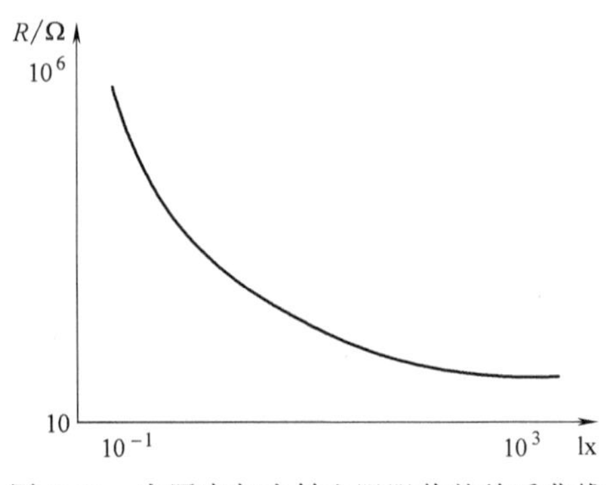

图5-20 光照度与光敏电阻阻值的关系曲线

下面以型号为 GL4526 的硫化镉光敏电阻为例说明光敏电阻的光电特性，如表 5-5 所示。

表 5-5　GL4526 光敏电阻的光电特性

特性	典型值	测试条件
直径/mm	4	—
灵敏度峰值波长/nm	540	—
最大工作电压/V	150	在黑暗中连续给元件施加的最大电压
最大功耗/mW	50	环境温度为 25℃
工作温度范围/℃	-30~+70	—
亮电阻/kΩ	5~10	色温为 2854K 的光源，用 10lx 光测量
暗电阻/kΩ	500	关闭 10lx 光照后 10s 测量
灵敏度/(Ω/lx)	0.6	$s=\frac{\lg(R_{10}/R_{100})}{\lg(100/10)}=\lg\left(\frac{R_{10}}{R_{100}}\right)$ （R_{10}、R_{100} 分别是在 10lx 和 100lx 光照下的电阻值）
响应时间(上升)/ms	30	用 10lx 光测量，色温为 2854K 的光源
响应时间(下降)/ms	30	关闭 10lx 光照

注：1. 1lx 大约等于 1 烛光在 1m 距离的照度；20cm 处烛光的照度为 10~15lx。

图 5-21 为 GL4526 型光敏电阻的光照度与电阻关系图，从中可以看出光敏电阻的阻值与光照度之间不是一对一的线性或非线性关系，而是对应一个区间，图中表现为带状阴影，所以这就决定了光敏电阻只能用于一些对光有无（或强弱）的判断，不能用于准确测量光照度；另外从图中可以看出，光照度与光敏电阻的阻值是一个负相关的关系，即光照度越大，阻值越小。

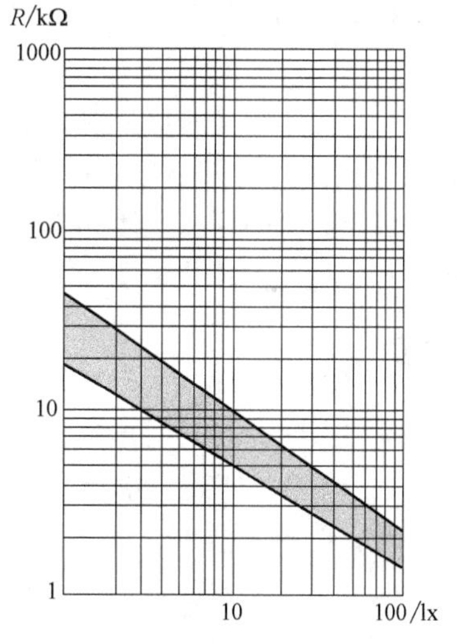

图 5-21　GL4526 光照度与电阻特性

2. 光敏传感器模块

光敏传感器模块如图 5-22 所示，其主要作用是将光源的光照强度与某一设定值进行比较，当光强大于设置值时输出一个低电平的信号，低于设置值时输出高电平信号。

图 5-23 为光敏传感器模块原理电路。LM393 是一个集成了两个电压比较器的芯片，此处只使用了其中的一个 B 模块比较器，其输出是开集极的 OC 结构，所以输出 OUT 必须接电阻上拉，上拉电阻的大小，芯片厂商推荐其工作电流在 1μA~4mA，极限值为 20mA。此电路的上拉是由发光二极管 VD_{102} 与电阻 R_{104} 串联组成，当 OUTB 输出低电平时，其工作电流估算为

$$I_{R102}=\frac{V_{SC}-V_{LED}-V_{OL}}{R_{104}}=\frac{5V-1.8V-0.13V}{1000\Omega}=3.07\times10^{-3}A=3.07mA$$

其中 V_{LED} 为二极管发光正反导通压降，V_{OL} 为比较 OUT 输出低电平的电压值，此值厂商给出的典型值为 130mV。3.07mA 不仅能很好地点亮 LED 发光二极管，同时也满足 LM393 工作要求。

其输入阻抗很高，典型的输入偏置电流为 25nA（2.5×10^{-10}A），所以一般分析时认为输

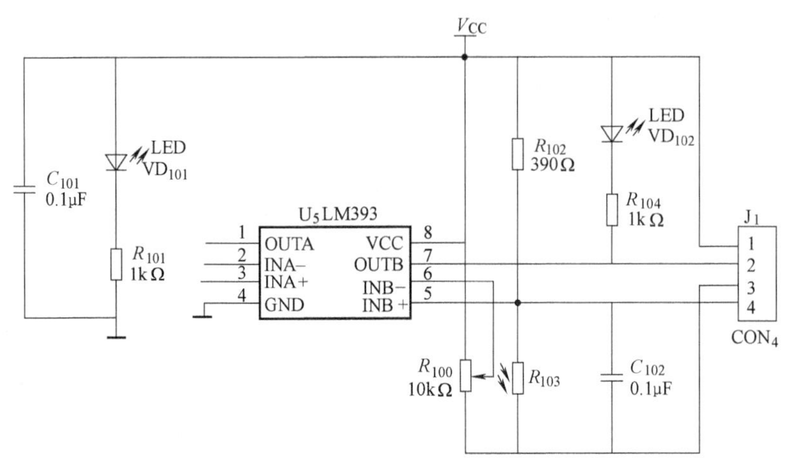

图 5-22　光敏传感器模块

入电流等于 0，从前面的电路只取电压不取电流。其输入偏移（补偿）电压最大为 4mA，即输入反相端 INB−电压 V_{INB-}与同相端 INB+电压 V_{INB+}之间的电压差的绝对值超过 4mA，就会引起输出端 OUTB 的状态改变，即：

- $V_{INB+}>V_{INB-}+4mV$ 时，芯片内的晶体管关闭，输出 OUTB 在上拉的作用下输出“高电平”。
- $V_{INB-}>V_{INB+}+4mV$ 时，芯片内的晶体管打开，输出 OUTB 输出“低电平（V_{OL}）”，它的最大电压小于 700mV。

结合上面的分析及图 5-23 来分析光敏传感器模块的工作原理：芯片 6 脚（INB−）接了一个 10kΩ 可调电阻的中间抽头，为电路工作提供“比较参考电压”，5 脚（INB+）接固定电阻 R_{102} 与光敏电阻 R_{103} 串联中间，取它们对地分压，此电压会因光敏电阻“阻值”的变化而发生变化，而影响其阻值变化的因素是光照强度，最终就变成了“光照强度”的变化会引起 5 脚输入电压的变化，其变化规律如图 5-24 所示。

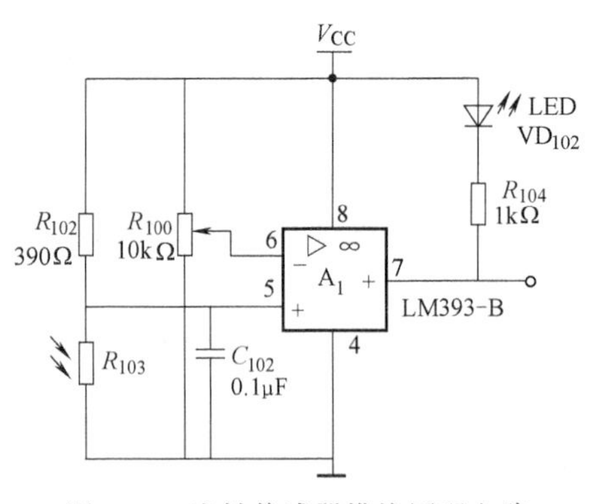

图 5-23　光敏传感器模块原理电路

$$V_{INB-}=\frac{R_{103}}{R_{103}+R_{102}}\times V_{CC}=\frac{R_{103}\times 5V}{R_{103}+390\Omega}$$

从图 5-24 中可以看出，当环境光线强度弱时，光敏电阻 R_{103} 阻值变大，比较器 V_{INB+}端电压变高，大于 V_{INB-}端可调电阻设置的参考电压，输出 OUTB 端输出高电平；当环境光线亮度变强时，光敏电阻的阻值也随之变小，V_{INB+}端电压降低，当低于比较 V_{INB-}端电压，比较器 OUTB 端输出低电平，电流经过 V_{CC}、VD_{102}、R_{104}、比较器内部晶体管形成回路，VD_{102} 指示灯点亮。

OUTB 输出端再与单片机 I/O 口连接，通过单片机检测相应 I/O 口高低电平输入，就能判断环境的光线亮度变化情况，通过调节 R_{100} 值的大小可以调节比较参考电压的大小，进而调节光照度参考阈值。因为光照环境是复杂多变的，因此在要求比较高的地方现场多次调节。

具体到在此逐日系统的应用，一定要配合挡光板，让两个处在不同区域的光敏电阻，在光线不是垂直照射时能形成比较大的“照度差”，如图 5-25 所示，一边光线直接照射，一边处于挡光板的阴影中；而垂直时两个都能被光直接照射，这样才能让单片机自动逐日。

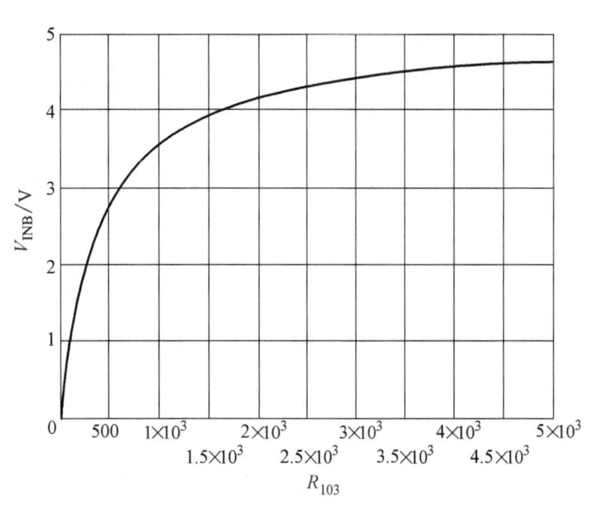

图 5-24　光敏电阻分压计算公式及电压随电阻变化曲线

5.2.7　方位指示电路分析

方位指示电路如图 5-26 所示，由 4 个发光二极管指示灯指示东南西北 4 个方向，灯的亮灭可根据设计要求通过编程来实现，也可以将其用于其他工作状态的指示。

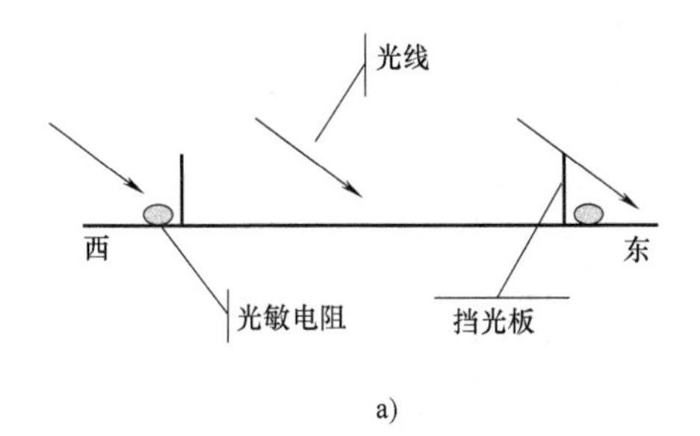

a)

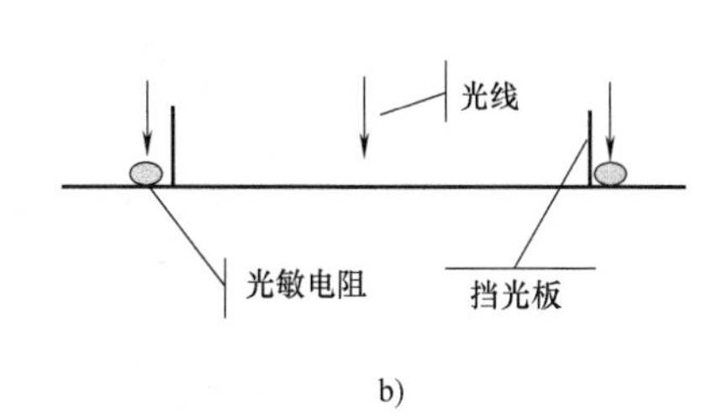

b)

图 5-25　光敏电阻逐日示意图

a）未正对光源　b）正对光源

5.2.8　MAX232 串口通信电路分析

MAX232 是实现串行口 RS-232 信号电平与单片机所识别的晶体管-晶体管逻辑（Transistor-Transistor Logic，TTL）信号电平相互转换的芯片，实现单片机和 PC 之间的通信。MAX232 串口通信电路如图 5-27 所示。

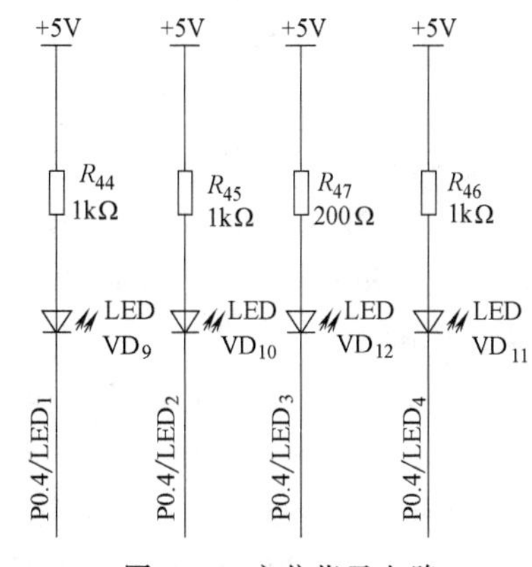

图 5-26　方位指示电路

TTL 信号电平即采用“双极型晶体管工艺”制造的数字集成电路的输入、输出电平标准，TTL 集成电路的工作电压是 5V，这种电平只是一种板级传输标准，不适合远距离传输。

由于电平是一个连续变化的电压范围，为了用这种模拟量的电压来表示数字量的逻辑 1 和逻辑 0，TTL 电平标准如图 5-28 所示。

- 对于输出电路：电压≥2.4V 为逻辑 1；电压≤0.4V 为逻辑 0。
- 对于输入电路：电压≥2.0V 为逻辑 1；电压≤0.8V 为逻辑 0。

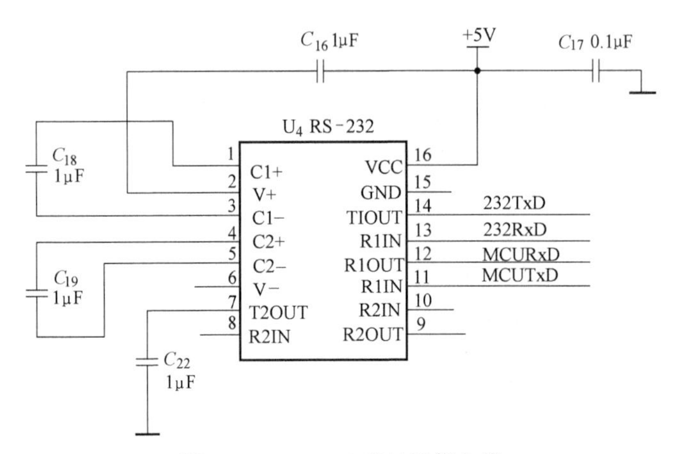

图 5-27 MAX232 串口通信电路

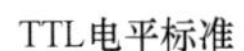

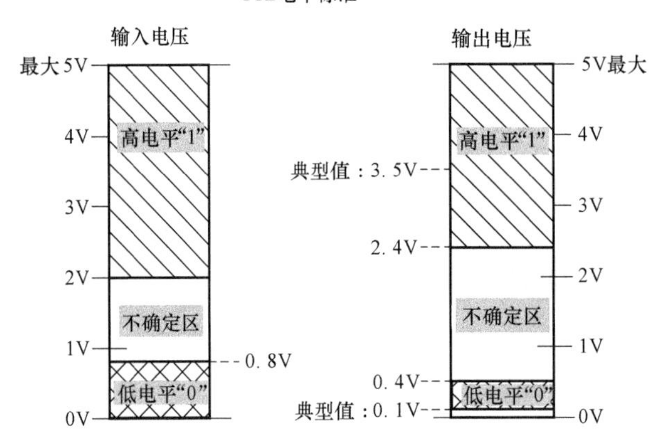

图 5-28 TTL 电平标准

RS-232C 是美国电子工业协会（Electronic Industry Association，EIA）制定的一种串行物理接口标准。RS 是英文“推荐标准（Recommend Standard)”的缩写，232 为标识号，C 表示修改次数，因此也常被简称为 RS-232。

RS-232 对串行通信接口的连接电缆、机械、电气特性、信号功能及传送过程等都做了明确规定，早期是微型计算机的标配接口，现在随着 USB 的流行，个人计算机上已经很难见到这种接口，一般需要使用时，需要另行购买 USB 转 RS-232 模块。

RS-232 标准规定的数据传输速率为 50bit/s、75bit/s、100bit/s、150bit/s、300bit/s、600bit/s、1200bit/s、2400bit/s、4800bit/s、9600bit/s、19200bit/s、38400bit/s。标准规定，驱动器允许有 2500pF 的电容负载，通信距离将受此电容限制，例如，采用 150pF/m 的通信电缆时，最大通信距离为 15m；若每米电缆的电容量减小，通信距离可以增加。传输距离短的另一原因是 RS-232 属单端信号传送，存在共地噪声和不能抑制共模干扰等问题，因此一般用于 20m 以内的通信。具体通信距离还与通信速率有关，例如，在 9600bit/s 时，普通双绞屏蔽线时，距离可达 30~35m。

RS-232 连接器：由于 RS-232C 并未定义连接器的物理特性，因此，出现了 DB-25、DB-15 和 DB-9 各种类型的连接器，其引脚的定义也各不相同。目前使用比较多是 DB-9，如

图 5-29 所示。

目前这 9 个信号中，为简化设计使用时会忽略了通信双方的握手信号，只保留最基本的 RxD、TxD、GND 三个信号，通信双方的接线方式如图 5-30 所示，因为是双工通信，接收与发送可以同时进行，所以一定要注意双方的发送（TxD）、接收（RxD）要交叉。

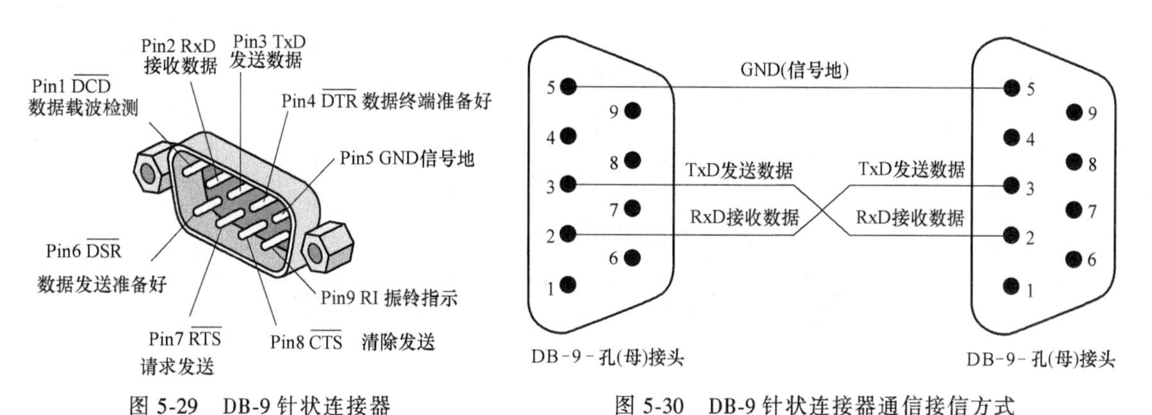

图 5-29　DB-9 针状连接器　　　　图 5-30　DB-9 针状连接器通信接信方式

RS-232 标准对电气特性、逻辑电平和各种信号线功能也做了规定，其对逻辑电平的定义如下：

在 RTS、CTS、DSR、DTR 和 DCD 等控制线上：

信号有效(接通,ON 状态,正电压)= +3～+15V

信号无效(断开,OFF 状态,负电压)= -3～-15V

在 TxD 和 RxD 上：

逻辑 1(Mark)= -3～-15V

逻辑 0(Space)= +3～+15V

对于数据（信息码）：逻辑 1（Mark）的电平低于-3V，逻辑 0（Space）的电平高于+3V，如图 5-31 所示。对于控制信号，接通状态（ON）即信号有效的电平高于+3V，断开状态（OFF）

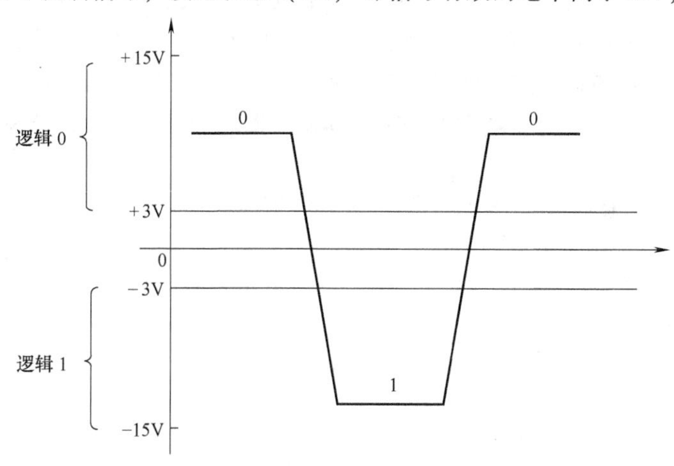

图 5-31　RS-232 数据逻辑电平标准

即信号无效的电平低于-3V，也就是当传输电平的绝对值大于3V时，电路可以有效地检查出来，介于-3～+3V的电压无意义，低于-15V或高于+15V的电压也认为无意义。

对比TTL电平逻辑，可以发现两者除了信号电平的电压不同外，两者的表达方式也不同，TTL以高电平表示逻辑1，RS-232以低电平表示逻辑1，如图5-32所示。

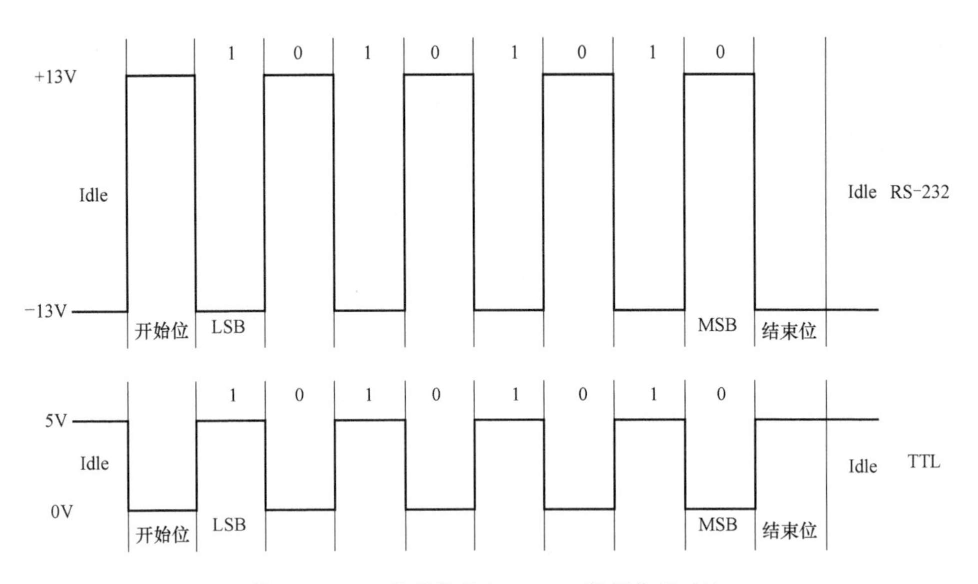

图5-32 TTL数据信号和RS-232数据信号对比

因此，为了能够同计算机接口或终端的TTL器件连接，必须在RS-232与TTL电路之间进行电平和逻辑关系的变换。实现这种变换的方法可用分立元器件，也可用集成电路芯片。目前较为广泛地使用集成电路转换器件，其中MAX232芯片可完成TTL与RS-232两者之间的双向电平转换。

MAX232芯片是美信（MAXIM）公司专为RS-232标准串口设计的单电源电平转换芯片，使用+5V单电源供电，功耗低，典型供电电流5mA；其内部有两组驱动器/接收器，可以实现双串口连接；片内电荷泵具有升压、电压极性反转能力，能够产生+10V和-10V电压V_+、V_-，方便在单5V电源供电时提供RS-232电平，如图5-33所示。利用芯片内电荷泵的原理，可以用来判断芯片是否正常，使用万用表测量2和6脚，只要2脚的电压在+8～+9V之间、6脚在-8～-9V之间，可以断定芯片是好的。另外还可以利用RS-232没有发信号时，TX端电压为RS-232的高电平即-8～-9V，当发送数据时，电压会随之发现变化，说明RS-232的端口是好的。

MAX232与单片机微控器的典型连接如图5-34所示。

5.2.9 任务实施

1. 器材和设备

1）数字式万用表、示波器。

2）装有Protel DXP软件的PC一台。

2. 实施步骤

1）给控制板接入24V电源，下方两个电源指示灯亮起。

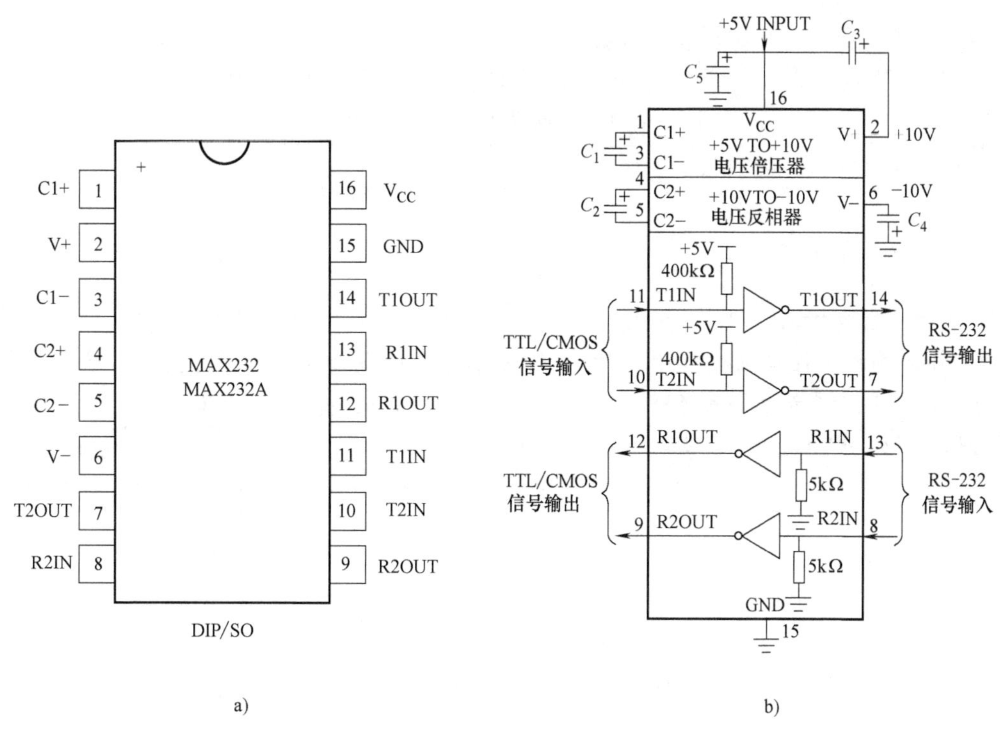

图 5-33　MAX232 引脚及内部结构图

a）MAX232 引脚图　b）MAX232 内部结构图

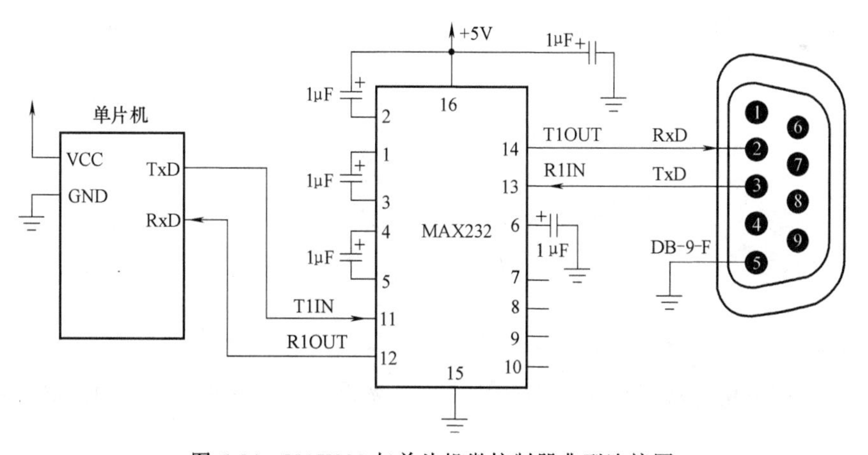

图 5-34　MAX232 与单片机微控制器典型连接图

2）用万用表测量 DC/DC 芯片 MP1584EN 相关引脚的电压，填入表 5-6 中。

表 5-6　MP1584EN 引脚电压测量

SOIC 引脚	名　称	测量电压
1	SW	
2	EN	
4	FB	
7	VIN	
8	BST	

验证 4 脚电压与输出电压 V_{OUT} 的关系。

3）用示波器测量芯片 MP1584EN 引脚 6 的波形与频率，填入表 5-7 中。

表 5-7　MP1584EN 引脚 6 的波形与频率记录

6 脚的波形(两个周期)	频　率

4）用电缆线将计算机的 COM 口与控制板上的 RS-232 接口 J_9 相连，在 PC 上用串口调试助手连续发送十六进制数据 55H 或 AAH，用示波器测量 MAX232 芯片 U_4 第 13 引脚、第 12 引脚的波形，填入表 5-8 中。

表 5-8　MAX232 引脚 13、12 的波形与频率、幅度记录

引脚	波形	最大值/V	最小值/V
13 脚			
12 脚			

5）分析各部分电路的工作原理，在计算机上完成各电路模块和总电路图的绘制。

任务 5.3　软件控制程序设计

微视频
逐日系统软件开发

任务目标

- 理解光敏电阻传感器检测光源方位的原理。
- 掌握利用光敏电阻实现自动逐日控制策略。
- 理解光伏电池检测光源方位的原理。
- 掌握利用光伏电池实现自动逐日控制策略。

- 掌握舵机控制脉冲的实现方法。
- 完成软件程序的编写、下载和电路调试。

5.3.1　光敏传感器信号判断光源方位原理

微视频
软件程序设计说明

通过光敏传感器模块输出信号的电平变化来判断测试点的光源强度。单片机检测到光敏传感器模块输出电平的变化，东西、南北成对比较，判断光源的方位，通过调节输出脉冲的宽度，控制舵机向输出高电平的传感器方向运动，即使光伏面板朝着光源直射的方向转动，直到 4 个 I/O 都为低电平。表 5-9 为光敏电阻控制调整策略。

表 5-9　光敏电阻控制调整策略

序号	RN1、RN2、RN3、RN4 北、南、西、东	光伏面板的状态	控制策略
1	0　0　0　0	正对光源	脉冲宽度不变，舵机保持不动
2	0　0　0　1	光源位于面板的“西”面	舵机 1 脉冲宽度增加，舵机向西转动
3	0　0　1　0	光源位于面板的“东”面	舵机 1 脉冲宽度减少，舵机向东转动
4	0　1　0　0	光源位于面板的“北”面	舵机 2 脉冲宽度增加，舵机向北转动
5	1　0　0　0	光源位于面板的“南”面	舵机 2 脉冲宽度减少，舵机向南转动
6	1　1　1　1	光源位于面板的后面 或没有光源	向东、向西扫描或保持不动

用流程图表示如图 5-35 所示，在编写程序时，要考试到机械控制的惯性与机构的响应速度，通过用程序的调用周期来控制，此处建议在 0.5~1s 内。

5.3.2　光伏电池信号判断光源方位原理

利用光伏电池板来逐日，这种将 4 块光伏电池安装在同一平面的方式，有一定的使用局限性，只适用于光源比较近的场景，利用的是光线的入射角发生变化而引起的辐照度的变化，如图 5-36 所示，当光伏面板没有正对光源时（图 5-36a），此时东方向上的光伏电池上的光线入射角大于西方向的即 $\beta>\alpha$，东方向上的光伏电池的辐照度就大于西方向的光伏电池，东方向的发电就多，输出电流大，转换成电压就高；而光伏面板正对光源时（图 5-36b），二者的光线入射角相等，二者的发电量就也相等。而真正的太阳光到达地面表面，近似平行光，同一平面的光伏电池的辐照度相同，它们的发电量差别很小。

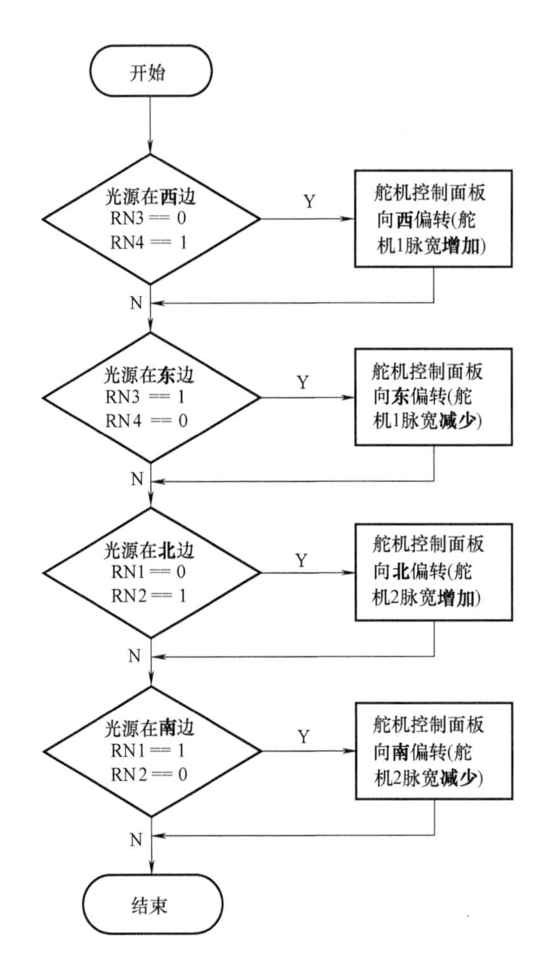

图 5-35　光敏电阻逐日控制流程图

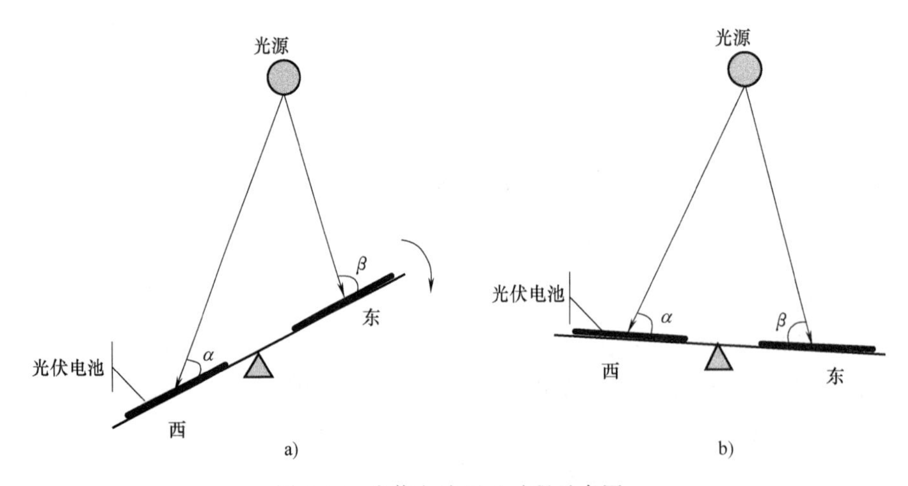

图 5-36　光伏电池逐日过程示意图

程序控制单片机通过 A-D 采样测量 4 块光伏电池板的电压值，东西、南北成对比较电压大小的不同，改变输出 PWM 的占空比，直到成对两组的电压值相同，控制策略与光敏电阻的类似，即向电压值高的方向偏转，控制程序流程图如图 5-37 所示。

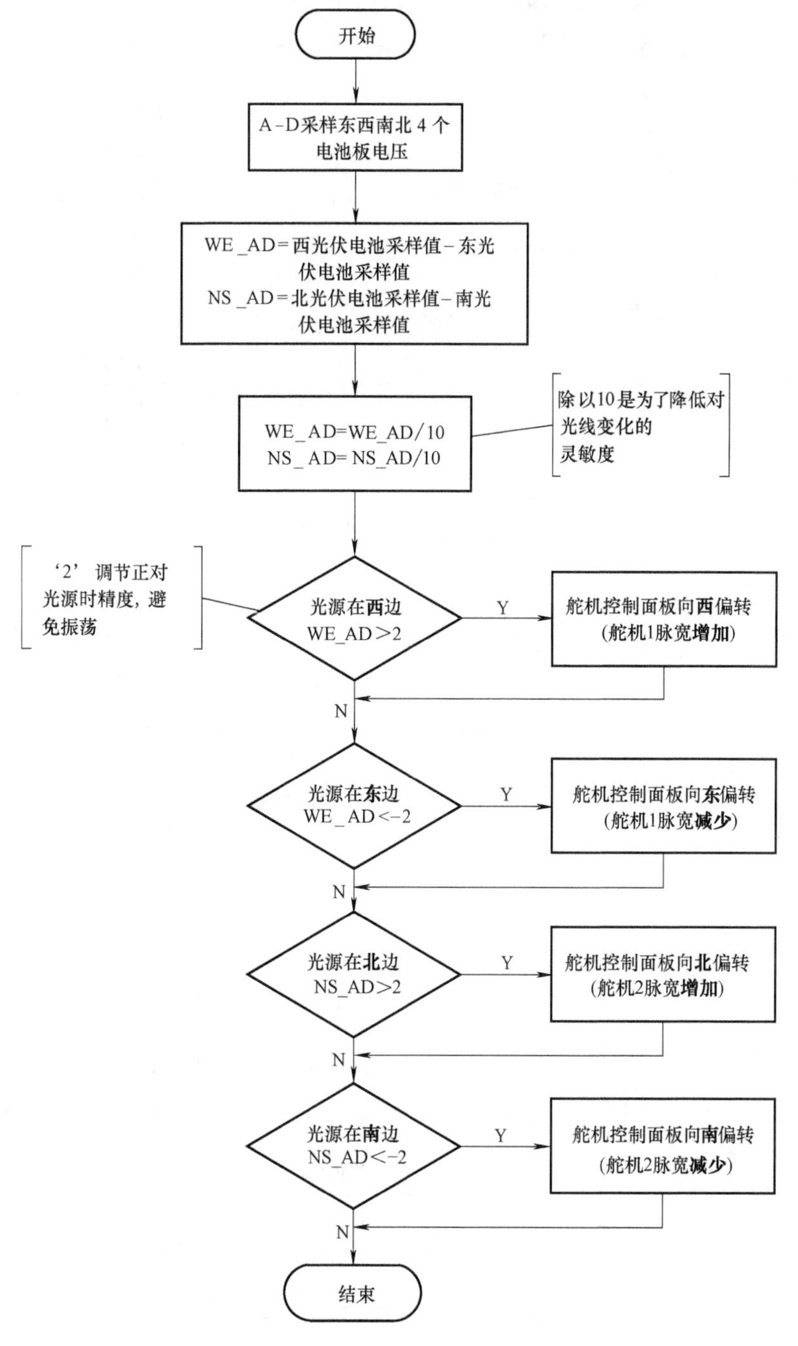

图 5-37　光伏电池逐日控制流程图

5.3.3　舵机脉冲控制

1. 舵机脉冲控制原理

本系统采用 RDS3115mg 舵机，此舵机控制需要一个 20ms 的时基脉冲，该脉冲的高电平部分一般为 0.5～2.5ms 范围内的角度控制脉冲。以 180°角伺服为例，所对应关系如下：0.5ms—0°；1.0ms—45°；1.5ms—90°；2.0ms—135°；2.5ms—180°。如控制脉冲为 1.5ms，则舵机转动 90°，输出转角与脉冲宽度的关系如图 5-38 所示。

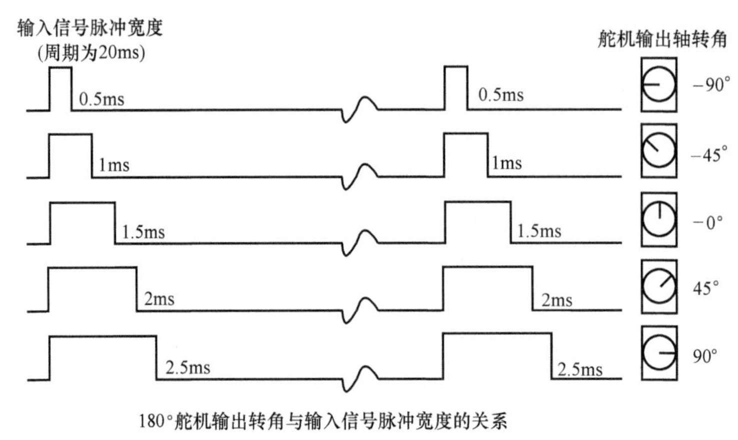

图 5-38　输出转角与脉冲宽度的关系

2. 舵机控制脉冲实现方法

通过上面的分析可以看出，控制舵机偏转是通过改变高电平的时间 T_{ON} 来实现的，也就是要涉及时间控制方面的编程，而且这个时间控制的精度要求比较高，所以只能通过定时器来实现。STC15F2K60S2 单片机内部提供 3 个“16 位定时器/计数器”，如图 5-39 所示，只有定时器/计数器 0、1 中的模式 1、2 兼容传统 51 单片机。另外该增强型单片机还集成了 2 路可编程计数器阵列（CCP/PCA）模块，也可以用于软件定时。

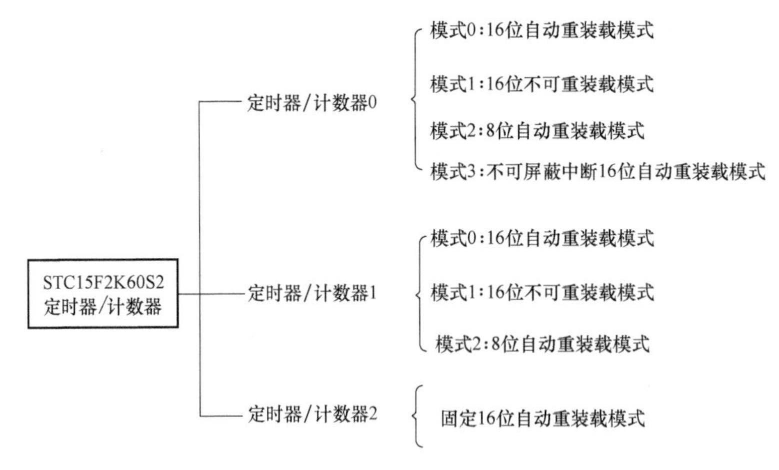

图 5-39　STC15F2K60S2 单片机定时器/计数器

下面介绍几种舵机控制脉冲的实现方法。

（1）一个定时器实现多路输出

基本思想是用定时器实现最小单位时间 ΔT，ΔT 要满足控制舵机控精度要求。然后再定时中断中以 ΔT 为时间单位计数（计时），来控制固定频率 PWM 的脉宽。

此任务要求控制精度为 1°，就要求舵机的最小的调整角度也要小于等于 1°，结合舵机本身的控制精度 0.9°，所以此处最小调整角度 $\Delta\theta$ 取 1°，舵机的转动范围为 0°~180°，对应 500~2500μs 的调节脉冲宽度，所以

$$\Delta T=\frac{T_{\mathrm{ON}}^{(180^\circ)}-T_{\mathrm{ON}}^{(0^\circ)}}{(180^\circ-0^\circ)/\Delta\theta}=\frac{2500\mu\mathrm{s}-500\mu\mathrm{s}}{(180^\circ-0^\circ)/1^\circ}\approx 11.11\mu\mathrm{s}$$

$T_{\mathrm{ON}}^{(180^\circ)}$：舵机偏转 180°时，对应的脉冲宽度，$\Delta T\approx 11.11\mu\mathrm{s}$ 即为控制舵机调整 1°的时间变化量。要用定时器来实现这个 11.11μs 的定时，那么定时器的计数次数为

$$C_x=\frac{\Delta T}{\text{定时器输入脉冲周期}}=\frac{\Delta T}{12/f_{\mathrm{SYSclk}}}$$

f_{SYSclk} 为单片机的系统时钟，定时器默认每 12 个系统时钟加 1，即定时器每增加 1，相当于时间增加 $12/f_{\mathrm{SYSclk}}$。所以这个次数与系统的时钟频率有很大的关系，从公式可以看出，时钟频率越高，定时器要计的次数就越多，定时精度也就越高。为兼顾串行通信，此处可将单片机的时钟频率设定为 22.1184MHz，按此频率计算，在 12T 的情况下定时器的计数次数为

$$C_x=(11.11\times10^{-6})\div\left(\frac{12}{22.1184\times10^{6}}\right)\approx 20$$

即定时器每计 20 次产生一次中断，两次中断间隔为 11.11μs，这样通过记录中断次数便可调整输出脉冲以 11.11μs 步进，即角度以 1°调整。表 5-10 为舵机角度、脉冲宽度和中断次数关系。

表 5-10　舵机角度、脉冲宽度和中断次数关系

序号	舵机角度	脉冲宽度/μs	中断次数
1	-90°	500	45
2	-45°	1000	90
3	0°	1500	135
4	45°	2000	180
5	90°	2500	225
6	周期	20000	1800

用此种中断方式产生舵机控制脉冲的原理如图 5-40 所示。以 90°为例，11.11μs 的定时器中断，每中断一次在中断服务程序中累计一次，当次数<225 时，控制 I/O 输出高电平，次数=225 时，中断的时间 225×11.11μs=2499.75μs；225<次数<1800 时，控制 I/O 输出低电平，到了 1800 时则清零。这样每次的比较值，就能控制输出脉冲的宽度。

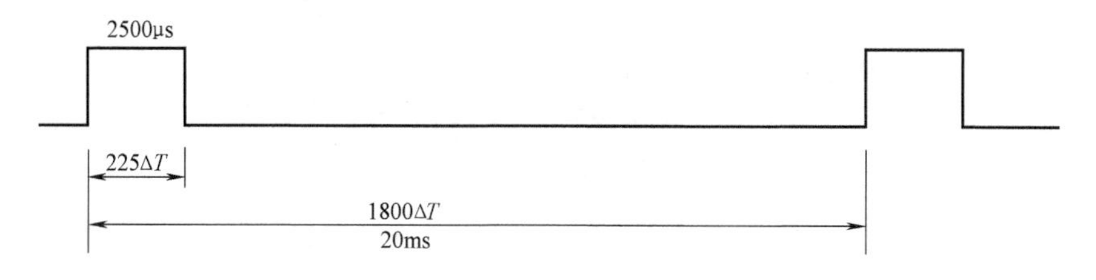

图 5-40　90°舵机控制脉冲的原理

此方法程序流程图如图 5-41 所示，程序如下：

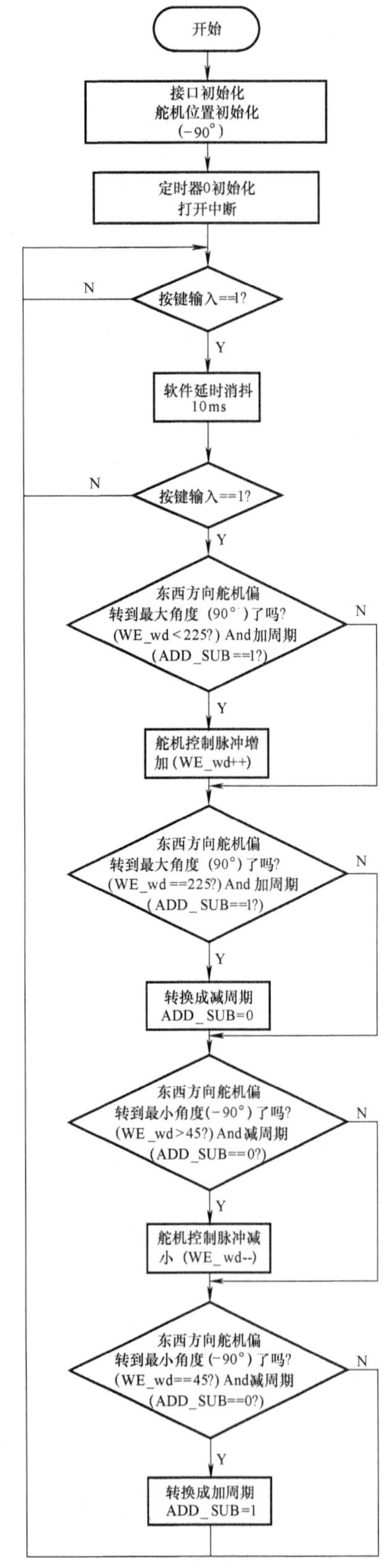
开始
接口初始化
舵机位置初始化
(−90°)
定时器0初始化
打开中断
按键输入==1?
N
Y
软件延时消抖
10ms
按键输入==1?
N
Y
东西方向舵机偏
转到最大角度 (90°)了吗?
(WE_wd<225?) And加周期
(ADD_SUB==1?)
N
Y
舵机控制脉冲增
加(WE_wd++)
东西方向舵机偏
转到最大角度 (90°)了吗?
(WE_wd==225?) And 加周期
(ADD_ SUB==1?)
N
Y
转换成减周期
ADD_SUB=0
东西方向舵机偏
转到最小角度(−90°)了吗?
(WE_wd>45?) And减周期
(ADD_SUB==0?)
N
Y
舵机控制脉冲减
小 (WE_wd--)
东西方向舵机偏
转到最小角度(−90°)了吗?
(WE_wd==45?) And减周期
(ADD_SUB==0?)
N
Y
转换成加周期
ADD_SUB=1

图 5-41 程序流程图

```
#include <STC15F2K60S2.H>
#include <intrins.h>
#define Plus_min   45+5      //控制脉冲最小值,对应-90°(-85)
#define Plus_max   225-5     //控制脉冲最大值,对就+90°(+85)
#define  Plus_0     135         //水平 0°
#define Plus_20ms 1800       //控制脉冲周期 20ms
//IO 接口定义
sbit PWM=P4^1;              //东西方向舵机
sbit PWM2=P4^2;             //南北方向舵机
//按键接口,用复位引脚第二功能
sbit Key=P5^4;
//东西方向脉冲宽度控制变量,小于此变量,输出正
unsigned int WE_wd  = Plus_min;
//南北方向脉冲宽度控制变量
unsigned int NS_wd  = Plus_min;
bit  ADD_SUB=1;    //增减控制,1 加,0 减
main(void)
{
  P4M0=0x02 + 0x04;  //脉冲输出引脚推挽方式
  P4M1=0X00;
  P5M0=0x00;
  P5M1=0x10;           //按键引脚输入模式

   //定时器工作方式即初始化
  TMOD=0X02;           //工作方式 2,8 位自动重载
  TL0 =256-20;          //定时器初值 11.11us@ 22.1184
  TH0 =256-20;
    TR0=1;
  ET0=1;
  EA=1;
  while(1)
    {
          //按键检测程序,工作状态设置
          if( Key )            //高电平,输入
            {
                 Delay10ms();     //延时消抖
                 if( Key )          //再次高电平,输入
                     {
                         //测试航机 1,东西
                            //小于最大偏转角度,角度增加
                         if( WE_wd <Plus_max && ADD_SUB )
                                 WE_wd++;
```

```
                    //等于最大偏转角度,加变减
                        else if( WE_wd ==Plus_max && ADD_SUB )
                            ADD_SUB =0;
                    /***********************************/
                    //大于最小偏转角度,角度减
                            if( WE_wd>Plus_min && ! ADD_SUB )
                            WE_wd--;
                    else if( WE_wd ==Plus_min && ! ADD_SUB )
                        ADD_SUB =1;
                    //测试 2,只需要将上述程序中的 WE_wd 变量改成 NS_wd
                }
            }
}
//定时器 0 舵机控制脉冲调整
void tim0( ) interrupt 1
{
    static unsigned int  cc=0 ;                //中断次数记录
      cc++;
    if(cc>=Plus_20ms) cc=0;                    //整个控制周期 20ms
      if( cc <= WE_wd)  PWM=1;                 //东西方向舵机脉冲
      else              PWM=0;
      if( cc <= NS_wd)  PWM2=1;                //南北方向舵机脉冲
      else              PWM2=0;
}
//软件延时程序
void Delay10ms( )       //@ 22.1184MHz
{
    unsigned char i,j,k;
    _nop_();_nop_();
    i=1;
    j=216;
    k=35;
    do
    {
        do
        {
            while (--k);
        } while (--j);
    } while (--i);
}
```

（2）双定时器双路输出

用两个定时器来实现两舵机双路控制脉冲输出，可以更灵活、更精细地控制输出脉冲宽度，对时钟频率的要求也相对较低，可以适应的系统时钟频率范围更宽，其原理如图 5-42 所示。整个 20ms 周期的波形分成两部分：高电平的 T_{ON}，低电平的 T_{OFF}，$T_{ON}+T_{OFF}=20ms$；T_{ON} 与 T_{OFF} 是两个不同的时间，此方法的核心思想是就让定时器交替工作在两个不同的定时周期，先定时 T_{ON}，产生中断后重装装载初值 $T_{OFF}=20ms-T_{ON}$，中断后再装初值 T_{ON}，这样周而复始就可以产生需要的 PWM 波形。

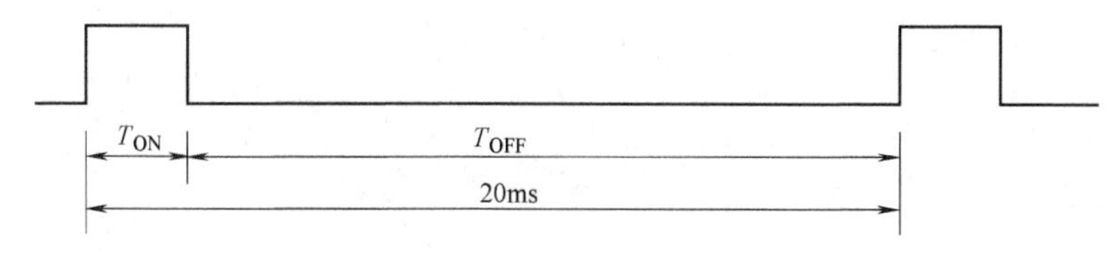

图 5-42　舵机控制 PWM 波形

现有采用 11.0592MHz 的系统时钟来具体分析实现这种方案，11.0592MHz 系统时钟的周期 T_{SYSclk} 为

$$T_{SYSclk}=\frac{1}{f_{SYSclk}}=\frac{1}{11.0592\times10^{6}\text{Hz}}\approx0.09\mu s$$

定时器采用默认的 12*T* 计时，即 12 个系统时钟定时器加 1，那么定时器的输入脉冲的周期（即最小的计时单位）T_{timer} 为

$$T_{timer}=12T_{SYSclk}\approx1.085\mu s$$

利用这个参数 T_{timer}，来计算一下几个关键的时间对应的定时器需要计数次数，如表 5-11 所示。

表 5-11　舵机角度、脉冲宽度和计数次数关系

序号	舵机角度	脉冲宽度/μs	定时器-计数次数（f_{SYSclk}=11.0592MHz）
1	-90°	500	461
2	-45°	1000	922
3	0°	1500	1382
4	45°	2000	1843
5	90°	2500	2304
6	周期	20000	18432
7	死区脉冲宽度	3	3(计算值 2.765)
8	1°所需脉冲宽度	11.11	10

此方法的难点在于定时器初值的计算，因为 51 单片机定时器的一个增计数器，并且只有计数到最大值（即计满）才能产生中断，所以其初值为最大计值减去需要定时的次数才能得到，每一次的角度改变，定时器的初值都要重新计算，为了保证更新都是在下一次有效，此处将计算过程放至定时器中断。

首先做一些预定义，程序如下。

```
#define  PWM_ min_ ng90      461      //-90°控制脉冲最小值 500μs 的计数值
#define  PWM_ max_ 90       2304      //+90°控制脉冲最大值 1500μs 的计数值
#define  PWM _ 0            1382      //0°控制脉冲计数值
#define  PWM _ T20ms       18432      //20ms 周期的计数值
//IO 接口定义
    sbit  PWM  =  P4^1;               //东西方向舵机
    sbit  PWM2  =  P4^2;              //南北方向舵机
```

再定义两个存放变量用于存放两个舵机的 T_{ON} 时间：

```
unsigned int  Servo_ 1_ On  =  PWM_ 0 ;
unsigned int  Servo_ 2_ On  =  PWM_ 0 ;   //初始在水平位置
```

两个定时器的初始化：

```
TMOD=0X11;             //工作方式 1, 16 位自动重载
   //控制波形的低电平时间
   TL0  = (unsigned char)  ( (65536 - ( PWM _ T20ms  - Servo_ 1_ On ) ) &0x00FF);
   TH0  = (unsigned char)  ( (65536 - ( PWM _ T20ms  - Servo_ 1_ On) ) >>8)      ;
   //控制波形的低电平时间
   TL1  = (unsigned char)  ( (65536 - ( PWM _ T20ms  - Servo_ 2_ On ) )  &0x00FF) ;
   TH1  = (unsigned char)  ( (65536 - ( PWM _ T20ms  - Servo_ 2_ On) ) >>8)     ;
   TR0=1;    TR1=1;
   ET0=1;    ET1=1;
   EA=1;
   PWM =0 ;    PWM2 =0;
```

两个定时器中断服务程序：

```
void tim0 ( ) interrupt 1                    //定时器 0 控制 PWM 输出
     {
       if ( PWM==0)                          //输出是低电平，则装载高电平的初值
          {
             TL0  = (unsigned char)  ( (65536 - Servo_ 1_ On ) &0x00FF);
               TH0  = (unsigned char) ( (65536 - Servo_ 1_ On) >>8 )      ;
               PWM=1;
          }
          else                               //输出是低电平，则装载低电平的初值
           {
          TL0  = (unsigned char)      ( (65536 - ( PWM _ T20ms  - Servo_ 1_ On ) ) &0x00FF);
          TH0  = (unsigned char)      ( (65536 - ( PWM _ T20ms  - Servo_ 1_ On) ) >>8)      ;
```

```
        PWM=0;
          }
        }
        void tim1 () interrupt 3      //定时器 1 控制 PWM2 输出
        {
            if ( PWM2==0)              //输出是低电平，则装载高电平的初值
                {
                    TL1  = (unsigned char) ( (65536 - Servo_ 2_ On ) &0x00FF);
                    TH1  = (unsigned char) ( (65536 - Servo_ 2_ On) >>8 );
                    PWM2=1;
                }
              else                      //输出是高电平，则装载低电平的初值
                {
                  TL1  = (unsigned char)   ( (65536 - ( PWM _ T20ms  - Servo_ 2_ On ) )
                                           &0x00FF);
                  TH1  = (unsigned char)   ( (65536 - ( PWM _ T20ms  - Servo_ 2_ On) ) >>8);
                  PWM2=0;
                }
          }
```

主程序只需要在需要改变舵机角度时，改变 Servo_ 1_ On、Servo_ 2_ On 两个变量的值就可以了，例如语句：

```
Servo_ 1_ On  = Servo_ 1_ On  + 10 ;
```

就是 PWM 输出的波形脉宽增加 11.11μs，舵机的偏转角度增加 1°。

完整的程序，此处不再提供，读者可参考上一个测试程序自行完成，另外为了提高 PWM 的精度，避免重装初值产生比较大的误差，可以试着将定时器初值计算过程放到主程序中实现。

5.3.4 任务实施

1. 器材和设备

程序下载

5.3.4 源程序

1）示波器、万用表、USB 转串口模块。

2）PC、Keil C 软件、STC-ISP 软件。

2. 实施步骤

1）在编译软件上完成程序代码编写。

此任务的完整参考程序扫描二维码即可观看。

其中上电复位设计时，将整个复位过程放在一起考虑，整个时间周期为：

```
|<---水平 3s-->|<---向南运动 3s--->|<---向北运动 6s--->|<---暂停 3s--->|<--向南运动 3s-->|
0-----------------3-----------------------6------------------------12----------------15--------------------18
```

2）编译调试无误后，形成下载文件 hex。

3）将 hex 文件用 STC-ISP 下载软件到控制板上的单片机中。

4）接上电源，接上相关传感器，不接舵机。

5）用示波器检测单片机 P41、P42 两引脚的输出波形，改变光源方位，观察波形的变化，记入表 5-12 中。

表 5-12　单片机 P41、P42 两引脚的输出波形

序　号	光源方位	波　形	周　期	占空比
1	偏东 90°			
2	正中			
3	偏西 90°			

6）在 PC 上打开串口助手，选择相应的串口，设置波特率 9600bit/s，8 位无校验，观察接收的数据，并记录。

任务 5.4　光伏逐日系统的制作

5.4.1　元器件的选型

光伏逐日系统元器件清单见表 5-13。

表 5-13　光伏逐日系统元器件清单

序号	名称	物料名称	封装	位号	数量
1	贴片电容	0.1μF	C0805B	C_1, C_4, C_6, C_9, C_{10}, C_{12}, C_{14}, C_{15}, C_{17}, C_{21}	10
2	直插电解电容	35V/1000μF	CAP10D12 10×20 直插三洋	C_2	1
3	贴片电容	150PF	C0805B	C_3	1
4	直插电解电容	16V/1000μF	CAP10D12 10×13 直插三洋	C_5	1
5	直插电解电容	10μF/25V	CAP05D11 5×11 直插三洋	C_7, C_8	2
6	贴片电容	22PF	C0805B	C_{11}, C_{13}	2
7	贴片电容	1μF	C0805B	C_{16}, C_{18}, C_{19}, C_{22}	4
8	贴片电容	10μF	C0805B	C_{20}	1
9	直插电解电容	47μF/25V	CAP05D11 5×11 直插 三洋	C_{23}	1
10	贴片二极管	SS14	SMB	VD_1	1
11	贴片二极管	SS34	SMB	VD_2	1

（续）

序号	名称	物料名称	封装	位号	数量
12	直插绿色 LED	LED green	led254	VD_3, VD_4, VD_{12}	3
13	直插黄色 LED	LED yellow	led254	VD_9	1
14	直插红色 LED	LED red	led254	VD_{10}	1
15	直插蓝色 LED	LED blue	led254	VD_{11}	1
16	绿色弯针接插件	24V	sh230r-5_08-2 5.08 间距 2P	J_1	1
17	单排针 2.54 接插件	CON10	HDR254M-1×10	J_2	1
18	单排针 2.54 接插件	CON4	HDR254M-1×4	J_3	1
19	绿色弯针接插件	CONN PCB 6-R	SH230r-5_08-6 5.08 间距 6P	J_4, J_5	2
20	单排针 2.54 接插件	CON8A	HDR254M-2×4	J_6	1
21	单排针 2.54 接插件	CON3	HDR254M-1×3	J_7, J_{10}	2
22	绿色弯针接插件	232	sh230r-5_08-3 5.08 间距 3P	J_8, J_9, J_{11}	3
23	贴片电感	22uh	IND1045 贴片功率电感 SLF1014510×10×4.5mm	L_1	1
24	贴片电阻	100kΩ	R0805B	R_1, R_6	2
25	贴片电阻	13kΩ	R0805B	R_2	1
26	贴片电阻	330kΩ 1%	R0805B	R_3	1
27	贴片电阻	150kΩ	R0805B	R_4	1
28	贴片电阻	47kΩ 1%	R0805B	R_5	1
29	贴片电阻	2kΩ	R0805B	R_7	1
30	贴片电阻	200R	R0805B	R_8, R_{47}	2
31	贴片电阻	1kΩ	R0805B	R_{44}, R_{45}, R_{46}	3
32	直插电位器	10kΩ	R-3296	R_9, R_{11}, R_{13}, R_{17}	4
33	直插电阻	100R 1/4W	axial3	R_{10}, R_{12}, R_{14}, R_{15}	4
34	贴片电阻	300R	R0805B	R_{16}	1
35	贴片电阻	10kΩ	R0805B	R_{18}	1
36	直插 4 脚按键	SW-1	Swdip_6×6	S_1	1
37	贴片芯片	MP1584EN	SOIC8E	U_1	1
38	贴片芯片	HT7350	SOT89-3	U_2	1
39	直插芯片	STC15F2K60S2	dip40	U_3	1
40	贴片芯片	MA×232ESE	SOP16N	U_4	1
41	直插晶振	11.0592MHz	xtal1	Y_1	1
42	芯片插座 DIP-40	40P 座子宽体	直插		1

5.4.2 逐日控制板的焊接

微视频
逐日控制板的焊接

光伏逐日系统控制板的PCB如图5-43所示，焊接顺序：贴片类芯片→贴片类电阻、电容、二极管→直插类电阻、电容、LED等→直插类单、双排排针→直插类比较大的接线端。

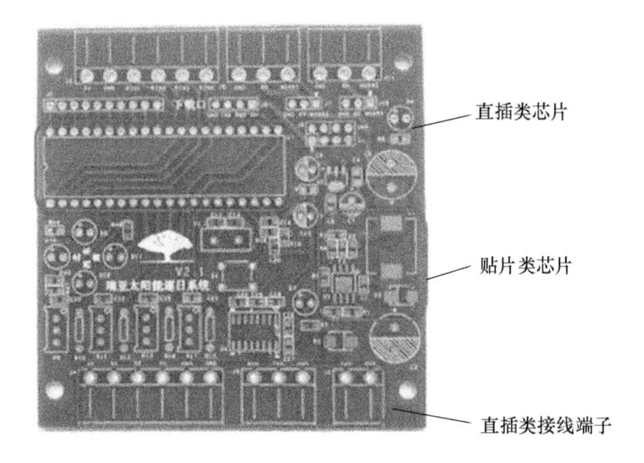

图5-43 光伏逐日控制板的PCB

1. 贴片类芯片焊接

以MAX232ESE芯片为例进行焊接。

1）把电路温度调节在300℃。

2）先给PCB底板上一点焊锡方便固定，如图5-44所示。

图5-44 在芯片PCB铜箔上锡

3）用镊子夹住芯片贴在PCB上（上面有对应用的元器件符号指示），点焊芯片一引脚，固定芯片，如图5-45所示。

4）用拖焊的方法完成芯片其他引脚的焊接，如图5-46所示。

用同样的方法焊接芯片MP1584EN、HT7350，焊接芯片后的PCB如图5-47所示。

2. 贴片类电容、电阻、二极管焊接

以0.1μF贴片电容焊接为例进行焊接。

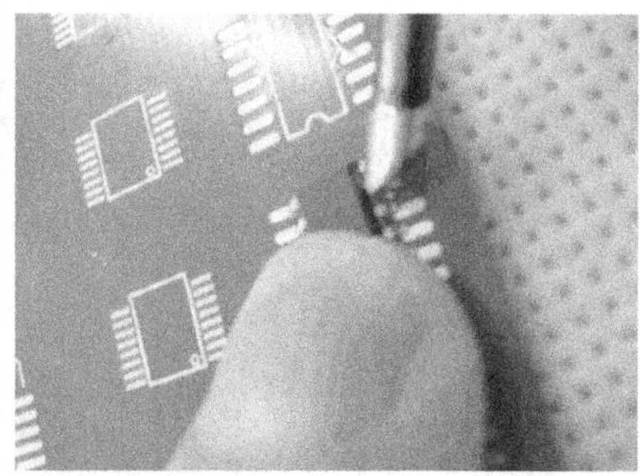

图 5-45 点焊固定芯片

图 5-46 拖焊芯片其他引脚

图 5-47 焊接芯片后的 PCB

1）点焊电容一端，如图 5-48 所示。

2）焊接电容另一端，如图 5-49 所示。

用同样的方法完成余下贴片电阻、电容、二极管的焊接。

3. 直插类电容、电阻、电位器、LED 等焊接

以 35V、1000μF 电解电容为例进行焊接。

1）除去电容上的氧化膜，按 PCB 的标识把电解电容放入通孔内，如图 5-50 所示。注意，PCB 上有阴影的地方为负极，电解电容短脚为负极，两者要一致。

图 5-48　点焊电容一端

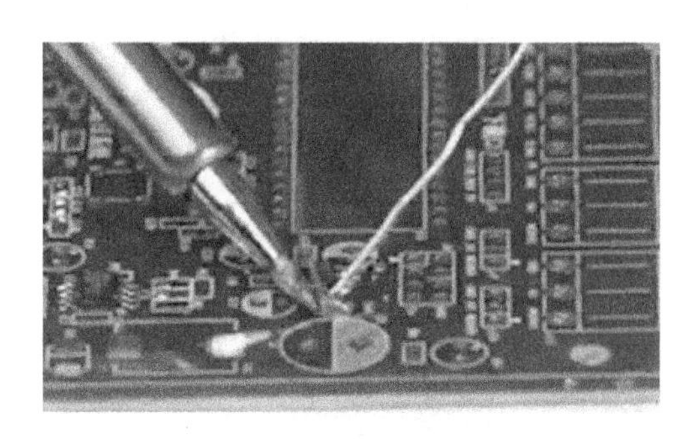

图 5-49　焊接电容另一端

图 5-50　把电解电容插入通孔

2）在 PCB 的反面，焊接引脚即可，如图 5-51 所示。

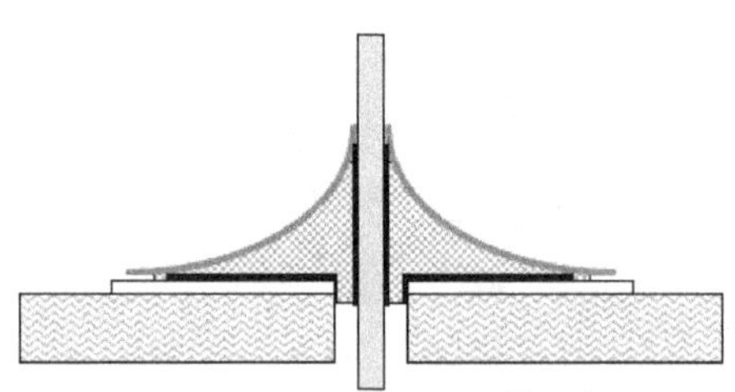

图 5-51　焊接电解电容引脚

3）剪除引脚，如图 5-52 所示。

用同样的方法完成其他直插类电容、电阻、电位器、LED 等器件焊接。

4）排针、集成电路管座、接线端子的焊接。

排针、集成电路管座、接线端子的焊接方法同直插类器件一样。

所有元器件焊接完成后的光伏逐日控制板如图 5-53 所示。

5.4.3　光敏传感器采集模块的焊接

按 5.4.2 中方法完成光敏传感器采集模块的焊接，如图 5-54 所示。

图 5-52 剪除引脚

图 5-53 光伏逐日控制板

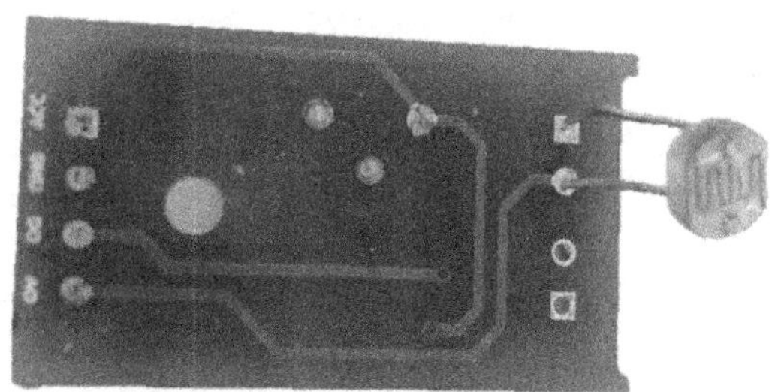

图 5-54 焊接完成后的光敏传感器采集模块

程序下载

5.4.4 源程序

5.4.4 程序的下载

把下载器和逐日控制板下载口连接，如图 5-55 所示。

1. USB 转 TTL 驱动安装

安装步骤如下。

1）打开 USB 转 TTL 驱动安装压缩包。

2）双击“exe”文件。

3）单击 INSTALL，等少许时间后提示安装成功。

4）安装完成后，右键单击“计算机”→“属性”→“设备管理器”→“COM 口”，找到 CH340 的串口，可以看到下载器连接到计算机的 COM3（可不同）接口。

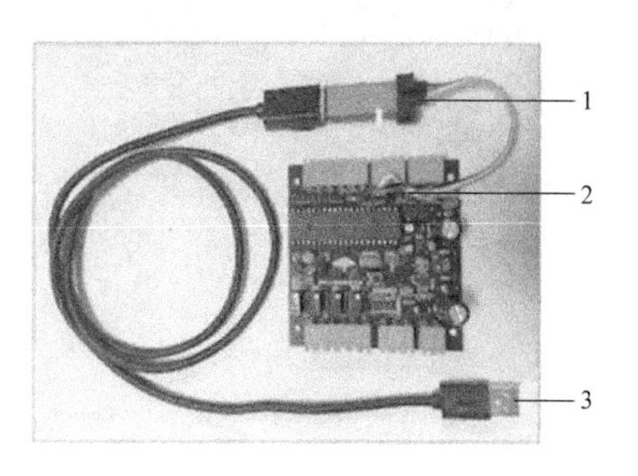

图 5-55 下载器和逐日控制板下载口连接

1—下载器 2—下载口 3—USB 接口（接计算机）

2. 下载软件设置及下载

1）单击 stc-isp-15xx-v6.85I.exe 图标，打开

软件。

2）设置和下载程序。软件设置如图 5-56 所示。“单片机型号”选择 STC15F2K60S2；“串口号”根据计算机 COM 口进行选择；“复位脚用作 I/O 口”复选框前面的√去掉；连接电路板后，单击“下载/编程”按钮即可完成下载安装。可通过模拟光源对系统进行检测。

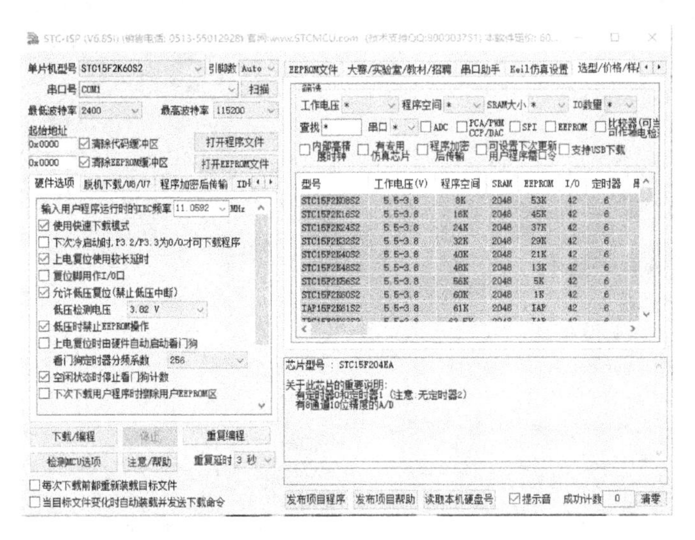

图 5-56　软件设置

5.4.5　系统的测试

微视频
光伏逐日系统的测试

1. 系统电源测试

光伏逐日系统电源部分的测试，需要外接 24V 直流电源和万用表，如图 5-57 所示。

a)　　b)　　c)

图 5-57　光伏逐日系统电源部分测试环境

a）环境平台 24V 直流电源　b）光伏逐日电路板　c）万用表

1）把开关电源的 24V 直流电插到控制板的 24V 接线端子，如图 5-58 所示。此时，电源指示灯应点亮。

2）测量 6.6V 直流电压（舵机电源）是否正常，如图 5-59 所示。

3）测量5V电压（单片机电源）是否正常，如图5-60所示。

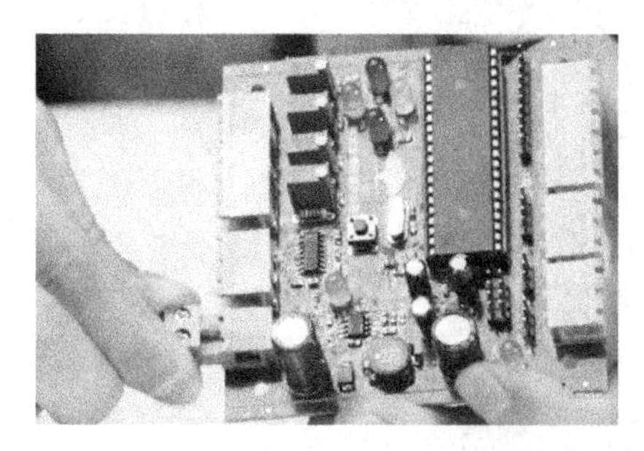

图5-58　连接24V直流电源

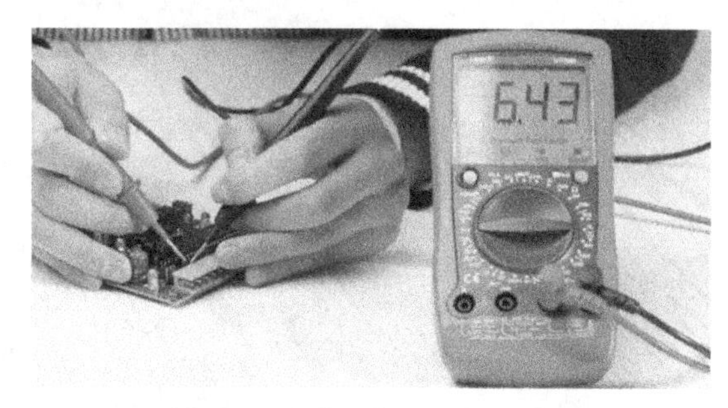

图5-59　6.6V直流电压的测量

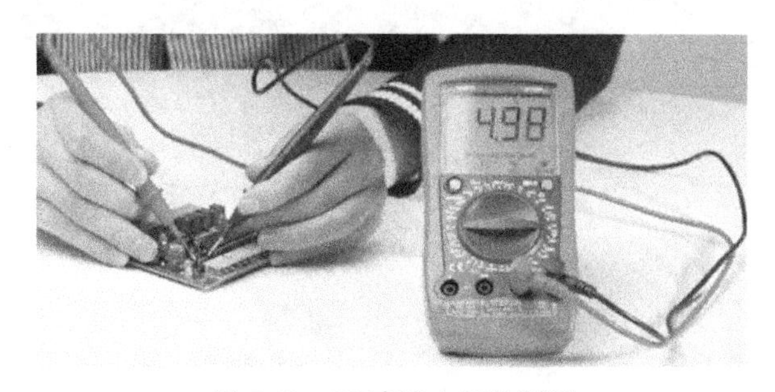

图5-60　5V直流电压的测量

2. 光伏逐日系统的测试

1）把光伏逐日控制板安装在底座上。

2）把光敏传感器采集模块安装在光伏面板的下方。

3）参考5.4.4节完成程序的下载。

4）在模拟光源情况下，完成光伏逐日系统的测试。

调试时注意以下几点：

1）上电后切勿强制转动舵机转向。

2）模拟光源（碘钨灯）不能太亮，以免过热对光伏面板产生影响。

3）东西方向运动时，不要将逐日系统转到最东边或者最西边，要留有一定余量。

5.4.6　任务实施

1. 器材和设备

1）示波器、万用表、USB转串口模块。

2）PC、Keil C软件、STC-ISP软件。

3）电烙铁、斜口钳、镊子。

2. 实施步骤

1）按5.4.2节所述的方法完成逐日控制板的焊接。

2）通电前测试，用万用表二极管测试档测量如图5-61所示的3处电源：（+24V，GND）、（+6.6V，GND）、（+5V，GND），看是否短路，如果短路则不能通电，认真检测排查故障。

3）在测试不短路的情况下，给电路板加上24V的电源，注意正负极。再用万用表电压

图 5-61　通电前测试点

档测量（+24V，GND）、（+6.6V，GND）、（+5V，GND）3 处电压，填在表 5-14 中。

表 5-14　电路板电压测量

序　号	电源电压	电源电压测量值
1	(+24V,GND)	
2	(+6.6V,GND)	
3	(+5V,GND)	

4）参考 5.4.4 节完成程序的下载。

5）多次按下按键 S_1，观察“东”“北”“南”3 个方向的指示灯，是否依次点亮；不亮则检查程序是否下载正确，重新下载程序。

6）正常后，用按键选择“南”指示灯点亮，用示波器测量输出的“东西”舵机控制脉冲，观察并记录波形的形状与相关参数，填入表 5-15 中。

表 5-15　模式三下的控制脉冲

序　号	光伏电池板方位	波　形	周　期	占空比
1	偏东 45℃			
3	偏西 45℃			

7）在模拟光源情况下，完成光伏逐日系统的测试。

项目6　风光互补发电控制器的设计与制作

本项目是2017年全国职业院校技能大赛“光伏电子工程系统的设计与实施”赛项的试题，风光互补发电控制器的程序设计。

风光互补控制器电路板实物如图6-1所示，主要实现风力发电、光伏发电、市电输入及蓄电池充放电控制功能。

图6-1　风光互补控制器电路板实物

数码管及发光二极管在电路板的位置，如图6-2所示。数码管实现控制器状态的实时显示；二极管指示灯（控制器蓄电池端口朝下放置，从左到右，依次为LED_1、LED_2、LED_3、LED_4、LED_5）。LED_1用于指示风力发电，LED_2指示光伏发电，LED_3指示蓄电池充电（或可充电），LED_4指示蓄电池放电（或可放电），LED_5为导轨式开关电源灯；LED_6为24V输入电压指示灯；LED_7为12V输出电压指示灯；LED_8为蓄电池电压指示灯。

控制电路功能要求如下。

（1）自动运行互补逻辑

1）风光输入足够时，能源转化后不足以驱动负载，开关电源作为市电补偿供电，能源转化后输出给负载供电，若有余量则给蓄电池充电，蓄电池充电有效。

2）如果风光输入不足，开关电源不供电，开关电源（市电）指示灯不亮，蓄电池单独供电，蓄电池放电指示灯有效。

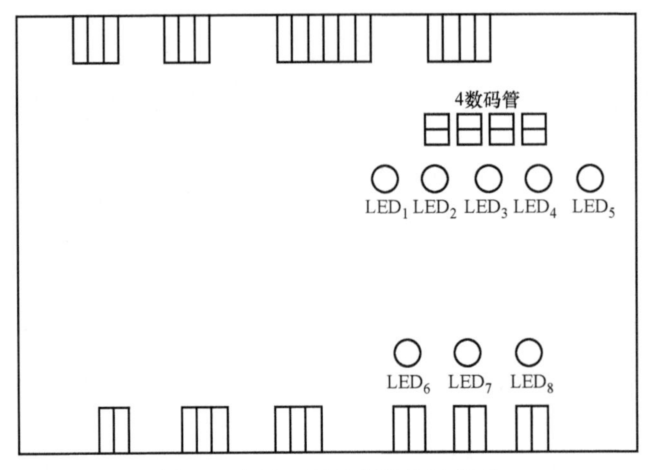

图 6-2　风光互补控制模块示意图

3）当负载过大，风光能源和开关电源（市电）能量不足时，蓄电池充电停止，且蓄电池帮助供电。

4）蓄电池电压小于 12V，蓄电池停止放电功能；大于 14.5V，蓄电池停止充电功能。

（2）数码管显示

1）循环显示太阳能整流输入电压（A），风电整流输入电压（F），蓄电池组端电压（b）3 组电压值。

2）每页显示 2s。格式为 XYY.Y。X 为类型码（A/F/b）。YY.Y 为电压值，单位 V（当低于 10.0V 时，最高位数字 0 消隐）。

3）要求标校显示值与端子排 J_5 对应采样点的实际测量值（用万用表测量）一致。

（3）二极管指示灯显示要求

VD_9、VD_{10}、VD_{11}（对应于图 6-2 中 LED_5、LED_3 及 LED_4）应该能够工作在熄灭、点亮和周期闪烁 3 种方式，要求如表 6-1 所示。其中闪烁方式要求相应的 LED 应能够实现亮 0.5s，灭 0.5s 的交替亮灭指示。

表 6-1　LED 工作状态控制要求

指示灯	熄　灭	点　亮	周期闪烁
VD_9	无市电接入	—	市电接入
VD_{10}	无风光电接入	风光电任一路接入	风光电全接入
VD_{11}	—	蓄电池充电	蓄电池放电

1）市电状态灯为 VD_9，市电有效时闪烁。

2）风光状态灯为 VD_{10}，风电、光电任一路有效时点亮，风电、光电全接入闪烁。

3）蓄电池指示灯为 VD_{11}，蓄电池充电点亮，蓄电池放电闪烁。

任务 6.1　认识风光互补发电控制器

任务目标

- 理解风光互补发电控制器定义。

- 掌握直流母线电能路由器拓扑结构，能说明它的工作原理。
- 掌握风光互补控制器本地控制单元的组成及工作原理。

6.1.1　风光互补发电控制器概述

风光互补发电控制器本质为一个直流的“电能路由器”，在国家“能源互联网”标准中，其定义为：电能路由器（Electric Power Router）是能源路由器（也叫能量路由器）的基本形式，可以独立使用。它以电能为控制对象，有3个或以上电能端口，具备不同电能之间的灵活变换、传递和路由功能，并实现电气物理系统与信息系统的融合。

在此智能微电网实训系统中，其风光互补控制器采用的是“直流母线电能路由器”，如图6-3所示，通过直流母线（DC BUS），将光伏、风电两种分布式能源与市电、蓄电池常规能源及直流负载进行互联，提供灵活高效的交互平台。采用直流母线，无须同步，可以方便接入频率、电压不同的能源；各分布式电源与直流母线间仅存在一级电压变换装置，直流负载、蓄电池直接与直流母线相连，系统的成本低，效率高。

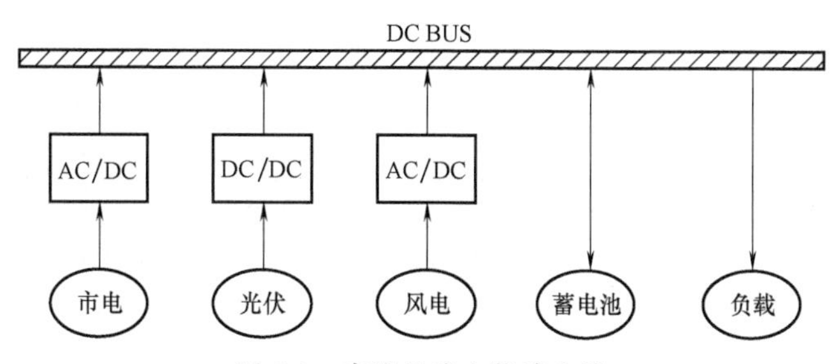

图6-3　直流母线电能路由器

本处只是对电能路由器的主电路进行了相关简述，电能路由器要完成电能的传递、变换还需要控制单元，能源路由器整体架构如图6-4所示，本地控制单元一方面对本地的功率（电压、电流等）信息进行采集，另一方面根据采集的信息，结合主控中心的调度指令，向主电路发出各种“触发信号”，控制主电路中的开关器件完成电能的变换、传递或隔离保护。本地控制单元与电能路由器主电路一般集成在一起，通过有线或无线通信与远程的上位机交互。

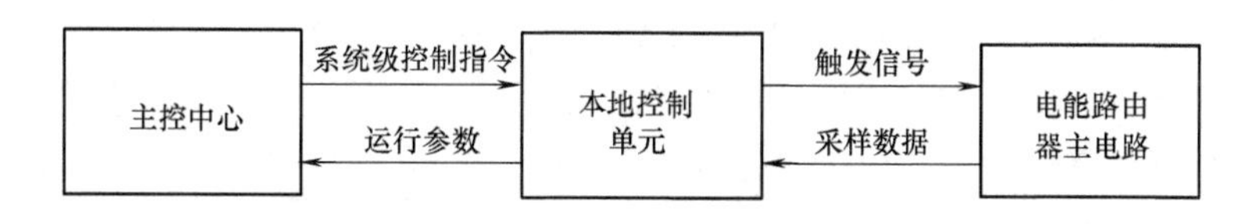

图6-4　能源路由器整体架构

6.1.2　风光互补发电控制器主电路拓扑结构

风光互补发电控制器主电路的整体拓扑结构如图6-5所示，光伏发电为直流电，因受太阳视运动及天气影响，其输出不稳定，为此系统通过“DC/DC升压”，提升及稳定输出电压为15V，便于与直流母线连接；风力发电机的输出是三相变化的交流电，先经过三相整流，再经DC/DC升压稳压为15V，再与直流母线连接；交流220V市电先经开关电源变成24V

直流，再经 DC/DC 降压至 15V 与直流母线连接；系统的直流负载电压等级是 12V，所以系统内的 15V 直流母线还需要经过 DC/DC 降压输出；蓄电池在系统中的能量流动是双向的，即可从直流母线上获得能量充电，也可以直接对负载放电。

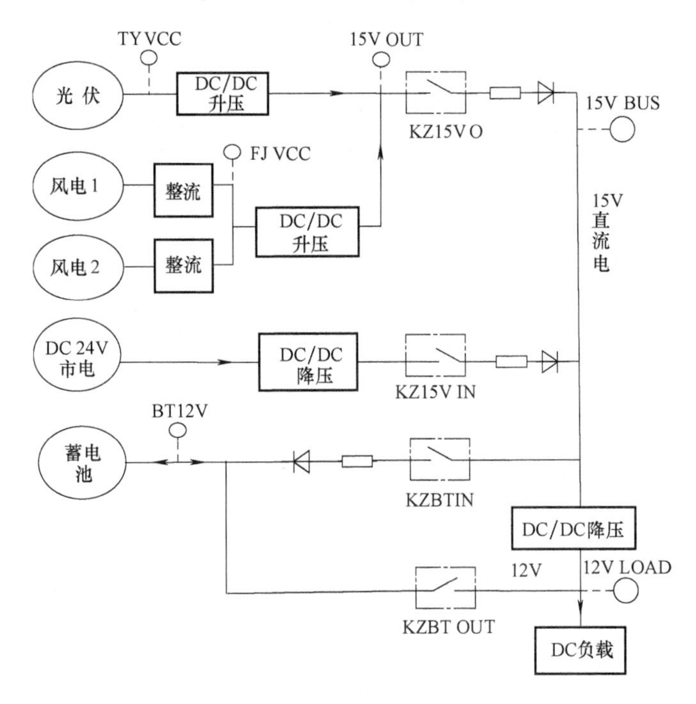

图 6-5 风光互补发电控制器主电路整体拓扑结构

6.1.3 风光互补发电控制器本地控制单元

本地控制单元主要由 STC 的单片机 IAP15W4K61S4、RS-485 通信模块、电源模块、直流母线主电路、本地显示模块等组成，由单片机内集成的 A-D 模块采样，图 6-5 中所示 TY VCC、FJ VCC、15V OUT、15V BUS、BT12V、12V LOAD 共 6 处直流电压信息，然后通过 4 个场效应晶体管开关 KZ15VO、KZ15VIN、KZB-TIN、KZBTOUT 来完成各类电能的接入或切出，系统还通过 RS-485 通信模块实现与主控中心的信息交互。

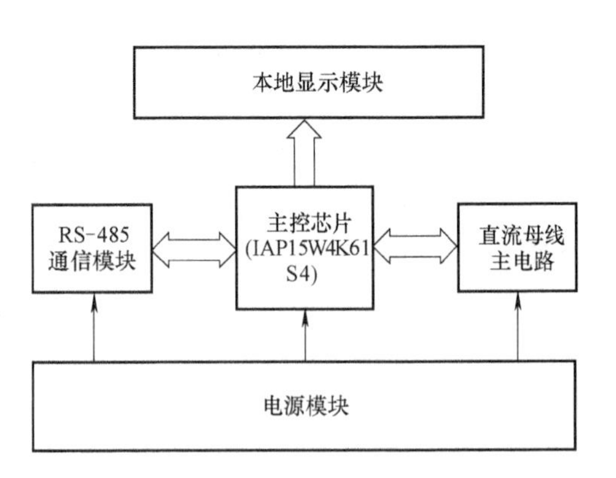

图 6-6 风光互补发电控制器本地控制单元框图

6.1.4 任务实施

1）结合图 6-5 分析风光互补发电控制器主电路拓扑组成及工作原理。

2）结合图 6-6 分析风光互补发电控制器本地控制单元组成及工作原理。

任务6.2　硬件电路的设计

任务目标

- 理解 MC34063 升压电路工作原理。
- 理解 LM393 比较器电路工作原理。
- 理解 AMP4953 开关电路工作原理。
- 理解 MP1584EN 降压电路工作原理。
- 了解 RS-485 通信标准。

6.2.1　风光互补发电接入电路分析

风光互补发电接入电路如图 6-7 所示，包括光伏发电输入升压电路、风力发电输入升压电路、LM393 电压比较电路和 AMP4953 开关电路。

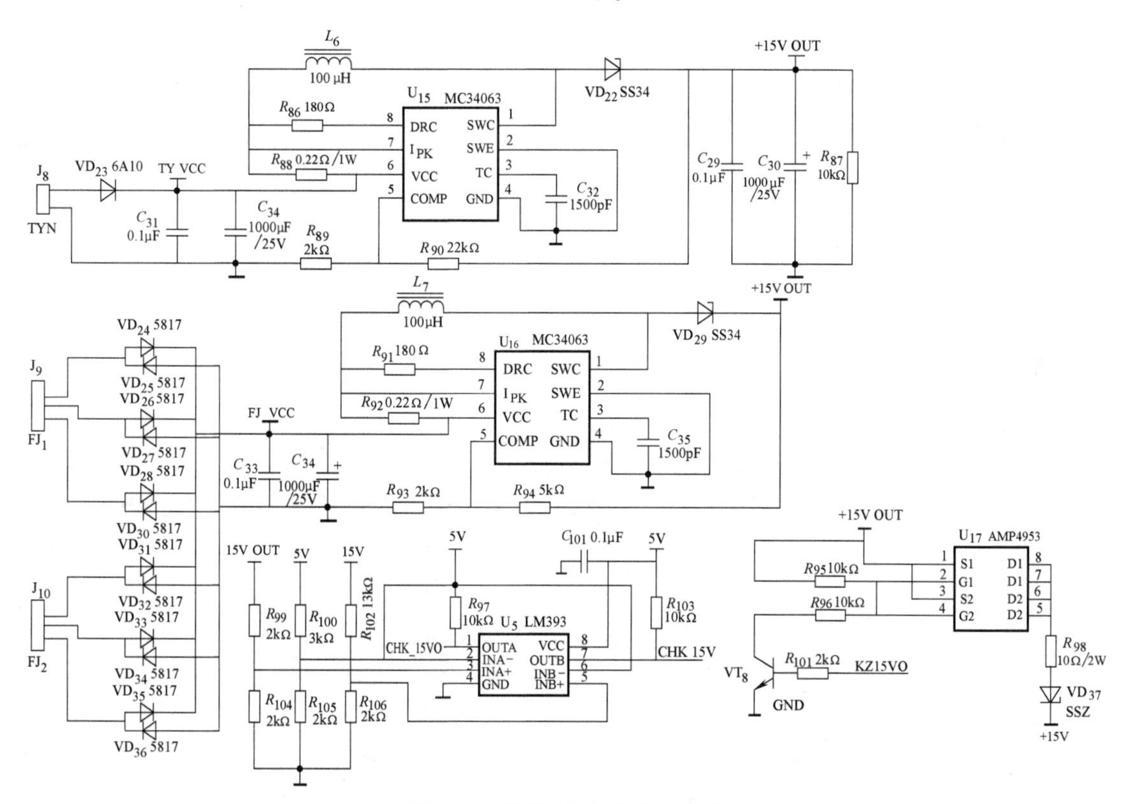

图 6-7　风光互补发电接入电路

1. 光伏发电输入升压电路

光伏发电输入升压电路如图 6-8 所示，其作用是将光伏电站输出的不稳定直流电升压到 15V，采用的是集成 DC/DC 稳压芯片 MC34063。

(1) MC34063 集成电路简介

电路中 MC34063 是一单片双极型线性集成电路，专用于直流-直流变换器控制部

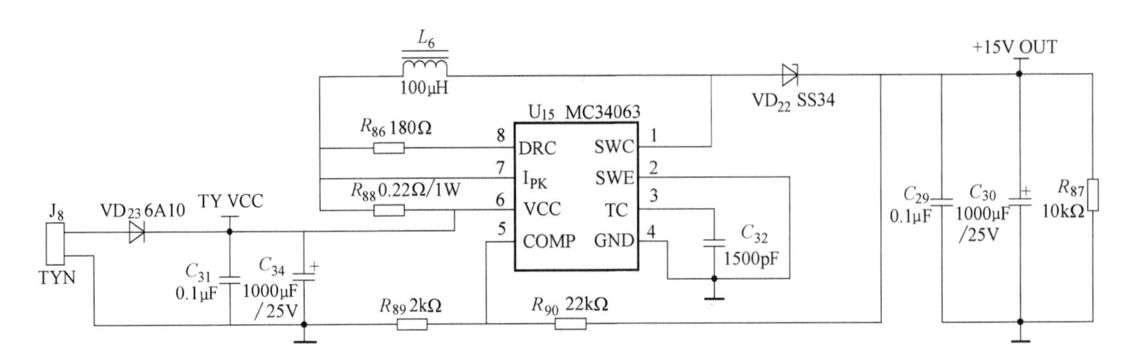

图 6-8　光伏发电输入升压电路

分。片内包含有温度补偿带隙基准源、一个占空比周期控制振荡器、驱动器和大电流输出开关，能输出 1.5A 的开关电流。它可用极少的开关元器件，构成升压变换开关、降压变换开关和电压反向电路，这种开关电源相对线性稳压电源来说，效率较高，而且当输入输出电压降很大时，效率不会降低，电源也不需要大的散热器，体积较小，使得其应用范围非常广泛。

1）MC34063 集成电路主要特性如下。

- 输入电压范围：2.5~40V。
- 输出电压可调范围：1.25~40V。
- 输出电流可达：1.5A。
- 工作频率：最高可达 180kHz。
- 低静态电流。
- 短路电流限制。

可实现升压或降压电源变换器。

2）MC34063 的内部结构、引脚排列及功能如下。

MC34063 内部结构及引脚排列如图 6-9 所示，引脚功能如表 6-2 所示。振荡器通过恒流源对外接在 CT 引脚（3 脚）上的定时电容不断地充电和放电以产生振荡波形。充电和放电

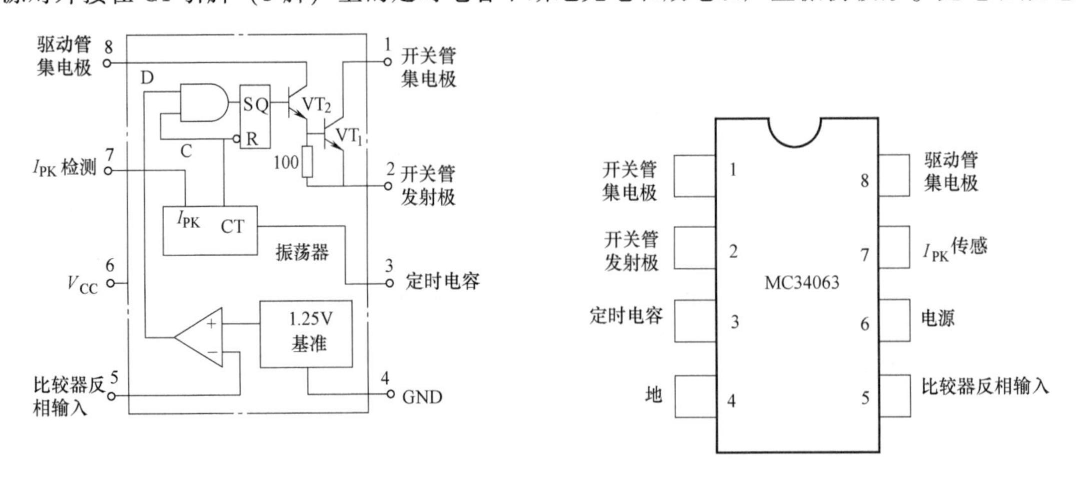

图 6-9　MC34063 内部结构及引脚排列

电流都是恒定的，振荡频率仅取决于外接定时电容的容量。与门的 C 输入端（下端）在振荡器对外充电时为高电平，D 输入端（上端）在比较器的输入电平低于阈值电平时为高电平。当 C 和 D 输入端都变成高电平时触发器被置为高电平，输出开关管导通；反之当振荡器在放电期间，C 输入端为低电平，触发器被复位，使得输出开关管处于关闭状态。电流限制通过检测连接在 V_{CC} 和 5 脚之间电阻上的压降来完成功能。当检测到电阻上的电压降接近超过 300mV 时，电流限制电路开始工作，这时通过 CT 引脚（3 脚）对定时电容进行快速充电以减少充电时间和输出开关管的导通时间，结果是使得输出开关管的关闭时间延长。

表 6-2 MC34063 引脚功能

引脚号	功　　能
1	开关管 VT_1 集电极引出端
2	开关管 VT_1 发射极引出端
3	定时电容 C 接线端，调节 C 可使频率在 100Hz~100kHz 范围内变化
4	电源地
5	电压比较器反相输入端，同时也是输出电压取样端
6	电源端
7	负载峰值电流 I_{PK} 取样端；6、7 脚之间电压超过 330mV 时，芯片将启动内部过电流保护功能
8	驱动管 VT_2 集电极输出端

（2）升压电路工作过程

升压电路如图 6-10 所示，当芯片内部开关管 VT_1 导通时，光伏电池电流经 TYVCC、限流电阻 R_{88}、电感 L_6、MC34063 的 1 脚、2 脚和流到地，电感 L_6 存储能量，此时由 C_{30} 向负载提供能量。当 VT_1 断开时，由于流经电感的电流不能突变，因此，续流二极管 VD_{22} 导

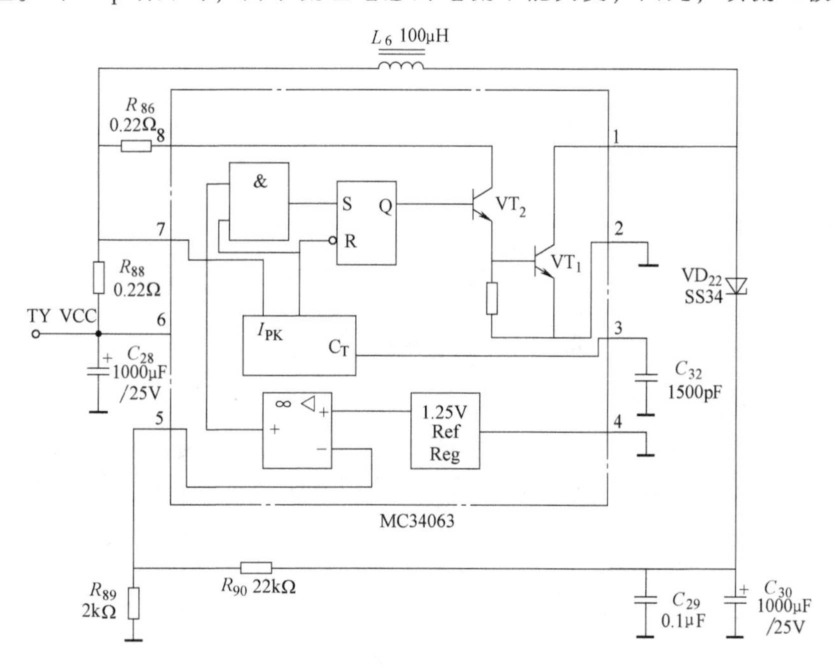

图 6-10 光电输入升压电路原理分析图

通。此时，L_6 经 VD_{22} 向负载和 C_{30} 供电（经公共地），输出电压由输入电压 TYVCC 加上电感 L_6 的感应电压构成。电感在释放能量期间，由于其两端的电动势极性与电源极性相同，相当于两个电源串联，因而负载上得到的电压高于电源电压。这样，只要芯片的工作频率相对负载的时间常数足够高，负载上便可获得连续直流电压。图 6-8 中，J_8 为太阳能发电输入端口，经过电源芯片 MC34063 升压后输出 15V 电压。

输出电压的大小由取样反馈电阻 R_{90}、R_{89} 分压提供，因内部比较参考电压为 1.25V，所以输出 V_{15VOUT} 理论计算电压为

$$V_{15VOUT}=\frac{R_{90}+R_{89}}{R_{89}}V_{Ref}=\frac{22k\Omega+2k\Omega}{2k\Omega}\times 1.25V=15V$$

2. 风力发电输入升压电路

风力发电输入升压电路如图 6-11 所示。升压电路的工作过程参考光伏发电输入升压电路。图 6-11 中，J_9 和 J_{10} 为风能输入端口，由于风力发电机输出的为三相交流电，首先通过 VD_{24} ~ VD_{36} 三相整流后，再由 MC34063 升压至 15V 输出。

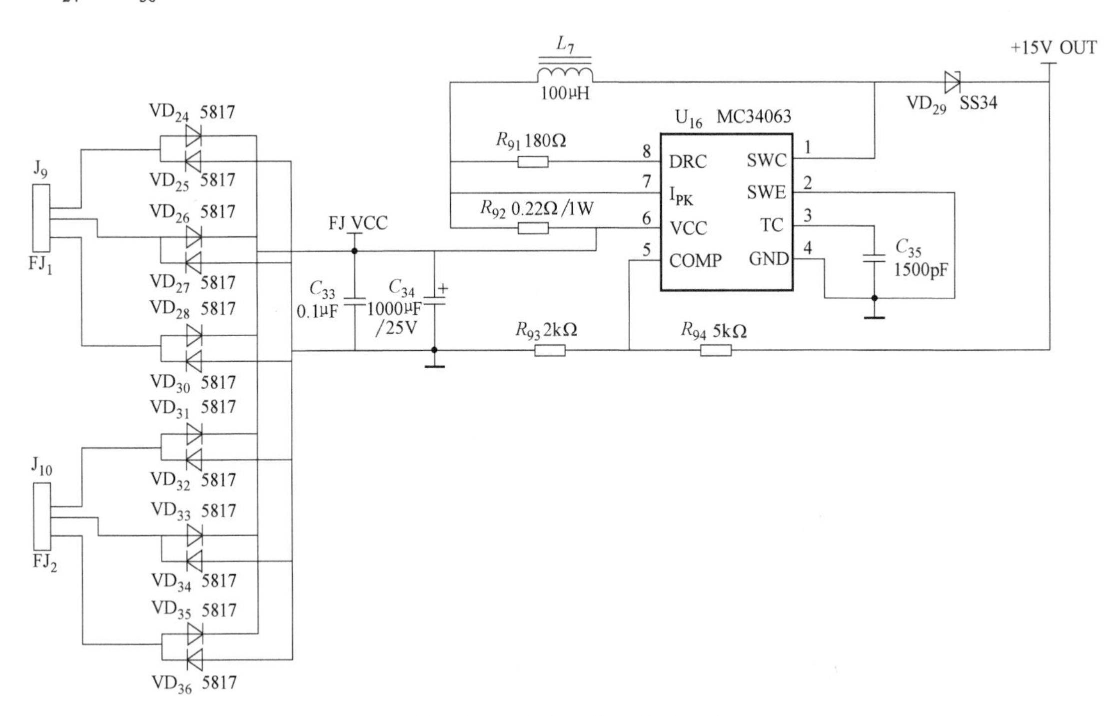

图 6-11 风力发电输入升压电路

3. LM393 电压比较电路

由 LM393 构成的电压比较电路如图 6-12 所示。其作用是将模拟信号转换成二值信号，即只有高电平和低电平两种状态的离散信号，作为模拟电路和数字电路的接口电路。此处，比较 15V、12V 和蓄电池等电压是否达到要求，5V 为稳定的参考电源。

（1）LM393 集成电路简介

LM393 是双电压比较器集成电路。

1）LM393 集成电路主要特性如下。

- 工作温度范围：0 ~ +70℃。

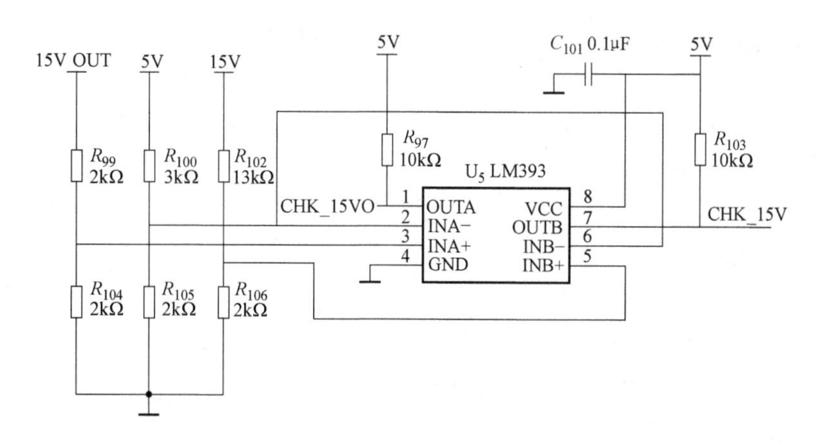

图 6-12　LM393 电压比较电路

- 工作电源电压范围宽，单电源、双电源均可工作，单电源：2~36V，双电源：±1~±18V。
- 消耗电流小，$I_{CC}=0.4mA$。
- 输入失调电压小，$V_{IO}=\pm 2mV$。
- 共模输入电压范围宽，$V_{IC}=0\sim V_{CC}-1.5V$。
- 输出与 TTL、DTL、MOS、CMOS 等兼容。

输出可以用开路集电极连接“或”门。

2）LM393 集成电路内部结构、引脚排列及功能如下。

LM393 采用双列直插 8 引脚塑料封装（DIP8）和微型的双列 8 引脚塑料封装（SOP8）。LM393 内部结构及引脚排列如图 6-13 所示，引脚功能如表 6-3 所示。

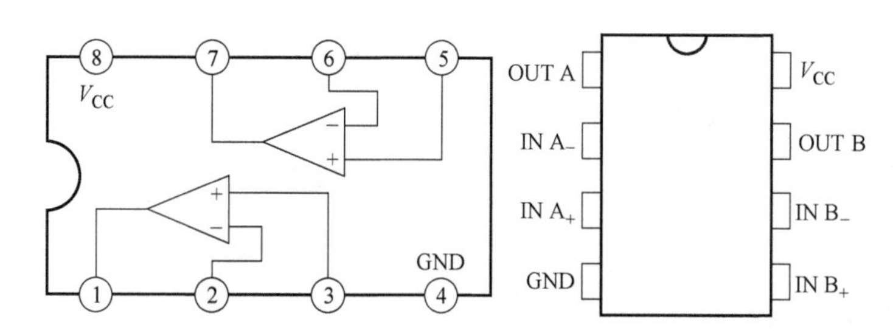

图 6-13　LM393 内部结构图和引脚排列

表 6-3　LM393 引脚功能

引脚号	符　号	功　能	引脚号	符　号	功　能
1	OUTA	输出 A	5	IN B_+	同相输入 B
2	INA_-	反相输入 A	6	IN B_-	反相输入 B
3	INA_+	同相输入 A	7	OUT B	输出 B
4	GND	接地端	8	V_{CC}	电源电压

（2）电压比较电路工作过程

图 6-14 所示电路由图 6-12 电路的部分改画，5V 电压通过 R_{100} 和 R_{105} 分压 $\frac{R_{105}}{R_{105}+R_{100}}\times 5\text{V}=\frac{2\text{k}\Omega}{2\text{k}\Omega+3\text{k}\Omega}\times 5\text{V}$ 后得到 2V 的基准电压输入 LM393 的 2（INA_-）引脚反相输入端，15VOUT 通过 R_{99}、R_{104} 电阻分压后接入 3（INA_+）引脚，若 3 引脚电压大于 2V，则 1 引脚输出高电平（R_{97} 为上拉电阻），否则输出低电平。此电路是用来判断风光能源输入后是否能到达 15V，能否达到并入内部 15V 直流总线的条件。

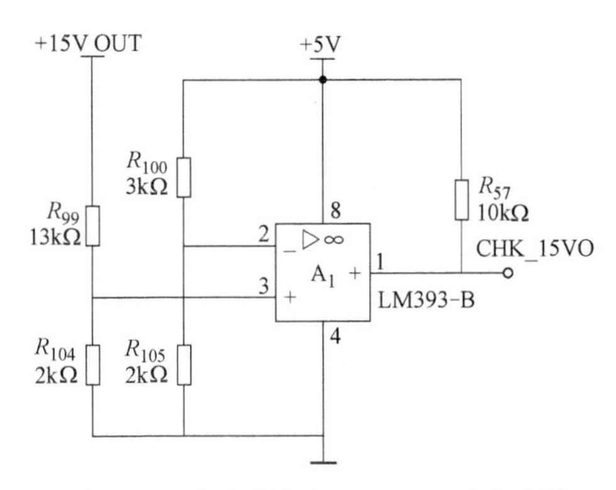

图 6-14　升压后输出 15V OUT 比较电路

另一路和这个类似，主要是用于判断内部 15V 直流总线的电压是否正常。

4. AMP4953 开关电路

AMP4953 开关电路如图 6-15 所示。AMP4953 其内部是两个 P 沟道 MOS 管（如图 6-16 所示），1、3 脚源极接 V_{CC}，2、4 脚栅极接控制，2 脚控制 7、8 脚的输出，4 脚控制 5、6 脚的输出，只有当 2、4 脚为低电平“0”时，7、8、5、6 才会输出（此时输出为 15V），否则输出为高阻状态。图 6-15 中，由单片机输出信号来控制 AMP4953 的输出。VD_{37} 为防逆流二极管，R_{98} 为隔离电阻。

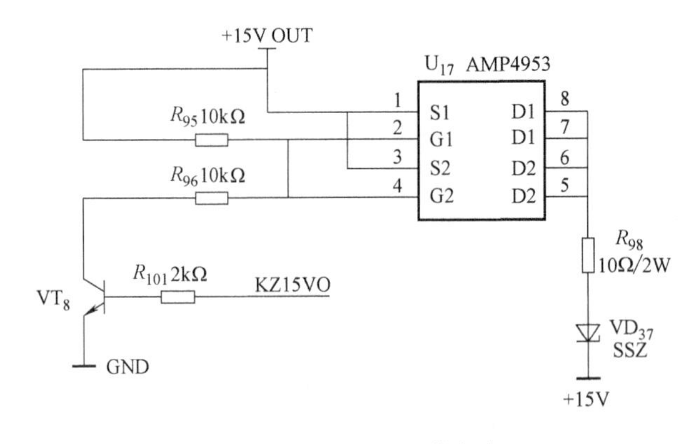

图 6-15　AMP4953 开关电路

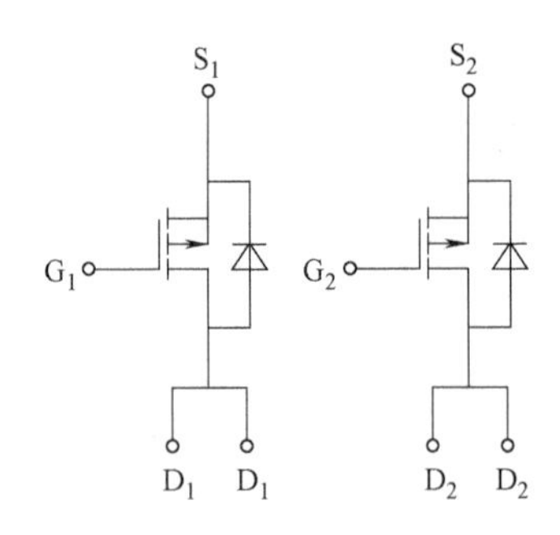

图 6-16　AMP4953 内部结构

AMP4953 芯片是笔记本电脑等电子产品中常用的电源管理芯片，它是 P 沟道 MOS 管，其主要的电气参数如表 6-4 所示。

表 6-4　AMP4953 电气参数

符　号	含　义	范　围
V_{DSS}	漏极与源极之间的最大工作电压	-30V
V_{GSS}	栅极与源极之间的最大工作电压	±25V
I_{D}	连续型最大漏极工作电流(25℃)	-4.9A
I_{DM}	脉冲型最大漏极电流(25℃)	-20A

（续）

符　　号	含　　义	范　　围
T_J	最大结温度@	150℃
P_D	最大功率	2.5W(25℃) 1.0W(100℃)
$V_{GS(th)}$	典型门(栅)极开启电压	-1.5V
$R_{DS(ON)}$	漏源导通电阻，V_{GS}=-4.5V，I_{DS}=-3.6A	80mΩ

AMP4953 典型的输出特性曲线、导通电阻特性曲线如图 6-17 和图 6-18 所示。

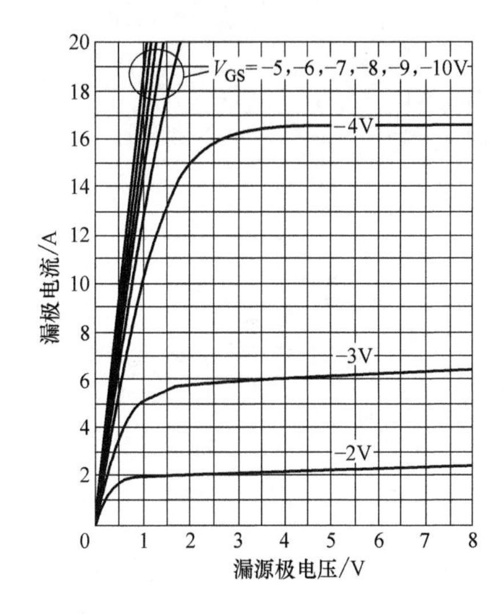

图 6-17　AMP4953 输出特性曲线

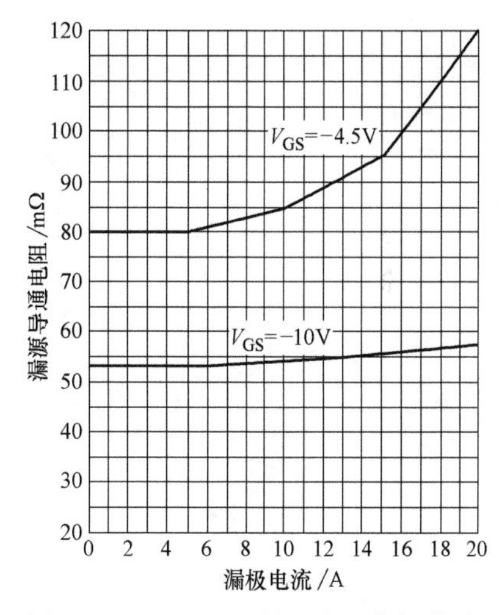

图 6-18　AMP4953 导通电阻特性曲线

6.2.2　市电接入及直流降压输出电路分析

市电接入及直流降压输出电路如图 6-19 所示。包括市电接入直流母线电路和直流母线降压电路，其核心电路均为降压电路。市电接入直流母线电路主要作用是把 24V（市电经开关电源得到）降为 15V 电压，通过电子开关接到直流母线上；直流母线降压电路（DC/DC）是将 15V 电压降为 12V 电压。

下面以 MP1584EN 降压电路为例说明工作原理。

由 MP1584EN 集成电路构成的降压电路如图 6-20 所示。

1. MP1584EN 集成电路简介

MP1584 是具有集成内部高压功率 MOSFET 的高频降压开关稳压器。通过在 MOS 管上加开关信号 PWM，控制开关管的导通与关断，使电感和电容充放电达到将电源进行降压的目的。通过在轻负载条件下减小开关频率来降低开关和栅极驱动损耗，可以实现宽负载范围内的高功率转换效率。1.5MHz 开关频率使 MP1584 能够防止电磁干扰（EMI）噪声问题。

（1）MP1584 集成电路主要特性

工作电压 4.5～28V，工作频率 1.5MHz，输出电流 3A。

（2）MP1584 集成电路引脚排列及功能

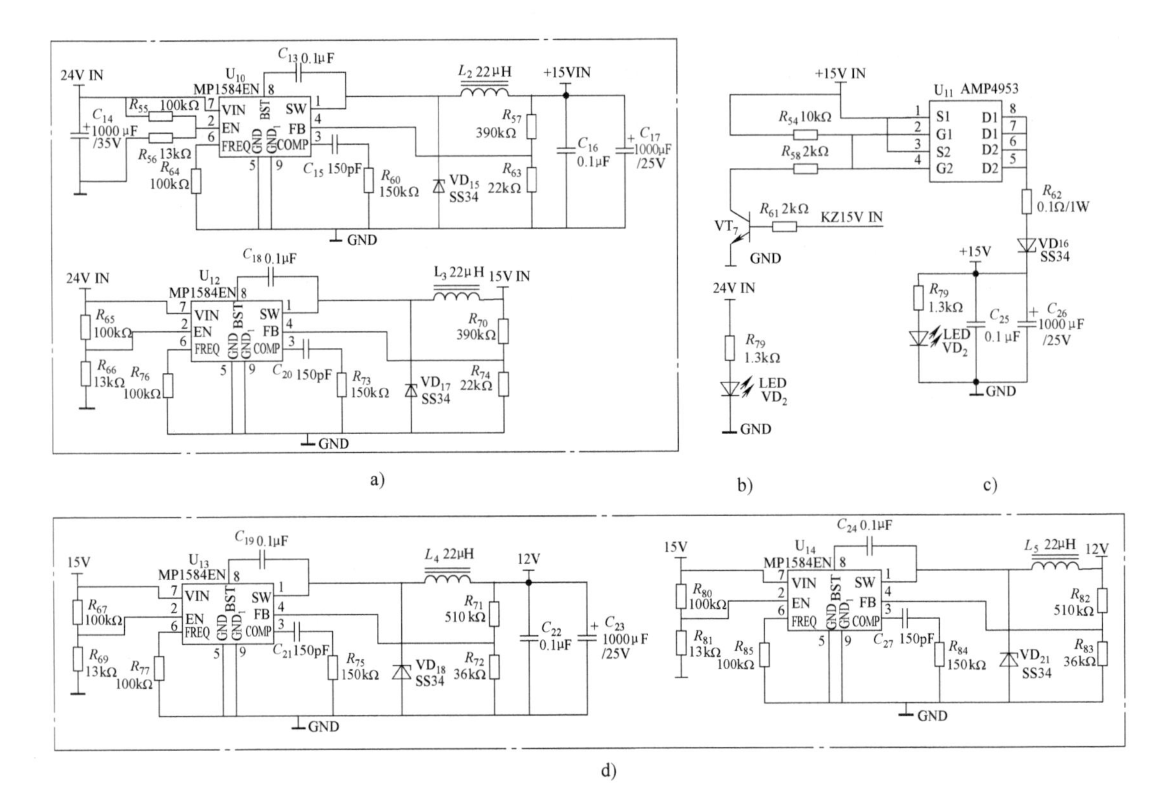

图 6-19　市电接入及直流降压输出电路

a）市电降压输入电路　b）指示电路　c）AMP4953 开关电路　d）直流母线降压输出电路

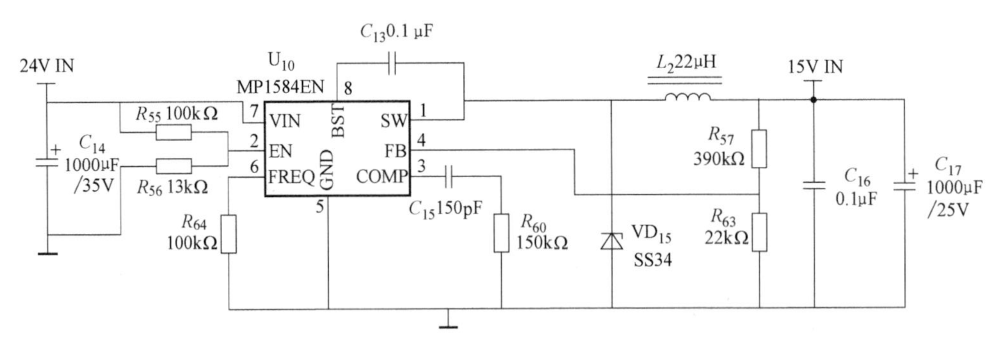

图 6-20　MP1584EN 集成电路构成的降压电路

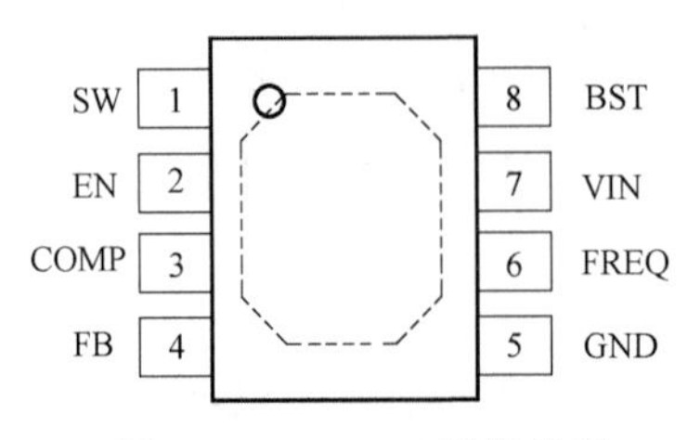

图 6-21　MP1584 引脚排列

MP1584 采用贴片 8 引脚封装（SOIC8E）。MP1584 引脚排列如图 6-21 所示，引脚功能如表 6-5 所示。

表 6-5　MP1584 引脚功能

引脚号	符　号	功　能
1	SW	输出端
2	EN	使能端(高电平有效,一般直接和输入电压连接)
3	COMP	补偿端
4	FB	反馈端(0.8V)
5	GND	接地端
6	FREQ	开关频率选择端
7	VIN	输入端
8	BST	自举(与 SW 通过电容连接)

2. 直流降压输出电路

MP1584 构成的 DC/DC 降压电路，其输出电压

$$U_{OUT}=\frac{R_{57}+R_{63}}{R_{63}}\times V_{FB}=\frac{390\text{k}\Omega+22\text{k}\Omega}{22\text{k}\Omega}\times 0.8\text{V}\approx 14.98\text{V}$$

市电开关电源输出的 24V 电压通过由 MP1584 集成电路构成的降压电路降压后，输出 15V 电压。

6.2.3　DC/DC 5V 电源电路分析

DC/DC 5V 电源电路如图 6-22 所示，其同样采用的是由 MP1584EN 芯片构成的 BUCK 型降压电路，输出 5V 的电压主要给风光控制器中的一些集成芯片或控制电路供电，如单片机电路、比较器电路等。它的输入电源有 3 路，分别来自市电输入 15V IN、风光互补发电输入 15V OUT 及蓄电池 BT 12V，这样控制器只要有一路有电，控制器就可以正常工作，其输出电压由输出取样电阻 R_{17}、R_{18} 决定。

$$U_{OUT}=\frac{R_{17}+R_{18}}{R_{18}}V_{FB}=\frac{160\text{k}\Omega+30\text{k}\Omega}{30\text{k}\Omega}\times 0.8\text{V}\approx 5.07\text{V}$$

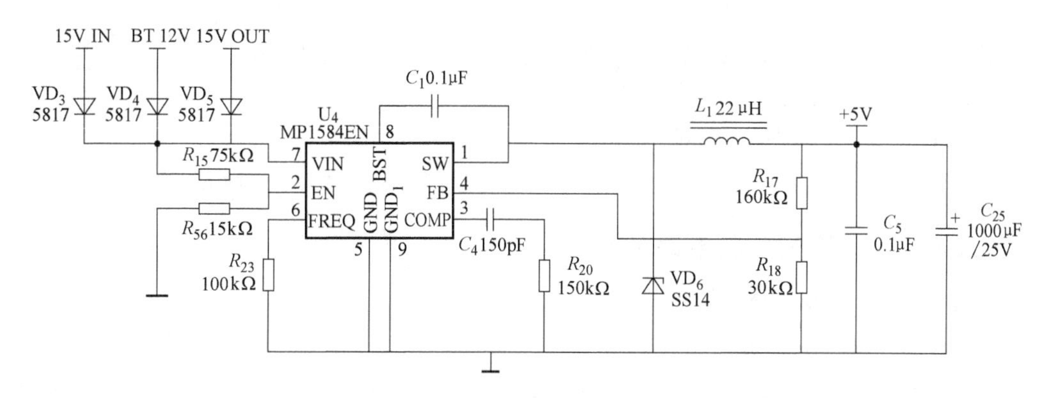

图 6-22　DC/DC 5V 电源电路

6.2.4 蓄电池充放电控制电路分析

蓄电池是风光互补发电系统中必不可少的一个部件，对不稳定的风力、光伏发电起到缓冲与平滑的作用，但蓄电池不能过充电也不能过放电，因此控制器中要有相应的功能电路来控制蓄电池的过充电或过放电，还要有相应的电路来检测蓄电池的电压，来判断蓄电池的工作状态。

1. 蓄电池充电控制电路

蓄电池充电控制电路如图 6-23 所示，单片机输出高电平加到 VT_2 基极，集电极输出低电平，即加到 U_2（AMP4953）MOS 管栅极为低电平，U_2 的 MOS 管的源极 S 与漏极 D 导通，为蓄电充电；当检测到蓄电池充满信号时，单片机输出低电平加到 VT_2 基极，集电极输出高电平，即加到 U_2（AMP4953）控制管的栅极为高电平，U_2 输出为高阻，实现蓄电池过充电保护。

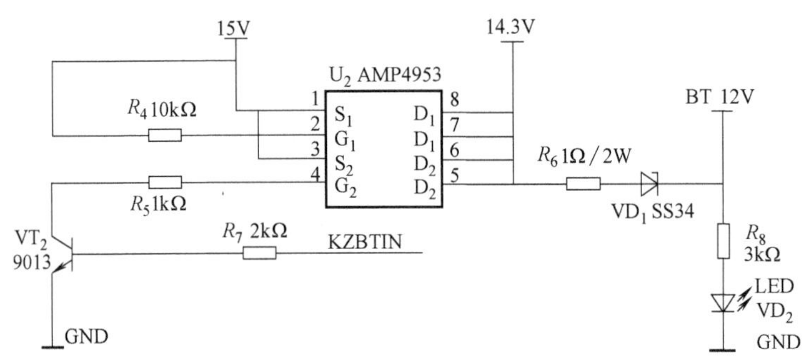

图 6-23 蓄电池充电控制电路

2. 蓄电池放电控制电路

蓄电池放电控制电路如图 6-24 所示，单片机输出高电平加到 VT_1 基极，集电极输出低电平，即加到 U_1（AMP4953）控制管的栅极为低电平，U_1 输出与输入导通，蓄电池正常放电；当检测到蓄电池处于过放电时，单片机输出低电平加到 VT_1 基极，集电极输出高电平，即加到 U_1（AMP4953）控制管的栅极为高电平，U_1 输出为高阻，实现蓄电池过放电保护。

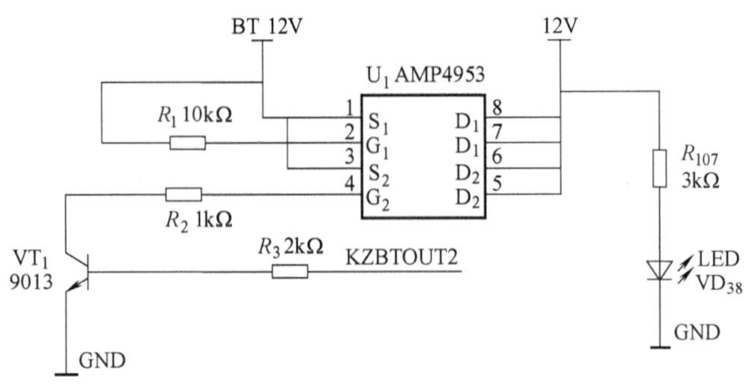

图 6-24 蓄电池放电控制电路

6.2.5 单片机主控制电路分析

单片机主控制电路如图 6-25 所示。

1. 单片机控制芯片简介

IAP15W4K61S4 系列单片机是 STC 生产的单时钟/机器周期（1T）的单片机，是宽电压/高速/高可靠/低功耗/超强抗干扰的新一代 8051 单片机，指令代码完全兼容传统 8051，

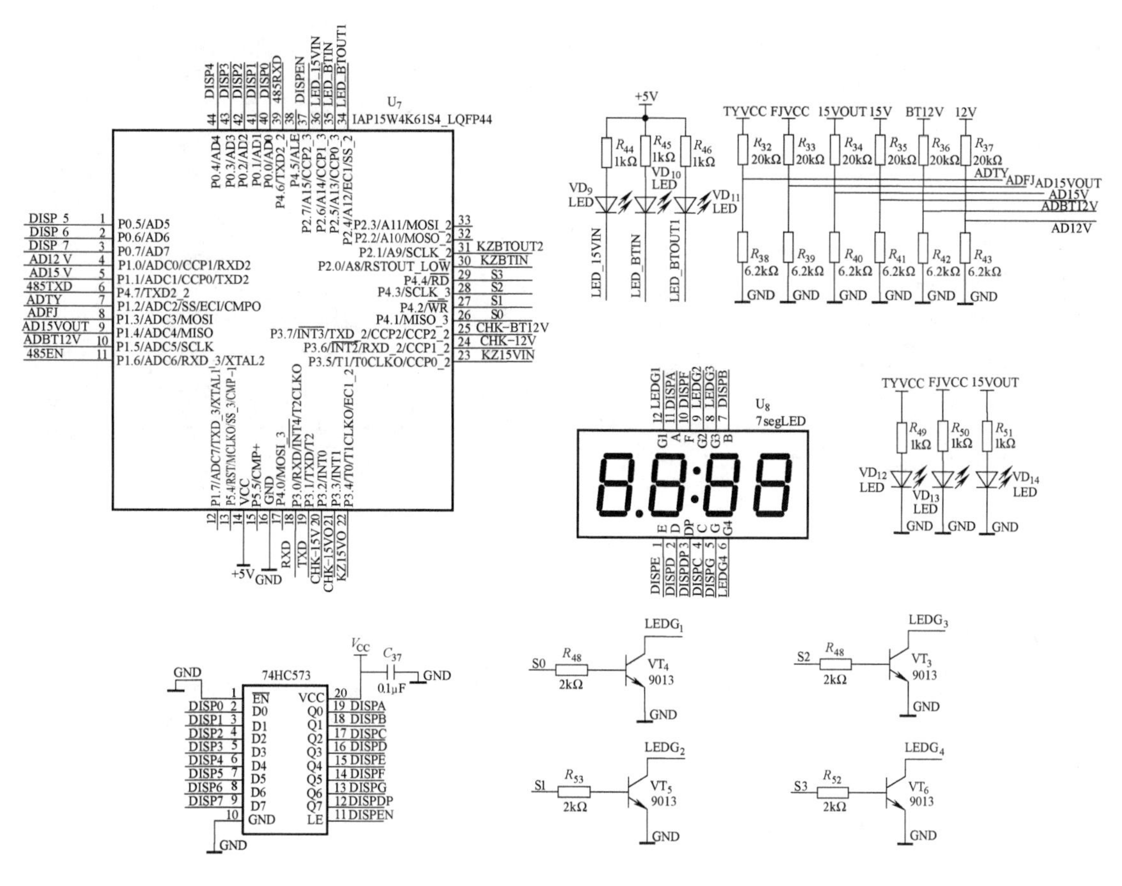

图 6-25 单片机主控制电路

但速度快 8~12 倍。内部集成高精度 R/C 时钟（±0.3%），±1%温漂（-40~85℃），常温下温漂±0.6%（-20~65℃），5~35MHz 宽范围可设置，可省掉外部晶体振荡器和外部复位电路（内部已集成高可靠复位电路，ISP 编程时 16 级复位门槛电压可选）。6 路 CCP/PWM/PCA，8 路高速 10 位 A-D 转换（30 万次/s），内置 4KB 大容量 SRAM，4 组独立的高速异步串行通信端口（UART1/UART2/UART3/UART4），1 组高速同步串行通信端口 SPI，针对多串行口通信/电机控制/强干扰场合。内置比较器，功能更强大。

现 STC15 系列单片机采用 STC-Y5 超高速 CPU 内核，在相同的时钟频率下，速度又比 STC 早期的 1T 系列单片机（如 STC12 系列/STC11 系列/STC10 系列）的速度快 20%。

IAP15W4K61S4 系列单片机的引脚功能、内部结构框图如图 6-26 所示。STC15W4K60S4 系列单片机中包含中央处理器（CPU）、程序存储器（Flash）、数据存储器（SRAM）、定时器/计数器、掉电唤醒专用定时器、I/O 口、高速 A-D 转换、看门狗、UART 高速异步串行通信口 1、串行口 2、串行口 3、串行口 4、CCP/PCA/PWM、高速同步串行通信端口 SPI、内部高精度 R/C 时钟及高可靠复位等模块。

2. 电压采集电路

电压采集电路如图 6-27 所示。通过电阻分压的方式降低被采样的电压，满足单片机的 ADC 采集要求 0~5V，最后再通过软件算法还原出实际采样电压值。

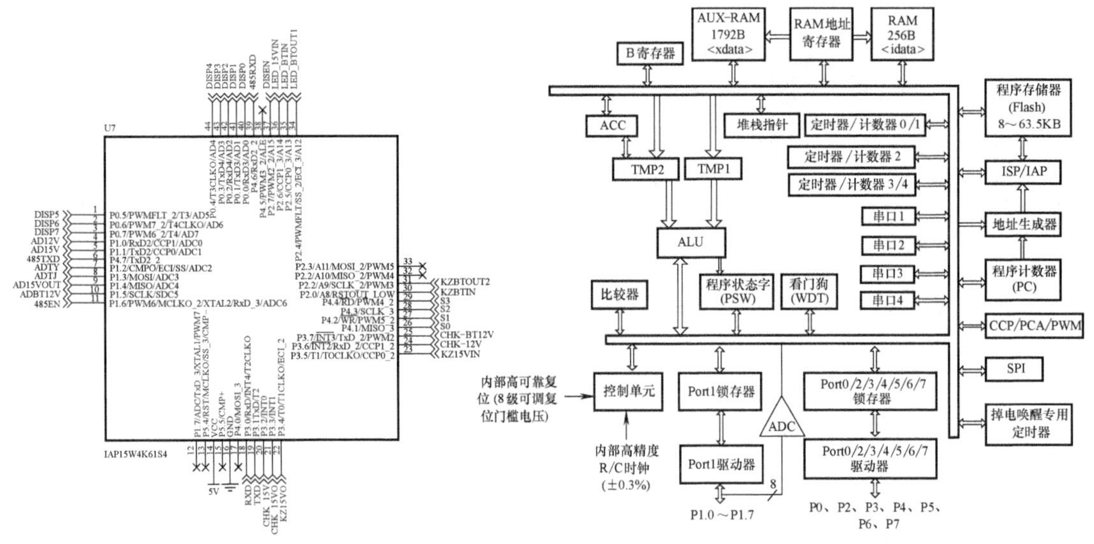

图 6-26　IAP15W4K61S4 系列单片机的引脚功能、内部结构框图

3. 指示灯电路

控制器指示电路如图 6-28 所示，VD_9、VD_{10}、VD_{11} 为发光二极管，正极接一个限流电阻后外接 5V 电源，负极连接单片机 I/O 口，当单片机 I/O 口为低电平时二极管点亮，否则熄灭。

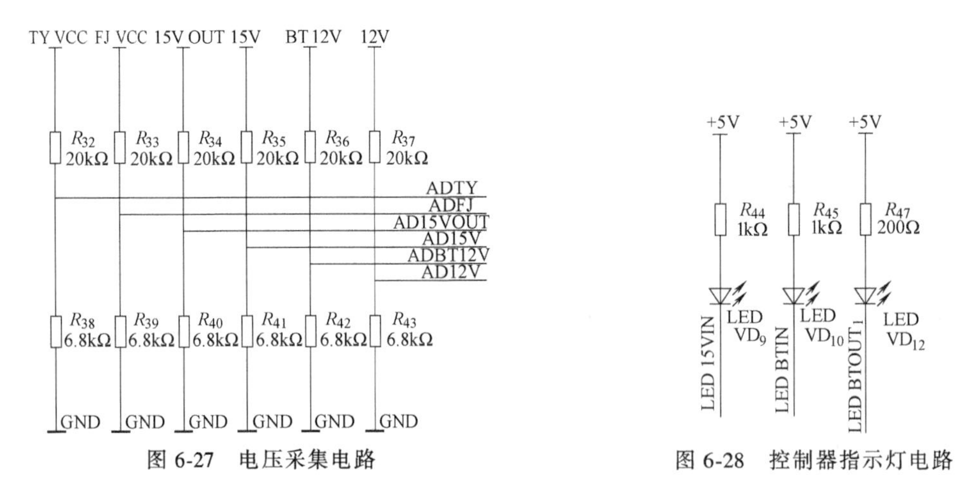

图 6-27　电压采集电路

图 6-28　控制器指示灯电路

点亮时 LED 的工作电流为

$$I_{LED}=\frac{5V_{(电源电压)}-V_{F(LED导通电压)}}{1k\Omega}=\frac{5V-2V}{1000\Omega}=3mA$$

4. 控制器显示及驱动电路

控制器显示及驱动电路如图 6-29 所示，采用七段 4 位数码管显示。图 6-29 中 $S_0 \sim S_3$ 分别控制 4 个开关晶体管 9013，为 4 个共阴数码管供电，用于选通显示其中 1 位七段字符，DISPA～DISPF、DISPD 控制数码管中八段发光管的阳极。

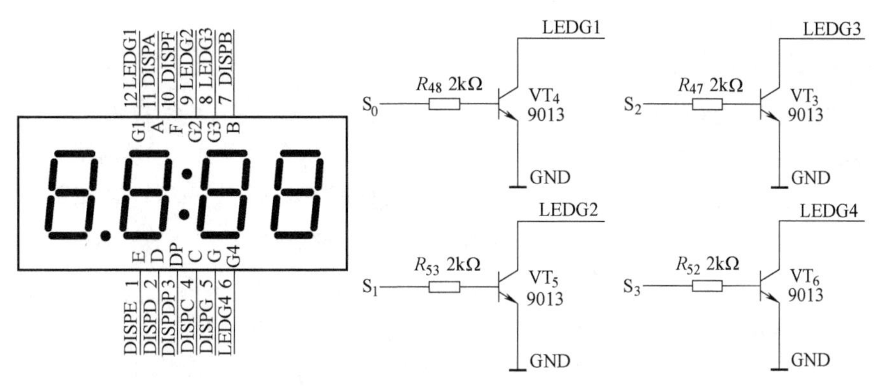

图 6-29 控制器显示及驱动电路

5. 74HC573D 锁存电路

控制器 74HC573D 锁存电路如图 6-30 所示，其作用是提高数据线的驱动能力，使其能够点亮数码管的 LED。图中 1 脚为输出使能端 $\overline{EN}$，11 脚为锁存使能端 LE，D 为输入端，Q 为输出端。

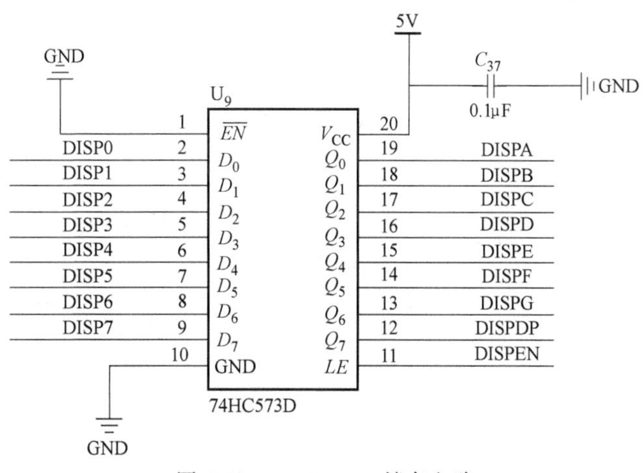

图 6-30 74HC573D 锁存电路

$\overline{EN}$ 控制芯片内部的三态门，当输入为低电平时，芯片内部数据锁存器输出端与芯片 8 位输出端之间连通，当为高电平时，Q 输出为高阻状态。LE 为内部 8 位数据锁存器的控制端，当其为高电平时会将输入的 $D_0 \sim D_8$ 数据锁在到内部数据锁存器中，低电平时不锁存。真值表见表 6-6。

表 6-6 74HC573D 芯片真值表

输入			输出 Q
$\overline{EN}$	LE	D	
L	H	H	H
L	H	L	L
L	L	×	Q_0
H	×	×	Z

当 $\overline{OE}=0$、$LE=1$ 时，输出端数据等于输入端数据；当 $\overline{OE}=0$、$LE=0$ 时，输出端保持不变；

当 $\overline{OE}=1$ 时，无论 LE、D 为何状态，输出端均为高阻态。

6.2.6 通信模块电路分析

为了丰富控制器的功能，适应更多的应用场景，本控制器增加了 RS-232 与 RS-485 两种通信功能。

1. RS-232 通信电路

控制器 RS-232 通信电路如图 6-31 所示。MAX232CSE 为 RS-232 标准串口设计的单电源电平转换芯片，使用 5V 单电源供电。内部结构基本可分 3 部分：第一部分是电荷泵电路，由 1、2、3、4、5、6 脚和 4 只电容构成，功能是产生+12V 和−12V 两个电源，提供给 RS-232 串口电平的需要。第二部分是数据转换通道，由 7、8、9、10、11、12、13、14 脚构成两个数据通道，其中 13 脚（R_{1IN}）、12 脚（R_{1OUT}）、11 脚（T_{1IN}）、14 脚（T_{1OUT}）为第一数据通道，8 脚（R_{2IN}）、9 脚（R_{2OUT}）、10 脚（T_{2IN}）、7 脚（T_{2OUT}）为第二数据通道，TTL/CMOS 数据从 T_{1IN}、T_{2IN} 输入转换成 RS-232 数据从 T_{1OUT}、T_{2OUT} 送到计算机 DP9 插头，DP9 插头的 RS-232 数据从 R_{1IN}、R_{2IN} 输入转换成 TTL/CMOS 数据后从 R_{1OUT}、R_{2OUT} 输出。第三部分是供电，15 脚 GND、16 脚 V_{CC}（+5V）。更详细的介绍参考项目 5 中相关内容。

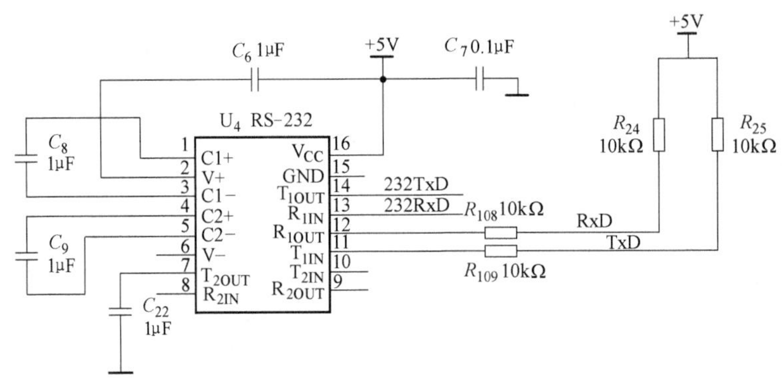

图 6-31　RS-232 通信电路

2. RS-485 通信电路

控制器 RS-485 通信电路如图 6-32 所示。RS-485 总线标准是工业中（如监控、数据采集系统等）使用非常广泛的双向、平衡传输标准接口，支持多点连接，允许创建多达 32 个节点的网络；最大传输距离 1200m，支持 1200m 时为 100kbit/s 的高速度传输，抗干扰能力很

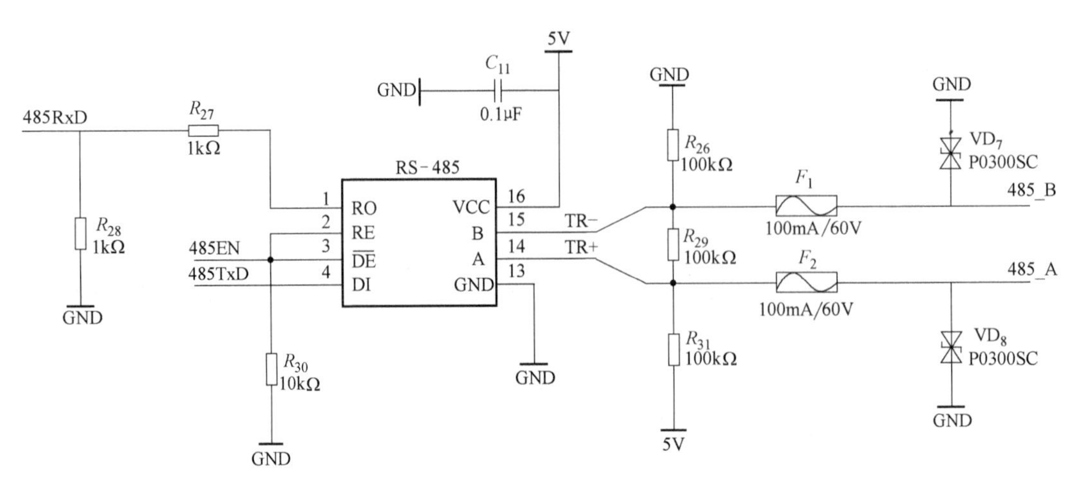

图 6-32　RS-485 通信电路

强，布线仅有两根线很简单。

（1）RS-485 总线标准

RS-485 标准全称为 TIA/EIA-485 串行通信标准，是由电子工业协会（EIA）于 1983 年制订并发布。它是为了弥补 RS-232 通信距离短、速率低等缺点而产生的，数据信号采用差分传输方式也称平衡传输，它使用一对双绞线，其中一根线定义为 A（非反向信号），另一根定义为 B（反向信号）。

发送驱动器（如图 6-33 所示）AB 之间的高电平（“1”）在+2～+6V，是一个逻辑状态，低电平（“0”）在-2～6V，是另一个逻辑状态，另有一个信号地 C。在 RS-485 中还有个“使能”端。“使能”端是用于控制发送驱动器与传输线的切断与连接。当“使能”端起作用时，发送驱动器处于高阻状态，称作“第三态”，即它是有别于逻辑“1”与“0”的第三态。

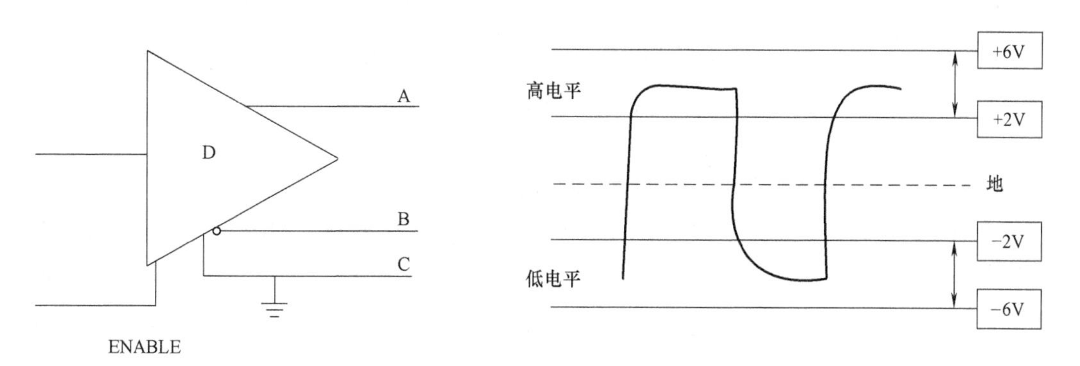

图 6-33 RS-485 发送驱动器的示意图

对于接收器（如图 6-34 所示），也作与发送端相对的规定，收、发端通过平衡双绞线将 A 与 B 对应相连，当在收端 AB 之间有大于+200mV 的电平时，输出正逻辑（“1”）电平，小于-200mV 时，输出负逻辑（“0”）电平。接收器接收平衡线上的电平范围通常为 200mV～6V。

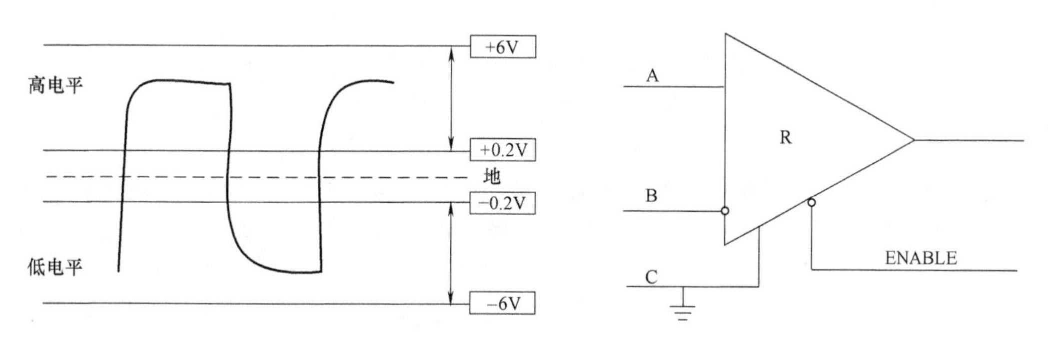

图 6-34 RS-485 接收器的示意图

平衡双绞线的长度与传输速率成反比，在 100kbit/s 速率以下，才可能使用规定最长的电缆长度。只有在很短的距离下才能获得最高速率传输。一般 100m 长双绞线最大传输速率仅为 1Mbit/s。

（2）SP485E 芯片简介

SP485E 是一系列的半双工收发器，完全满足 RS-485 和 RS-422 串行协议的要求，其引脚排列及功能说明如图 6-35 所示。

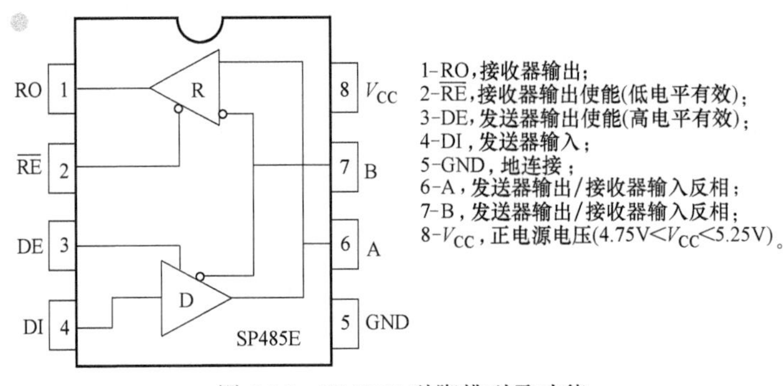

图 6-35　SP485E 引脚排列及功能

SP485E 即能作为接收器，也能作为发送器，当作为发送器时，空载时输出电压的范围为 0～+5V。即使在差分输出连接了 54Ω 负载的条件，发送器仍可保证输出电大于 1.5V。它还有一根使能控制线（高电平有效），当 DE（引脚 3）上的逻辑电平为高时，将使能发送器的差分输出。如果 DE（引脚 3）为低，则发送器输出呈现高阻态。

当 SP485E 作为接收器时，其输入是差分输入，输入灵敏度可低至±200mV。接收器的输入电阻通常为 15kΩ。-7～+12V 的宽共模方式范围允许系统之间有大的零电位偏差的存在。其接收器同样有一个三态使能脚。如果 $\overline{RE}$（引脚 2）为低电平时，接收器使能，反之接收器禁止。

6.2.7　任务实施

1. 器材和设备

1）万用表、示波器、可调电源。

2）USB 转 RS-485 转换器。

2. 实施步骤

1）风光互补发电控制器跑线：根据上述控制器的各部分详细电路，结合图 6-36 所示的控制器 PCB 的元器件位置图，将控制器实物电路与原理电路一一对应，弄清元器件之间的连接关系。

2）光伏发电、风力发电接入升压电路研究：打开可调直流稳压电源，将电压调至 3V，接入到控制器的光伏发电输入端 J_8，注意正负极；用万用表测量二极管 VD_{22} 负极对地电压，填入表 6-7 中，然后逐步调高输入电压，观察并记录 VD_{22} 负极电压的变化。

表 6-7　MC34063 升压电路研究　（单位：V）

光伏输入电压	升压输出电压	光伏输入电压	升压输出电压
3		7	
4		9	
5		11	

3）控制器供电测量：将可调电源的电压调至 24V，接入到 J_4 市电输入端，用万用表测

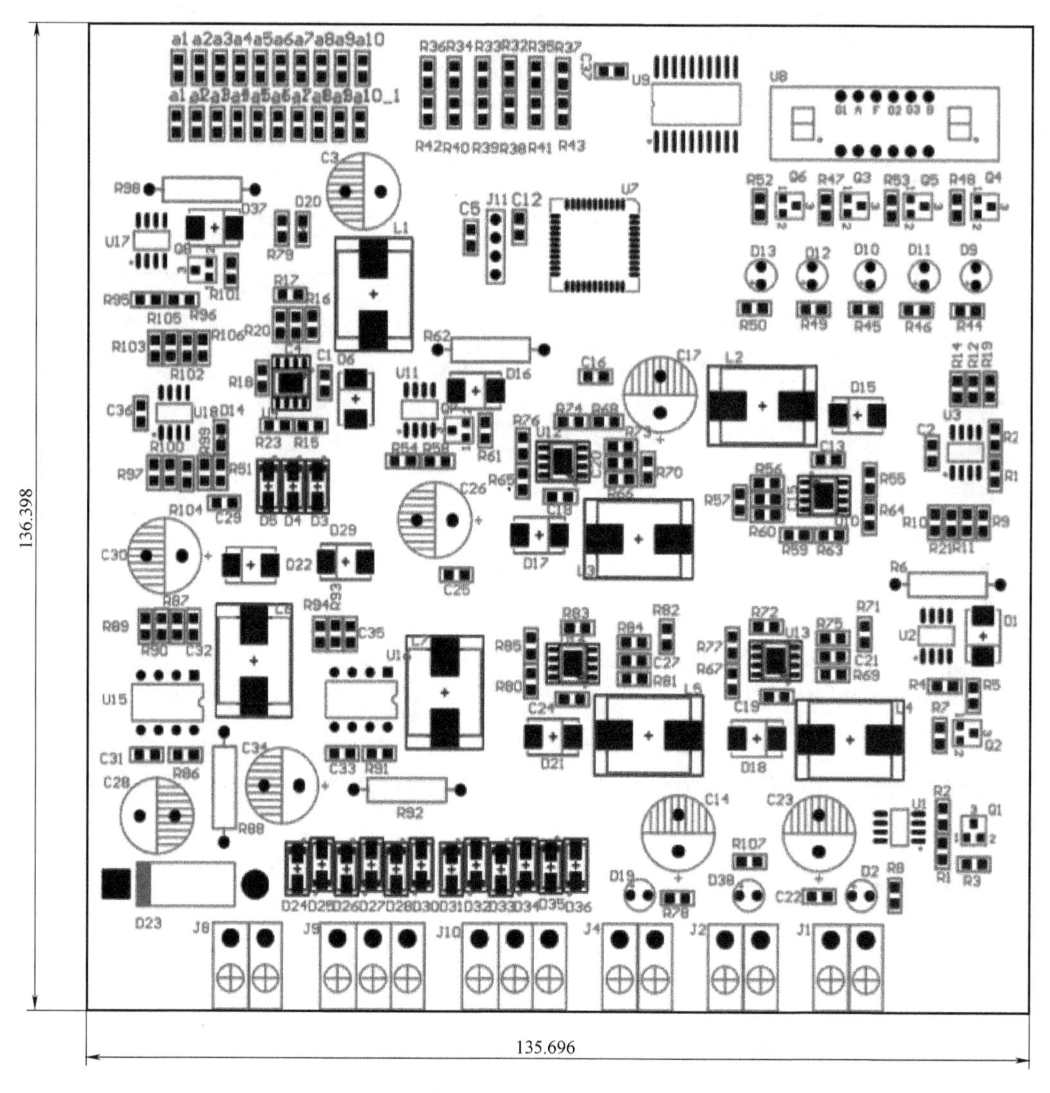

图 6-36　元器件位置图

量整个控制器电路板几处电压，填入表 6-8 中。

表 6-8　风光互补发电控制器电路板上工作电压

序号	测量点	说明	实测电压值/V	理论计算值/V
1	VD_3 正极	15V 直流母线电压		
2	J_{11} 第一脚	5V 工作电压		
3	J_2	12V 输出电压		
4	J_1	蓄电池电压		

4）用一个 USB 转 RS-485 转换器，用双绞线与控制板上的 J_6 相连，注意 A 接 A，B 接 B，转换器接 PC，PC 上运行串口调试软件，打开相应的串口，通信设置为“9600bit/s、8N1”，然后连续发送十六进制数据 55H 或 AAH，用示波器测量芯片 U_6（SP485）的第 6、7

两脚之间、第1、5两脚之间的波形，填入表6-9中。

表6-9 RS-485通信波形记录

引脚	波形	最大值/V	最小值/V
6、7脚(A、B脚)			
1、5脚(RO引脚)			

任务6.3 软件控制程序设计

任务目标

- 掌握STC单片机内部ADC的使用方法。
- 理解并掌握数码管动态显示的程序控制算法。
- 理解风光互补控制器各种能源间的互补控制逻辑。
- 理解并掌握风光互补控制器程序编写方法。
- 完成软件程序的编写。

风光互补控制器中主控的作用主要是采集各种能源的及母线的电压信息，然后根据基本的用电策略，控制开关器件接入或切出相关能源。因此其程序主要由“ADC数据采集”“数据或状态显示”“开关控制”3部分构成。

6.3.1 ADC数据采集

此系统的数据采集使用的是STC单片机内部集成的10位高速逐次比较器ADC，速度可达250kHz，其内部结构如图6-37所示，通过内部的数据选择器，可对8路电压型输入信号

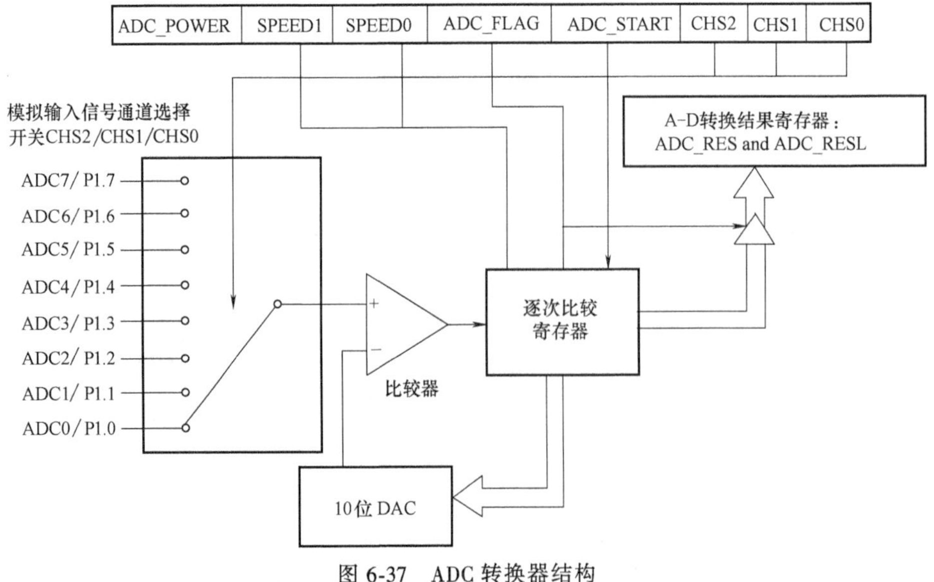

图6-37 ADC转换器结构

进行 A-D 转换，这 8 路 A-D 转换通道与单片机的 P1 口复用，通过特殊寄存器 P1ASF 进行功能选择，通过 ADC_ CONTR 寄存器设置工作方式、工作状态反馈，转换结果存放于寄存器 ADC_ REL 与 ADC_ RESL 中，通过 AUXR1 寄存器中的 ADRJ 位，调整结果存放形式。此 ADC 转换器的“参考电压”即为单片机的电源 V_{CC}，因此其转换精度的高低很大程度取决于电源电压的稳定度。

1. P1 口模拟功能控制寄存器 P1ASF

P1ASF 寄存器结构如图 6-38 所示。该特殊寄存器的地址为 9DH，不是 8 的整倍数，所以不能位寻址，只能整体赋值。单片机在上电复位后，其初始化值为 0x00，即 P1 中默认作为弱上拉型的 I/O 口使用，而不是作为 ADC 通过。要将其设置为 ADC 通过，则必须将 P1ASF 寄存器的对应的位（bit）赋值为 1，其从低位 B_0 至高位 B_7，分别对应 ADC 的 8 个转换通道 ADC0~ADC8。

例如要选择 ADC3 通道（P1.3 脚），其对应的控制位 P13ASF 在寄存器 P1ASF 中也是第四位（B3），需要将这一位置 1，用 C 语言就是 P1ASF = 0x08，0x08 对应的二进行为 0000 1000B，通过这种赋值就可以将 P1ASF 置 1。

名称	地址	bit	B_7	B_6	B_5	B_4	B_3	B_2	B_1	B_0
P1ASF	9DH	name	P17ASF	P16ASF	P15ASF	P14ASF	P13ASF	P12ASF	P11ASF	P10ASF

图 6-38 P1ASF 寄存器结构

2. ADC 转换结果寄存器 ADC_ RES、ADC_ RESL

ADC 的转换结果有两种存储方式，由特殊寄存器 CLK_ DIV（PCON2）中的 B5 位控制，其默认的转换结果寄存器结构如图 6-39 所示。

助记符	地址	名称	B_7	B_6	B_5	B_4	B_3	B_2	B_1	B_0
ADC_RES	BDh	A-D转换结果寄存器高8位	ADC_RES9	ADC_RES8	ADC_RES7	ADC_RES6	ADC_RES5	ADC_RES4	ADC_RES3	ADC_RES2
ADC_RESL	BEh	A-D转换结果寄存器低2位	–	–	–	–	–	–	ADC_RES1	ADC_RES0
CLK_DIV (PCON2)	97H	时钟分频寄存器			ADRJ=0					

ADC_RES[7:0]	ADC_B9	ADC_B8	ADC_B7	ADC_B6	ADC_B5	ADC_B4	ADC_B3	ADC_B2		
			–	–	–	–	–	–	ADC_B1	ADC_B0	ADC_RESL[1:0]

图 6-39 转换结果寄存器（默认）

当 CLK_ DIV 寄存器的第 6 位（B5）ADRJ = 0 时（默认），10 位 A-D 转换结果的高 8 位存放在 ADC_ RES 中，低 2 位存放在 ADC_ RESL 的低 2 位中。10 位计算结果的计算公式如下：

$$10位A\text{-}D转换结构(ADC\_RES[7:0],ADC\_RESL[1:0])=1024\times\frac{V_{in}}{V_{CC}}$$

如果只需要 8 位的转换结果，其结果的计算公式为

$$8位A\text{-}D转换结构(ADC\_RES[7:0])=256\times\frac{V_{in}}{V_{CC}}$$

当 CLK_ DIV 寄存器的第 6 位（B5）ADRJ=1 时，10 位 A-D 转换结果的高 2 位存放在 ADC_ RES 中低 2 位，低 8 位存放在 ADC_ RESL 中。如图 6-40 所示。

助记符	地址	名称	B_7	B_6	B_5	B_4	B_3	B_2	B_1	B_0
ADC_RES	BDh	A-D转换结果寄存器高2位	–	–	–	–	–	–	ADC_RES9	ADC_RES8
ADC_RESL	BEh	A-D转换结果寄存器低8位	ADC_RES7	ADC_RES6	ADC_RES5	ADC_RES4	ADC_RES3	ADC_RES2	ADC_RES1	ADC_RES0
CLK_DIV (PCON2)	97H	时钟分频寄存器			ADRJ=1					

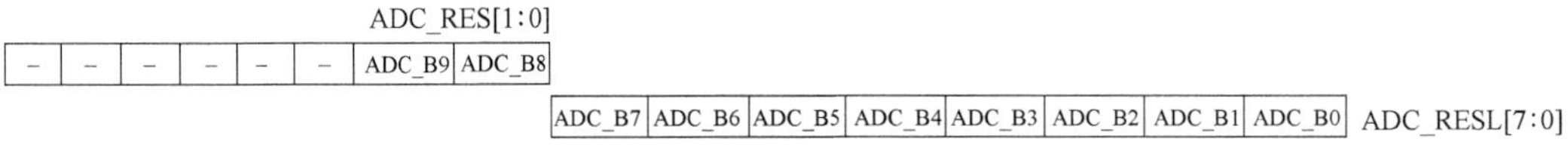

ADC_RES[1:0]

–	–	–	–	–	–	ADC_B9	ADC_B8

ADC_B7	ADC_B6	ADC_B5	ADC_B4	ADC_B3	ADC_B2	ADC_B1	ADC_B0

ADC_RESL[7:0]

图 6-40　转换结果寄存器（ADRJ=1）

这种方式只能读取 10 位转换结果，其结果的计算公式为

$$10位A\text{-}D转换结构(ADC\_RES[1:0],ADC\_RESL[7:0])=1024\times\frac{V_{in}}{V_{CC}}$$

不需要对 AUXR1 寄存器相对应的位进行设置，采用默认的工作方式已经能满足绝大多数需求，这种方式可以灵活读取不同精度的转换结果。

3. ADC 控制寄存器 ADC_ CONTR

该寄存器是 ADC 转换器的重要寄存器，它决定 ADC 的工作通道、转换速度及转换过程控制，如图 6-41 所示，寄存器中各位的含义。

启动 A-D 转换前一定要确认 ADC_ POWER 等于 1，即 ADC 电源打开，转换结束后可以关闭以降低功耗，也可不关闭，初次使用时，打开 ADC 电源后，要适当延时，等内部模拟电源稳定后，再启动 A-D 转换。

4. ADC 转换器查询式工作

要正确使用此集成 ADC，第一步是要根据需要对它进行初始化配置（参考表 6-10 ADC 转换器初始化设置）所示，配置的内容主要有电源打开、工作速度、P1 口引脚模拟功能。第二步是启动 ADC 完成一次转换：①启动一次转换；②延时数个周期；③读取控制器，查看转换结束标志位，为 1 则转换结束，否则回到第二步；④清除结束标志位，读取结果。

与 AD 转换有关的程序有以下内容。

（1）寄存器定义，标志位预定义

如果头文件中已经包含此内容，就不用再自己定义。

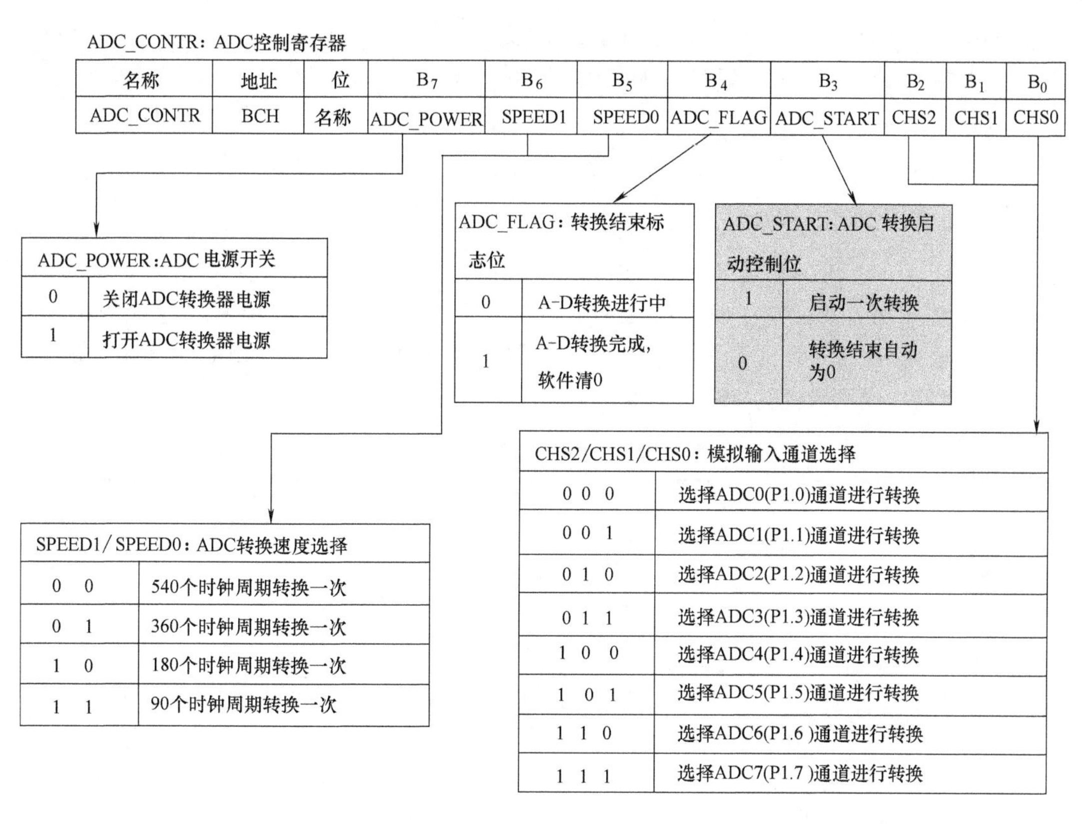

图 6-41　ADC 控制寄存器

```
sfr ADC_CONTR   =  0xBC;              //ADC 控制寄存器
sfr ADC_RES      =  0xBD;             //ADC 高 8 位结果
sfr ADC_RESL    =  0xBE;              //ADC 低 2 位结果
sfr P1ASF        =  0x9D;             //P1 口第 2 功能控制寄存器
#define ADC_POWER   0x80              //ADC 电源控制位
#define ADC_FLAG     0x10             //ADC 完成标志
#define ADC_START     0x08            //ADC 起始控制位
#define ADC_SPEEDLL   0x00            //540 个时钟
#define ADC_SPEEDL   0x20             //360 个时钟
#define ADC_SPEEDH   0x40             //180 个时钟
#define ADC_SPEEDHH   0x60            //90 个时钟
```

（2）ADC 转换器初始化

```
void InitADC(void)
    {
      P1ASF=0xff;                     //设置 P1 口全为 AD 口
                                      //可根据需要，不一定全部设置成模拟采样口
      ADC_RES=0;                      //清除结果寄存器高 8 位
      ADC_RESL=0;                     //清除结果寄存器低 2 位
```

```
ADC_CONTR=ADC_POWER    +    ADC_SPEEDL;   //打开 ADC 电源      转换速度 360 个时钟
    ADC_CONTR=ADC_CONTR & (~ADC_FLAG);        //标志位清 0
}
```

因 ADC_ CONTR 特殊寄存器不能进行位操作，所以必须整体赋值，例如：

```
ADC_CONTR=ADC_POWER + ADC_SPEEDL;
```

含义是：ADC_ POWER、ADC_ SPEEDL 在预定义中都给了值，它们的相加，本质是相关预定的数值相加。具体操作如下：通过些操作，相当于一次性直接给 ADC_ CONTR 寄存器赋值 0xA0，将最高的设置为 1，打开 ADC 电源，将（SPEED1、SPEED0）设置为 01，即将 ADC 转换器的速度设置为 360 个周期。

表 6-10　ADC 转换器初始化设置

位号	B_7	B_6	B_5	B_4	B_3	B_2	B_1	B_0
功能	ADC_POWER	SPEED1	SPEED0	ADC_FLAG	ADC_START	CHS2	CHS1	CHS0
ADC_CONTR=ADC_POWER+ADC_SPEEDL;								
ADC_POWER(0x80)	1	0	0	0	0	0	0	0
+								
ADC_SPEEDL(0x20)	0	0	1	0	0	0	0	0
=								
	1	0	1	0	0	0	0	0

（3）ADC 采样子程序

```
unsigned int  GetADC(unsigned char  ch)
{
    unsigned char temp=0;
    unsigned int  RES=0;

    ADC_CONTR=ADC_POWER | ADC_SPEEDLL | ch | ADC_START;  //选择通道,并启动
                                                          //一个次转换
    do {
        _nop_(); _nop_();                        //等待 2 个 NOP,等待数据稳定
        temp=ADC_CONTR & ADC_FLAG;               //查看 ADC_FLAG 位
    } while(temp==0x00);                         //转换是否完成,不等于 0 则完成

    ADC_CONTR &=~ADC_FLAG;                       //Close ADC_FLAG 标志位
    RES=ADC_RES;
    RES=RES<<2  |  (ADC_RESL &0x03);            //合并 10 位结果
    return  RES;                                 //返回 ADC 结果
}
```

此程序中“ADC_ CONTR & ADC_ FLAG”，因 ADC_ FLAG = 0x10，二进制为 0001 0000B，将 ADC_ CONTR 的内容与此数进行“与”运算，便可判断相对应的位是否等于 1，

因为 0001 0000B 除了 B_4 位等于 1 外，其他位都等于其他位与 0 相与等于 0，整个结果是否等于 0 就由 B_4 位来判断了，如果 ADC_CONTR 的 B_4 位等于 1，则结果相与的结果就等于 0x10，如果 B_4 位等于 0，则整个结果就等于 0。

ADC_FLAG 标志位清 0 的原理与此类似，详细原理见表 6-11。

表 6-11　ADC_FLAG 标志位清 0 的原理

位号	B_7	B_6	B_5	B_4	B_3	B_2	B_1	B_0
功能	ADC_POWER	SPEED1	SPEED0	ADC_FLAG	ADC_START	CHS2	CHS1	CHS0
ADC_CONTR &= ~ADC_FLAG;								
ADC_CONTR	1	0	1	1	0	X	X	X
&								
~ADC_FLAG(~0x10)	1	1	1	0	1	1	1	1
=								
	1	0	1	0	0	X	X	X

6.3.2　数据信息显示

控制器的本地化数据信息显示采用是的 4 位七段数码管，成本低、软件实现简单，也能满足系统重要信息的显示需求。

1. 显示原理

此控制器的显示采用的是“数码管动态显示”方案，数码管动态显示原理是数个 LED 七段数码管，将它们的“abcdefg”七段互联形成一个共享总线，但它们的公共端（内部阳极或阴极互连端）通过开关器件，可独立控制，如图 6-42 所示为共阳极数码管动态显示驱动原理图。

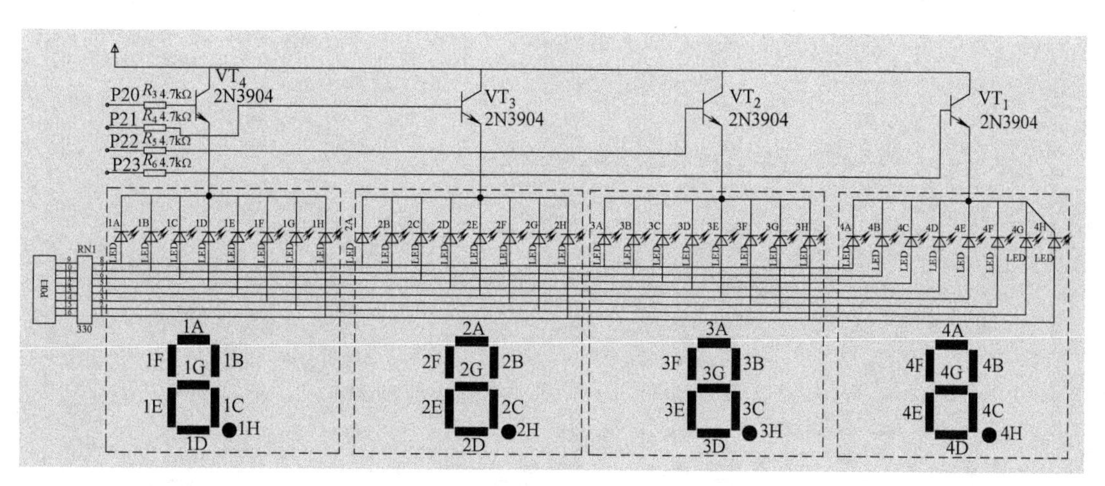

图 6-42　共阳极数码管动态显示驱动原理图

因此要让这几个数码管显示不同的数字内容，必须逐个轮流显示，然后利用人眼视觉暂留现象（即物体在快速运动时，当人眼所看到的影像消失后，人眼仍能继续保留其影像 0.1~0.4s 的图像），快速轮换，达到同时显示的效果。该风光互补控制器采用共阴方式驱动

(如图 6-43 所示)，为了增加阳极总线驱动能力，总线上加一个锁存器 74HC573，因此也多了一个锁存控制脚 P2.7（LE），当其引脚为高电平时，输出 Q=D，但当 LE 引脚为低平时，Q 端将保持不变。

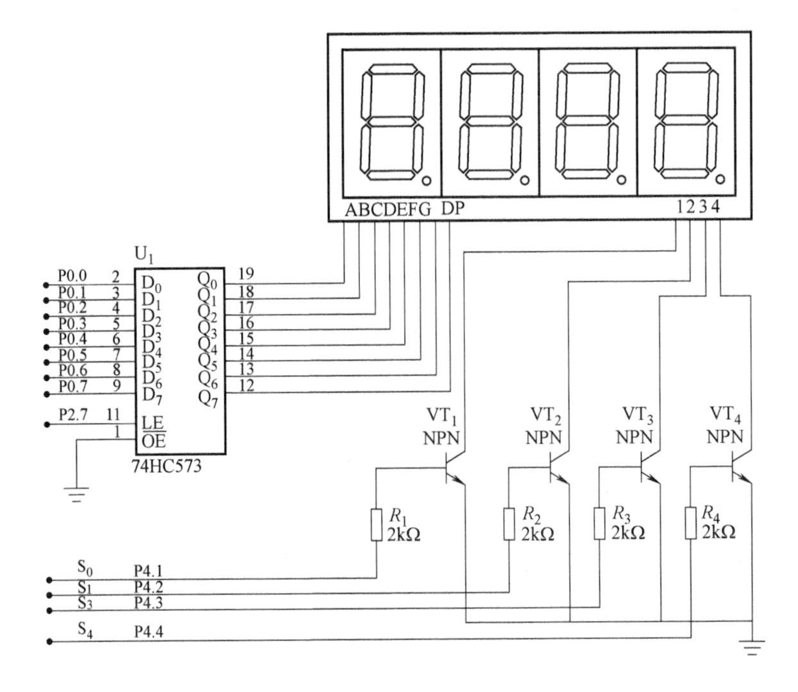

图 6-43　控制器共阴数码管动态驱动

2. 数码管显示电路程序

依据上述所讲的动态显示原理，其显示程序的算法也就很清楚了，即每次控制一个数码管的公共端导通，然后在段码数据总线上输出相对应的显示数据，使其中一个数码管显示。具体显示程序主要有两部分，一部分预定义程序，另一部分显示控制程序。

(1) 预定义程序

主要是定义显示接口及七段数码管的软件译码数组。

```
//数码管共阴编码,高电平点亮//
/**************************************************************
        a                    dp  g  f  e   d  c  b  a
  *******           "0"--->  0  0  1  1    1  1  1  1  ->0x3f
  *     *           "1"--->  0  0  0  0    0  1  1  0  ->0x06
 f*     * b         "2"--->  0  1  0  1    1  0  1  1  ->0x5b
  *  g  *           "3"--->  0  1  0  0    1  1  1  1  ->0x4f
  *******           "4"--->  0  1  1  0    0  1  1  0  ->0x66
  *     *           "5"--->  0  1  1  0    1  1  0  1  ->0x6d
 e*     * c         "6"--->  0  1  1  1    1  1  0  1  ->0x7d
  *     *           "7"--->  0  0  0  0    0  1  1  1  ->0x07
  ******** *        "8"--->  0  1  1  1    1  1  1  1  ->0x7f
     d  dp          "9"--->  0  1  1  0    1  1  1  1  ->0x6f
```

```
                        "0."--->  1  0  1  1    1  1  1  1  ->0xbf (10)
                        "1."--->  1  0  0  0    0  1  1  0  ->0x86
                        "2."--->  1  1  0  1    1  0  1  1  ->0xdb
                        "3."--->  1  1  0  0    1  1  1  1  ->0xcf
                        "4."--->  1  1  1  0    0  1  1  0  ->0xe6
                        "5."--->  1  1  1  0    1  1  0  1  ->0xed
                        "6."--->  1  1  1  1    1  1  0  1  ->0xfd
                        "7."--->  1  0  0  0    0  1  1  1  ->0x87
                        "8."--->  1  1  1  1    1  1  1  1  ->0xff
                        "9."--->  1  1  1  0    1  1  1  1  ->0xef
                        "A"--->  0  1  1  1    0  1  1  1  ->0x77 (20)
                        "F"--->  0  1  1  1    0  0  0  1  ->0x71
                        "b"--->  0  1  1  1    1  1  0  0  ->0x7c
*****************************************************/
unsigned char code dis_seg[ ] = {0x3F,0x06,0x5B,0x4F,0x66,0x6D,0x7D,0x07,0x7F,0x6F,
                                    //'0' '1' '2' '3' '4' '5' '6' '7' '8' '9'
                                  0xBF,0x86,0xDB,0xEF,0xE6,0xED,0xFD,0x87,0xFF,0xEF,
                                    //'0.' '1.' '2.' '3.' '4.' '5.' '6.' '7.' '8.'
 '9.'
                                    0x77,0x71,0x7c ,0x40,0x00 };
unsigned char code scan[4] = {0x02,0x04,0x08,0x10};
                              //位选编码,高电平有效,通过选通 NPN 晶体管使相对的数码管工作
unsigned char dis_data[4] = {6,8,1,2};          //显示内容缓存,4 个数码管,4 个数字
sbit   dis_LE = P2^7;                          //锁存器引脚
#define   dis_bus      P0                      //动态显示总线接口
#define   dis_sel      P4                      //数码管选择接口
#define   dis_sel_cls   P4& = 0xe1             //数码管选择接口清 0 "1110 0001"
```

(2) 动态显示控制程序

显示控制程序主要作用让 4 个数码管轮流显示，因为要轮流的速度要超过人眼的视觉暂留时间，因此这个控制程序的执行周期必须小于 10ms。

```
//动态显示控制程序
void dis_prg( void)
  {
      static unsigned char sel = 0;             //记录数码管显示的位次
      dis_LE   = 1;                             //锁存器开
      dis_bus   = 0x00;                         //全灭
      dis_bus   = dis_seg[ dis_data[ sel ] ];   //取第 sel 个显示数据,然后查表译码
      dis_sel_cls;                              //选择接口清 0
      dis_sel = dis_sel  |  scan[ sel ];        //选择打开第 sel 个数码管
      if( ++sel >3) sel = 0;                    //一次循环结果
  }
```

6.3.3 本地控制程序

本地控制程序主要是根据一定的能源控制策略对电能路由器的各种能源进行切换，完成各种能源的传递及变换，同时完成工作状态的显示。

下面以2017年全国职业技能大赛光伏电子工程的设计与实施赛项中光伏控制器方面的试题为例说明程序编写情况。

1. 任务要求

（1）自动运行互补逻辑

1）风光输入足够时，能源转化后不足以驱动负载，开关电源作为市电补偿供电，能源转化后输出给负载供电，若有余量则给蓄电池充电，蓄电池充电有效。

2）如果风光输入不足，开关电源不供电，开关电源（市电）指示灯不亮，蓄电池单独供电，蓄电池放电指示灯有效。

3）当负载过大，风光能源和开关电源（市电）能量不足时，蓄电池充电停止，且蓄电池帮助供电。

（2）数码管显示

1）循环显示太阳能整流输入电压（A），风电整流输入电压（F），蓄电池组端电压（b）三组电压值。

2）每页显示2s。格式为XYY.Y。X为类型码（A/F/b）。YY.Y为电压值，单位V（当低于10.0V时，最高位数字0消隐）。

3）要求标校显示值与端子排J_5对应采样点的实际测量值（用万用表测量）一致。

（3）二极管指示灯显示要求

VD_9、VD_{10}、VD_{11}（对应于图6.2中LED_5、LED_3及LED_4）应该能够工作在熄灭、点亮和周期闪烁3种方式，要求如表6-12所示。其中闪烁方式要求相应的LED应能够实现亮0.5s，灭0.5s的交替亮灭指示。

表6-12 LED工作状态控制要求

指示灯	熄灭	点亮	周期闪烁
VD_9	无市电接入	—	市电接入
VD_{10}	无风光电接入	风光电任一路接入	风光电全接入
VD_{11}	—	蓄电池充电	蓄电池放电

1）市电状态灯为VD_9，市电有效时闪烁。

2）风光状态灯为VD_{10}，风电、光电任一路有效时点亮，风电、光电全接入闪烁。

3）蓄电池指示灯为VD_{11}，蓄电池充电点亮，蓄电池放电闪烁。

2. 技术要求分析

分析上述技术要求可以看出主控程序主要完成两大功能，一是各个采集点的电压显示；二是根据各种能源的发电情况选择接入或切除，同时用LED灯指示工作状态。电压的显示相对简单，只需要采集相应点的数据，然后处理、变换显示即可，基本是线性的顺序处理；难点是第二部分，要从客户需求描述中理清“自动运行互补逻辑”。LED的工作状态指示中的控制逻辑比较清楚，只要前面的自动运行互补逻辑清楚，就比较好实现。

要弄清控制逻辑，首先明确控制对象，本控制器中的控制对象有：新能源（光伏、风电）、市电、蓄电池和负载输出，然后再根据需求来实现它们之间的拓扑链接，分析情况如表6-13所示。

表6-13　任务分析

序号	技术要求	编程逻辑	分析说明
1	风光输入足够时，能源转化后不足以驱动负载，开关电源作为市电补偿供电，能源转化后输出给负载供电，若有余量则给蓄电池充电，蓄电池充电有效	①如果 CHK15VO = = 1 && CHK12V = = 0 则 KZ15VO = 1；（打开风光电源输入） KZ15VIN = 1；（开关电源输入） ②如果 CHK15VO = = 1 && CHK12V = = 1 则 KZBTIN = 1；（蓄电池充电）	风光输入足够：风光发电经 DC/DC 升压后 15VOUT≥15V，或者 CHK15VO 比较输出高电平； 能源转化后不足以驱动负载：系统的输出电压低于12V，或 CHK12V 比较输出为低电平； 有余量：输出电压高于12V
2	如果风光输入不足，开关电源不供电，开关电源（市电）指示灯不亮，蓄电池单独供电，蓄电池放电指示灯有效	如果 CHK15VO = = 0，则 KZ15VO = 1；（关闭风光电源输入） KZ15VIN = 0；（开关电源输入） KZBTIN = 0；（蓄电池不充电） KZBTOUT = 0；（蓄电池放电）	风光输入不足：即无光伏、风力不发电或发电很弱，即 15VOUT<15V，或者 CHK15VO 比较输出低电平
3	当负载过大，风光能源和开关电源（市电）能量不足时，蓄电池充电停止，且蓄电池帮助供电	如果 CHK15VO = = 1 && CHK12V = = 0 则 KZBTIN = 0；（蓄电池不充电） KZBTOUT = 0；（蓄电池放电）	当负载过大：负载输出电压低于12V，或 CHK12V 比较输出为低电平
4	指示灯 VD_9：市电接入是闪烁，无市电接入时熄灭	如果 KZ15VIN = = 1，则 VD_9 = flash； 否则，VD9 = 1；（熄灭）	市电的接入与否，只需要看市电的控制引脚 KZ15VIN，如果为1则接入；为0，则未接入。 flash 每0.5s变化一次。 LED 是低电平点亮
5	指示灯 VD_{10}：无风光接入时熄灭，全接入时闪烁，任一接入时长亮	如果 CHK15VO = = 0，则 VD_{10} = 1； 否则，TYVCC > 50 或 FJVCC > 50，则 VD_{10} = 0； 其他 VD_{10} = flash	在 CHK15VO 等于1的条件下通过检查采样光伏电压 TYVCC、风力发电电压 FJVCC。 >50 即整流后的电压大于5V，说明风光发电足够
6	指示灯 VD_{11}：蓄电池充电时点亮，放电时闪烁	如果 KZBTIN = = 1；则 VD_{11} = 0； 如果 KZBTOUT = = 1；则 VD_{11} = flash； 其他情况 VD_{11} = 1	蓄电池充电标志 KZBTIN；蓄电池放电标志 KZBTOUT

注1. 表中的字母符号参考图6-2和图6-3。

3. 数据处理程序

数据处理的硬件电路比较简单，因为STC单片机内嵌ADC的参考电压为其电源 V_{CC}，此系统的电源电压设计为5V，为了扩大其采样测量范围，满足系统监测的需求，要通过电阻串联分压，参考6.2.5节硬件设计，选用的是20kΩ电阻与6.2kΩ电阻串联，根据串联分压理论得

$$V_{adc\_in}=\frac{6.2}{20+6.2}\cdot V_x$$

式中 V_x——检测电压；

V_{adc_in}——ADC 测量电压。

当 V_{adc_in} 最大的测量值为 5V 时，V_x 的最大测量值为 21.129V。据此原理编写数据处理程序如下：

```
    /**ADC 电压采集处理程序**/
unsigned  int  DataProcess(unsigned char ch)          //形参 ch 为 ADC 通道选择
    {
    unsigned char i=0;                                //循环变量
    unsigned int  sum=0;                              //累加变量
    float Vx=0;                                       //电压计算

    for(sum=0,i=0;  i<16  ; i++)
        sum=sum + GetADC(ch);                         //连续采样 16 次,累加。
    sum=sum>>4;                                       //求平均,等同于 sum=sum/16;
    Vx=(sum/1024.0) * 5 *(26.2/6.2 );                 //计算检测点电压
    Vx=Vx * 10;                                       //扩大 10 倍,相当于取小数点后 1 位
    return  (unsigned int) Vx;                        //数据类型强制转换 float --> int
    }
```

4. **数码管显示参数程序**

```
    /* 变量 dis_state 第 2s 增加 1,循环 0~2,对应 3 个显示内容 */
    /* 此程序执行周期要技术要求为 2s   */
    void DisPara(  unsigned char dis_state)
    {
        unsigned  int  EXV=0;                        //临时存外部电压
        switch (dis_state)
        {
            case 0 :                                 //太阳能整流输入电压(A)
                EXV=DataProcess(2)+7;                //第二通道太阳能整流电压,7 即 0.7V
                dis_data[0]=20;                      //21 对应的编码(dis_seg 数组)为"A"
                break;
            case 1:                                  //风电整流输入电压(F),第三通道风能整流电压
                EXV=DataProcess(3)+14;               //14 即 1.4V,两个二极管压降
                dis_data[0]=21;                      //22 对应的编号为"F"
                break;
            case 2:                                  //蓄电池组端电压(b)
                EXV=DataProcess(5);                  //第五通道为蓄电池电压
                dis_data[0]=22;                      //23 对应的编号为"b"
                break;
            default:  dis_state=0;break;
        }
        dis_data[1]  =(EXV/100==0) ? 24 : EXV/100;       //24 不显示,消隐
```

```
    dis_data[2]    =EXV/10%10 + 10;              //电压个位即数据的十位,+10 小数点
    dis_data[3]    =EXV%10;                      //电压小数点后的第一位,即数字的个位
}
```

5. 自动运行互补逻辑及 LED 显示程序

根据上述分析，可知各能源的接入控制逻辑用图形化的形式表现如图 6-44 所示。

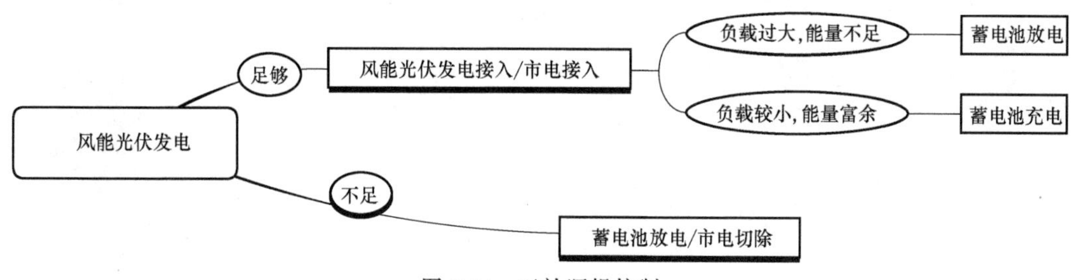

图 6-44　互补逻辑控制

自动运行互补逻辑及 LED 显示程序程序如下：

```
/**********************接口预定义*******************/
sbit  KZBTIN=P2^0;                    //蓄电池充电控制引脚
sbit  KZBTOUT=P2^1;                   //蓄电池放电控制引脚
sbit  CHK15V=P3^2;                    //直流总线电压是否在于 15V 比较输入
sbit  CHK15VO=P3^3;                   //风光 DCDC 是否有输入电压比较输入
sbit  KZ15VO=P3^4;                    //风光电源接入控制引脚
sbit  KZ15VIN=P3^5;                   //市电接入控制引脚
sbit  CHK12V=P3^6;                    //负载输出端电压是否大于 12V 比较输出
sbit  CHKBT12V=P3^7;                  //蓄电池电压 13V 比较
sbit  D9   =P2^6;                     //市电接入指示
sbit  D10=P2^5;                       //风光接入指示
sbit  D11=P2^4;                       //蓄电池充放电指示
//bit  flash=1;                       //闪烁频率控制-1Hz
/*********************互补逻辑控制********************/
void control (void)
  {
    unsigned int TYVCC=0,FJVCC=0;     //存储风光输入电压
    P2M0=0x01 + 0x02;                 //P20、P21 推挽输出
    P2M1=0x00;
    P3M0=0x10+0x20;                   //P33、P34 推挽输出
    P3M1=0x00;
    CHK15V   =1;                      //I/O 口准双向口,输出高电平
    CHK15VO=1;
    CHK12V   =1;
    if(CHK15VO)                       //判断风光输入电压是否足够,等于 1 足够
      {
```

```
        KZ15VO    =1;                  //打开风光电源接入
        KZ15VIN   =1;                  //打开市电接入
        if(CHK12V)                     //判断负载输出电压是否大于 12V,大于说明能量富余
          {
            KZBTIN=1;                  //蓄电池充电打开
            KZBTOUT=0;                 //蓄电池放电关闭
          }
        else
          {
            KZBTIN=0;                  //蓄电池充电关闭
            KZBIOUT=1;                 //蓄电池放电打开
          }
      }
  else                                 //风光发电不足
      {
        KZ15VO    =0;                  //关闭风光电源接入
        KZ15VIN   =0;                  //关闭市电接入
        KZBTIN    =0;                  //蓄电池停止充电
        KZBTOUT   =1;                  //蓄电池放电
      }
    ///////////////////////////////////////////////////////////////
    TYVCC  =  DataProcess (2);         //采样光伏输入电压
    FJVCC  =  DataProcess (3) ;        //采样风能输入电压
    //LED 状态指示
    D9=KZ15VIN  ?  flash  :  1;        //接入等于 1,则闪烁
    ///////////////////////////////////////////////////////////////
    if (CHK15VO)
    {
        if(TYVCC >50 && FJVCC >50)  D10=flash;        //常亮
        else                        D10=0   ;         //闪烁
    }
    else
        D10=1;                                        //无风光接入
    ///////////////////////////////////////////////////////////////
    if (KZBTIN)        D11=0   ;                      //充电时点亮
    else if(KZBTOUT)   D11=flash;                     //放电时闪烁
    else               D11=1   ;                      //熄灭
}
```

6.3.4 系统主程序

系统的主程序提供一个整体的架构，把相关功能模块（子程序）有机整合起来，完成系统功能，在这个系统中，主要是提供一个时间基准，按照任务要求，在规定的时间内调度

（执行）相关任务（子程序），此处采用定时中断来实现。

上述各个任务分析，要求执行最快的任务是“数码管显示”，此子程序要求执行时间不低于10ms，为了达到最佳的显示效果，此处选择2ms，4个数码管的刷新次数为1000ms/8ms=125，即刷新频率为125Hz。另外两个时间分别是显示参数变化时间2s，LED指示灯闪烁0.5s。控制程序兼顾响应速度，减少干扰，选择执行周期为0.1s。

根据上述分析，主程序的定时中断程序，选择定时周期2ms，其他时间再由此累计产生，主程序代码如下，相关预定义上面出现过的，此处不再重复。

```
#include<STC15.H>
#include <intrins.h>
#define  FOSC   11059200L                         //单片机的时钟频率
#define  T2MS  (65536-FOSC/12/500)                //12T 模式下（2/1000）除以（12/FOSC)
/****时间标志位*********/
bit  flash=1;                                     //LED 闪烁控制 0.5s
bit  f_t2ms=0;                                    //2ms 时间标志位
bit  f_t100ms=0;                                  //0.1s 时间标志位
bit  f_t2S   =0;                                  //2s 时间标志位
/****************函数声明**************************/
void  InitADC(void);                              //ADC 模块初始化
unsigned int GetADC(unsigned char  ch);           //ADC 转换程序
void dis_prg(void);                               //动态显示控制程序
unsigned  int  DataProcess(unsigned char ch);     //ADC 电压采集处理程序
void DisPara(  unsigned char dis_state);          //2s 显示内容
void control (void)   ;                           //能源互补控制程序
/******************************************************/
main(void)
{
  unsigned char dis_state=0;                      //显示内容转换速度
  //定时器中断 T0 初始化
  TMOD=0x01;               //定时器 T0 的工作模式 1~16 位(模式 0 可自动重装)
  TL0   =T2MS;
  TH0   =T2MS>>8;          //定时器初始化
  TR0   =1;                //启动定时器 T0
  ET0   =1;                //开定时器 T0 中断
  EA      =1;              //开总中断
  InitADC(   );            //ADC 初始化
  Begin:
    if (f_t2S)
        {
             f_t2S=0;
             if(++ dis_state >2)   dis_state=0;
        }
    DisPara(dis_state);                                  //调用参数显示程序
    if (f_t100ms)  {  f_t100ms=0;  control ();  }        //调用互补控制逻辑
    if (f_t2ms   )  {  f_t2ms=0;    dis_prg ();  }        //调用动态显示程序
```

```
goto Begin;
  }
  /****************定时器T0中断******************/
  void   timer0_isr(   )   interrupt   1   using 1
  {
  static unsigned int tc=0;                        //时间累计

  TL0   =T2MS;
  TH0   =T2MS>>8;                                  //定时器重装初值
  f_t2ms=1;                                        //2ms 标志位置位
  tc++;                                            //2ms 时间累加
  if (tc > 1000)                                   //2ms 时间累加 1000 次=2s
     {
        tc=0;
        f_t2S=1;                                   //2s 标示位置位
        }
    if (tc%250==0)   flash=~flash;                 //250*2=500ms   0.5s 变化一次
    if (tc%50==0)      f_t100ms=1;                 //50*2=100ms
  }
```

6.3.5 任务实施

参考以上内容完成系统软件控制程序的编写，程序代码见二维码链接。

程序下载

6.3.5 源程序

任务 6.4 风光互补发电控制器的制作

任务目标

- 掌握 QFP 封装芯片的焊接方法。
- 掌握风光互补发电控制器硬件调试思路与方法。
- 理解并掌握动态显示程序的调试思路与方法。
- 理解并掌握 ADC 转换程序的调试思路与方法。
- 理解并掌握控制各种能源自动互补运行程序的调试思路与方法。

6.4.1 元器件的选型

本风光互补发电控制器，风能、光伏接入的最大电流 1A，最大的输出电流 5A 左右，蓄电池的充电电流大约为 1A，电路的设计使蓄电池的电压不能太低，太低的蓄电池电压会增大充电电流，估算蓄电池的电压不要低于 13V。风光互补发电控制的元器件清单见表 6-14。

表 6-14 风光互补发电控制的元器件清单

序 号	元器件名称	位 号	型号规格	数量
1	单片机	U_7	IAP15W4K61S4_LQFP44	1

（续）

序　号	元器件名称	位　　号	型号规格	数量
2	DC/DC 变换器	U_{15}，U_{16}	MC34063A_DIP8	2
3	DC/DC 变换器	U_4，U_{10}，U_{12}，U_{13}，U_{14}	MP1584EN_SOP8	5
4	电子开关 PMOS	U_1，U_2，U_{11}，U_{17}	AMP4953_SOP8	4
5	比较器	U_3，U_{18}	LM393_SOP8	2
6	锁存器	U_9	74HC573_SOP20	1
7	RS-232 串口	U_5	MAX232_SOP16	1
8	RS-485 芯片	U_6	SP3085E_SOP8	1
9	七段共阴数码管	U_8	0. 28in-2841	1
10	电解电容	C_{17}，C_{23}，C_{26}，C_{28}，C_{30}，C_{34}	25V/1000uf-(D)10mm×20mm(H)	6
11		C_{14}	35V/1000uf -(D)13mm×20mm(H)	1
12		C_3	16V/1000uf-(D)13mm×10mm(H)	1
13	贴片陶瓷电容	C_1，C_2，C_5，C_7，C_{11}，C_{12}，C_{13}，C_{16}，C_{18}，C_{19}，C_{22}，C_{24}，C_{25}，C_{29}，C_{31}，C_{33}，C_{36}，C_{37}	C0805-105K	18
14		C_{32}，C_{35}	C0805-152J　50V	2
15		C_4，C_{15}，C_{20}，C_{21}，C_{27}	C0805-151J　50V	4
16		C_6，C_8，C_9，C_{10}	C0805-105K 50V	4
17	贴片电感	L_1，L_2，L_3，L_4，L_5	CDRH104R- 22UH(220)	4
18		L_6，L_7	CDRH104R -100UH(101)	2
19	晶体管	VT_1，VT_2，VT_3，VT_4，VT_5，VT_6，VT_7，VT_8	NPN-S9013-SOT23	8
20	肖特基二极管	VD_1，VD_6，VD_{15}，VD_{16}，VD_{17}，VD_{18}，VD_{21}，VD_{22}，VD_{29}，VD_{37}	1N5822 SS34 SMB 4. 4mm×3. 6mm	10
21	整流二极管	VD_3，VD_4，VD_5，VD_{24}，VD_{25}，VD_{26} VD_{27}，VD_{28}，VD_{30}，VD_{31}，VD_{32}，VD_{33}，VD_{34}，VD_{35}，VD_{36}	M7　4mm×2. 5mm IN4007	15
22	TVS 二极管	VD_7，VD_8	SMB_P0300C	2
23	插装二极管	VD_{23}	Diode_6A10	1
24	发光二极管	VD_{12}，VD_{13}，VD_{14}，VD_{20}	红-0805	4
25		VD_2，VD_9，VD_{10}，VD_{11}，VD_{19}，VD_{38}	绿色插装 3mm	6
26	插装电阻	R_{62}	0. 1Ω/1W-Aixal-600mil（色环：黑棕黑银棕）	1
27		R_{88}，R_{92}	0. 22Ω/1W-Aixal-600mil（色环：黑红红银棕）	2
28		R_{98}	10Ω/1W-Aixal-600mil（色环：棕黑黑金棕）	1
29		R_6	1Ω/1W-Aixal-600mil（色环：棕黑黑银棕）	1

（续）

序号	元器件名称	位号	型号规格	数量
30	贴片电阻	R_{9}, R_{59}, R_{68}, R_{108}, R_{109}	R0805 0Ω 1/8W	5
31		R_{23}, R_{26}, R_{31}, R_{55}, R_{64}, R_{65}, R_{67}, R_{76}, R_{77}, R_{80}, R_{85}	R0805-100k(104)-1/8W	11
32		R_{1}, R_{4}, R_{10}, R_{13}, R_{14}, R_{24}, R_{25}, R_{30}, R_{54}, R_{87}, R_{95}, R_{96}, R_{97}, R_{103}	R0805-10k(103)-1/8W	14
33		R_{11}	R0805-11k(113)-1/8W	1
34		R_{29}	R0805-120(121)-1/8W	1
35		R_{56}, R_{66}, R_{69}, R_{79}, R_{81}, R_{102}	R0805-13k(133)-1/8W	6
36		R_{20}, R_{60}, R_{73}, R_{75}, R_{84}	R0805-150k(154)-1/8W	5
37		R_{16}	R0805-15k(153)-1/8W	1
38		R_{17}	R0805-160k(1603)-1%	1
39		R_{86}, R_{91}	R0805-180(181)-1/8W	2
40		R_{2}, R_{5}, R_{27}, R_{28}, R_{44}, R_{45}, R_{46}, R_{58}	R0805-1k(102)-1/8W	8
41		R_{32}, R_{33}, R_{34}, R_{35}, R_{36}, R_{37}	R0805-20k(203)-1/8W	6
42		R_{63}, R_{74}, R_{90}, R_{94}	R0805-22k(2202)-1%	4
43		R_{3}, R_{7}, R_{19}, R_{21}, R_{22}, R_{47}, R_{48}, R_{52}, R_{53}, R_{61}, R_{99}, R_{101}, R_{104}, R_{105}, R_{106}	R0805-2k(202)-1/8W	17
		R_{89}, R_{93}	R0805-2k(2001)-1%	2
44		R_{18}	R0805-30k(303)-1%	1
45		R_{72}, R_{83}	R0805-36k(3602)-1%	2
46		R_{57}, R_{70}	R0805-390k(3903)-1%	2
47		R_{8}, R_{12}, R_{100}, R_{107}	R0805-3k(302)-1/8W	4
48		R_{71}, R_{82}	R0805-510k(5103)-1%	2
49		R_{38}, R_{39}, R_{40}, R_{41}, R_{42}, R_{43}, R_{49}, R_{50}, R_{51}, R_{78}	R0805-6.2k(622)-1/8W	10
50		R_{15}	R0805-75k(753)-1/8W	1
51	自恢复保险	F_{1}, F_{2}	1812-0.1A/60V	2
52	接插件	J_{1}、J_{2}、J_{4}、J_{8}	5.08MM 插拔式端子-2P 弯脚	4
53		J_{9}、J_{10}、J_{6}、J_{7}	5.08MM 插拔式端子-3P 弯脚	4
54		J_{3}	5.08MM 插拔式端子-4P 弯脚	1
55		J_{4}	5.08MM 插拔式端子-6P 弯脚	1

上述器件中，贴片电阻要求精度为1%，它们主要用在DC/DC转换芯片的输出取样电阻，决定了输出电压的精度；其他没有标注精度的为5%的电阻。

6.4.2　控制板的焊接

电路板的焊接方法与项目2一样，此处不再累述。电路布局说明如图6-45所示，矩形方框所示的4个电源功能模块，它们之间的互联电子开关（如图中A、B、C处），各有一个功率电阻，这3个电阻起到不同直流电源的平衡作用，要最后焊接，要等各部分电源调试完成后，再焊接。

调试方法如下：

1）太阳能输入电压5~12V，测试A处的MOS芯片的1、3脚电压，15V±5%。

2）风机输入电压6~12V，测试A处的MOS芯片的1、3脚电压，15V±5%。

3）市电20~24V输入，测试B处的MOS芯片的1、3脚电压，15V±5%。

4）A处或B处电阻输入15V电压，测试12V输入电压12±10%。

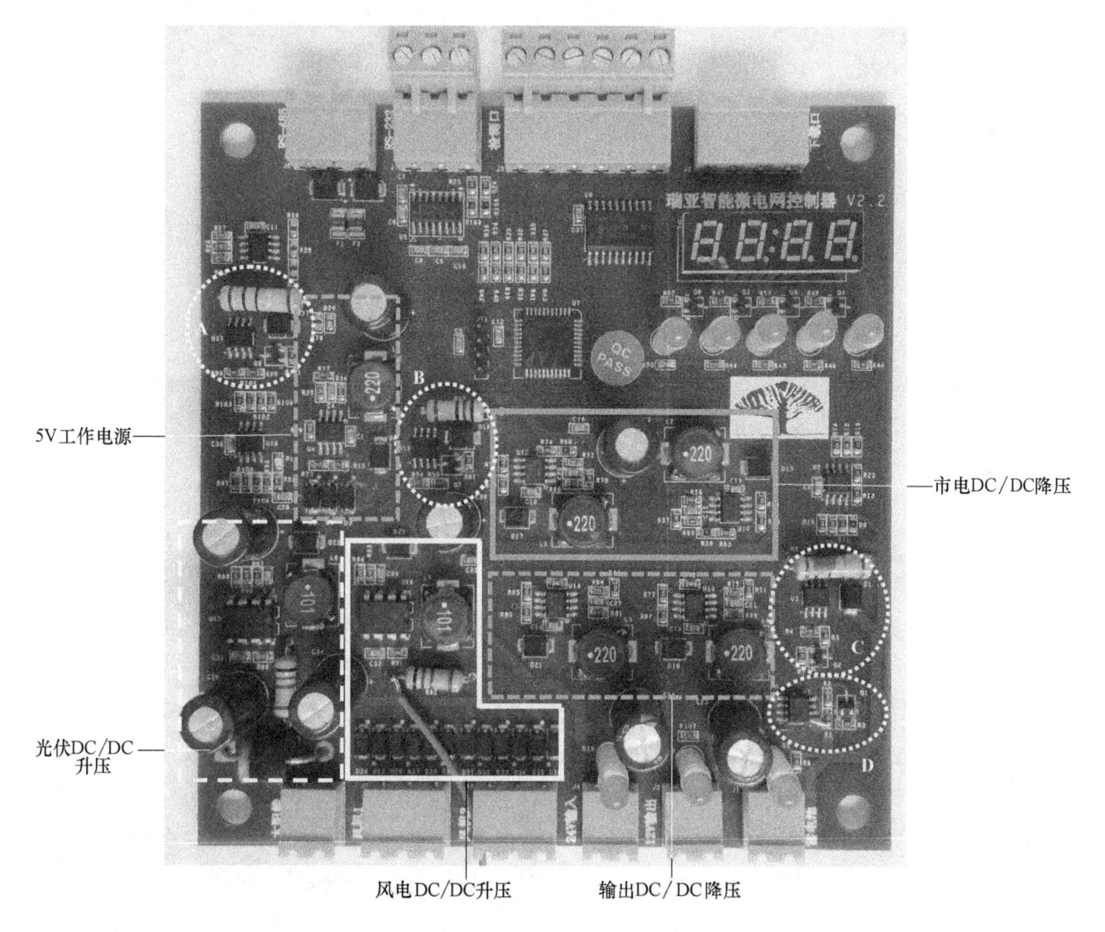

图6-45　电路布局说明

6.4.3　程序的下载

程序的下载方法与项目4、5相同，需要注意的是由于主控芯片不同，所以下载参数的设置有所区别，单片机下载程序设置如图6-46所示，一是此处所用的单片是型号是

IAP15W4K61S4；二是硬件选项中，因没有外接晶体振荡器，所以此处要选用片内 IRC 时钟，频率可根据自己的喜好来选。

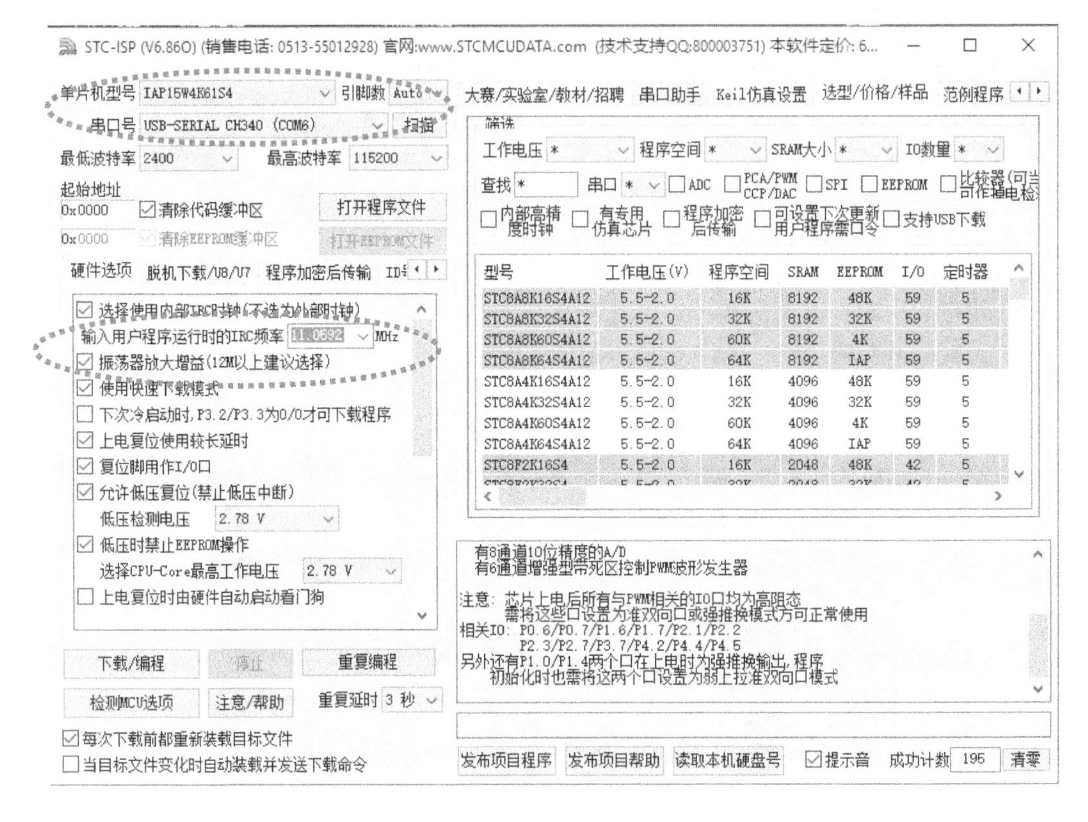

图 6-46　单片机下载程序设置

6.4.4　程序的调试

整个程序任务比较多，调试的时候要分步骤进行，一般先调试显示功能，一是它涉及的外围电路简单，比较容易调试；二是用它可以输出相关参数，方便后继调试。

1. 动态显示调试

动态显示程序及其他任务的基础都需要时间基准，因此要使用定时器中断，程序先完成显示固定内容，此处显示是缓存数组中初始化的数字“6821”，如图 6-47 所示。

图 6-47　动态显示调试

另外要注意，如果程序下载后不能正常显示，可能的原因是单片机的默认的 I/O 口为准双向口，驱动能力比较弱，可以将与动态显示相关的 I/O 设置成“推挽”型输出口，特别是控制晶体管的 P4 口。STC 单片机 I/O 口配置说明如表 6-15 所示。

表 6-15 STC 单片机 I/O 口配置说明

序号	PXM1. Y	PXM0. Y	I/O 模式说明
1	0	0	准双向口(传统 8051 I/O 口模式,弱上拉),灌电流可达 20mA,拉电流为 230μA;由于制造误差,实际为 250~150μA
2	0	1	强推挽输出(强上拉输出,可达 20mA,要加限流电阻)
3	1	0	高阻输入(电流既不能流入,也不能流出)
4	1	1	开漏(OpenDrain),内部上拉电阻断开,要外加

注：1. X 为 0~4，对应并行端口 P0 ，P1，P2，P3，P4；Y 为 0~7，对应端口的位。
2. PXM1、PXM0 寄存器不能位寻址，只能整体赋值。

参考程序如下：

```
#include <STC15F2K60S2. H>
/**********系统时钟及定时器初值....***************************/
#define Fosc 11059200L                //系统时钟频率
#define T2MS (65536-Fosc/12/500)
                        //12T 模式下,2ms 时间所需的周期数 2ms=2/1000s ,  (2/1000)/(12/Fosc)
/**********动态显示接口*******************************/
#define   dis_bus        P0           //动态显示总线接口
#define   dis_sel        P4           //数码管选择接口
#define   dis_sel_cls    P4&=0xe1     //数码管选择接口清 0--"1110 0001",全关 P4.1~P4.4
unsigned char code dis_seg[]={0x3F,0x06,0x5B,0x4F,0x66,0x6D,0x7D,0x07,0x7F,0x6F,
                              //'0' '1' '2' '3' '4' '5' '6' '7' '8' '9'
                              0xBF,0x86,0xDB,0xEF,0xE6,0xED,0xFD,0x87,0xFF,0xEF,
                              //'0.''1.''2.''3.''4.''5.''6.''7.''8.' '9.'
                              0x77,0x71,0x7c,0x40,0x00};
                              //'A' 'F''b' '-' 全灭
unsigned char code scan[4]={0x02,0x04,0x08,0x10};
                              //位选编码,高电平有效,通过控制 NPN 导通,打开数码管电源
unsigned char dis_data[4]={6,8,2,1};           //显示内容缓存,4 个数码管,4 个数字
sbit   dis_LE=P2^7;                            //锁存器引脚
/**************************************************/
  void dis_prg(void)
  {
    static unsigned char sel=0;                //数码管循环选择变量
    //相关 IO 口工作模式推挽
    P2M0=P2M0 | 0x80;                          //1000 0000
    P2M1=P2M1 & 0x7f;                          //0111 1111
    P4M0=P4M0 | 0x1e;                          //0001 1110
    P4M1=P4M1 & 0xe1;                          //1110 0001
    P0M0=0xff;
    P0M1=0x00;
  dis_LE   =1;                                 //锁在器开
  dis_bus   =0x00;                             //全灭,消隐
```

```
    dis_bus    =dis_seg[ dis_data[ sel ] ];          //到缓存数据,查表译码
    dis_sel_cls;                                     //数码码显示用的接口先清零
    dis_sel=dis_sel  |  scan[ sel ];                 //将相关位置 1
    if( ++sel >3) sel=0;
      dis_LE   =0;
    }
/*****************************************/
/*主程序变量定义区*/
bit f_t2ms=0;        //2ms 时间标志位
void main( void)
{
     //定时器初始化
     TMOD=0x01      ;                                 //工作模式 1, 16 手动重装初值。0 模式可以自动重装
     TL0   =T2MS;
     TH0   =T2MS>>8;                                  //高 8 位
     TR0   =1;
     ET0   =1;
     EA    =1;
     Begin:
       if( f_t2ms)      { f_t2ms=0;  dis_prg( ); }    //2ms 执行一次
     goto Begin;
}
/******定时器 0 中断*****************************/
void timer0_isr(    ) interrupt 1
{  L0   =T2MS;
   TH0   =T2MS>>8;                                    //高 8 位
    f_t2ms=1;                                         //时间标志位置位
}
```

如果显示不成功，此时可以通过增加扫描间隔的方法，让动态显示慢下来，看看到底是显示译码出了问题，还是数码管位选出了问题，或硬件问题，具体方法时修改定时器中断如下：

```
    /******定时器 0 中断*****************************/
void timer0_isr(    ) interrupt 1
    {
        static   unsigned   int t=0;
        L0   =T2MS;
        TH0   =T2MS>>8;            //高 8 位
        if( ++t > 500)             //扫描时间改为 1s
        {   t=0;
            f_t2ms=1;          //时间标志位置位
        }
    }
```

2. ADC 转换调试

数码管显示正确后，接着调试 ADC 转换就相对简单了，可将转换结果直观显示出来，

判断显示是否正确，第一步是直接将采集结果输出显示，不经过处理，改变输入电压观察显示结果是否变化，再简单估算一下结果是否正确，如果显示结果不变化，则说明程序有问题，常见的问题主要是特殊寄存器配置有问题或者忘记了设置寄存器的配置。

ADC 转换调试如图 6-48 所示。

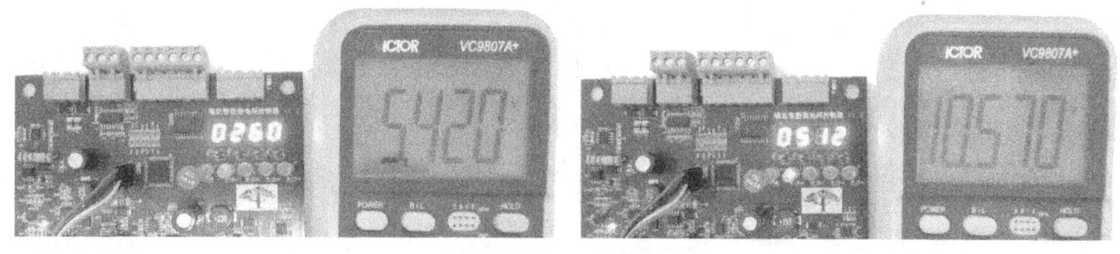

图 6-48　ADC 转换调试

如图 6-49 所示，光伏输入通道（ADC2）的采样结果，利用 ADC 采样原理计算，判断结果是否正确。

$$D_x = \frac{\frac{6.2}{20+6.2}\times 10.570\text{V}}{5\text{V}}\times 1024 \approx 512$$

$$D_x = \frac{\frac{6.2}{20+6.2}\times 5.42\text{V}}{5\text{V}}\times 1024 \approx 262$$

如果没有设置特殊寄存器 P1ASF，测试结果就会有问题，如图 6-49 所示。

图 6-49　ADC 错误测试结果

ADC 转换测试程序如下：

```
/*主程序变量定义区*/
bit f_t2ms    =0;          //2ms 时间标志位
bit f_t100ms=0;            //0.1s 时间标志位
void main(void)
{
  unsigned int Temp=0;
  //定时器初始化
  TMOD=0x01     ;      /工作模式 1,16 手动重装初值。0 模式可以自动重装
```

```
TL0   =T2MS;
    TH0   =T2MS>>8;                      //高 8 位
    TR0   =1;
    ET0   =1;
    EA    =1;
    InitADC( );                          //ADC 控制器初始化
    Begin:
    if(f_t100ms)
      {
          f_t100ms=0;
            Temp=GetADC(2);              //光伏输入采集
            dis_data[0]=Temp/1000;
            dis_data[1]=Temp/100%10;
            dis_data[2]=Temp/10%10;
            dis_data[3]=Temp%10;
      }
    if(f_t2ms)
    {
      f_t2ms=0;
      dis_prg();
      }
    goto Begin;
  }
/******定时器 0 中断*****************************/
void timer0_isr( ) interrupt 1
{
    static unsigned int tc=0;            //时间累计
    TL0   =T2MS;
    TH0   =T2MS>>8;                      //高 8 位
    tc++;
    f_t2ms=1;                            //时间标志位置位
    if(tc > 1000)
    {
      tc=0;
    }
    if(tc%50==0)  f_t100ms=1;
  }
```

3. 数据处理程序调试

数据处理程序是将 ADC 采样之后的数据，经过平均滤波，计算变换成电压显示，调试这个只需要将上述程序中的 Temp=GetADC（2）；变成 Temp=DataProcess（2）即可，对比结果如图 6-50 所示，注意小数点没有显示，小数点在第 3 个数码管的位置。

4. 自动运行互补逻辑及 LED 显示程序

分析此程序，其主要分为两部分功能，一是不同形式能源的自动运行互补控制；二是工

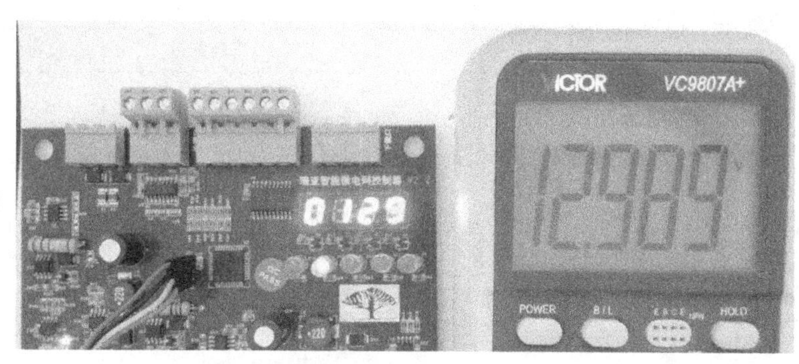

图 6-50 数据处理程序调试

作状态的 LED 显示，因此调试时也可分两步进行，第一步调试 LED 显示，确保其能正确显示程序内部运行状态，第二步再调试互补逻辑控制。

调试 LED 工作状态显示程序的方法，人为设置相关显示条件，测试显示效果，如果没有达到设计效果，则从两方面入手，一是接口定义是否正确，二是外围硬件电路（电源供电是否正常、LED 正负极是正确、其他元器件参数是否正确）。程序调试修改如图 6-51 所示。

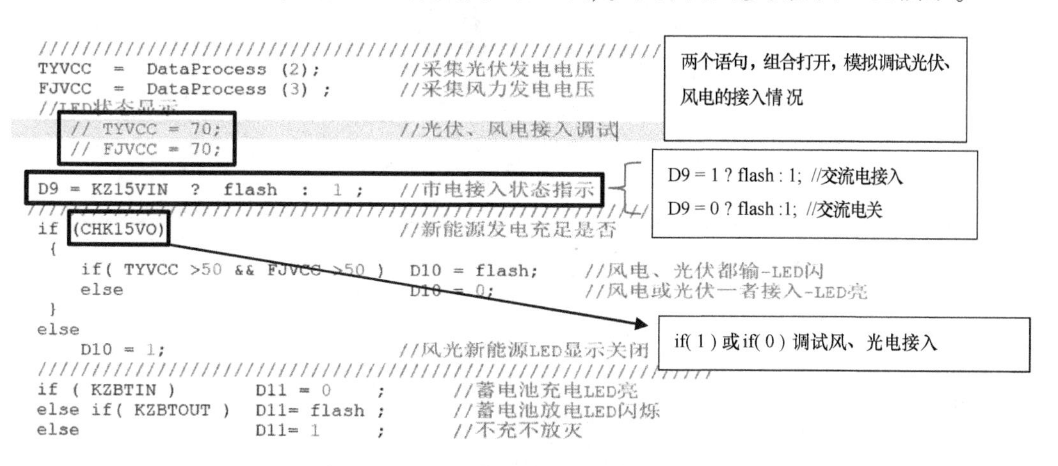

图 6-51 LED 工作状态显示程序调试修改

第二步加上互补逻辑控制调试整个控制程序，调试步骤见表 6-16。

表 6-16 整个程序调试步骤

序号	调试方法	正确结果	备注
1	只接入光伏发电（用直流调压电源模拟），调节输入电压 5～12V 之间，观察 4 位数码管显示的光伏输入电压，观察 LED（VD_{10}）显示	四位数码管显示光伏输入电压“6.4V” VD_{10}常亮	调试“风、光电任一路接入”

（续）

序号	调试方法	正确结果	备注
2	只接入风力发电(用直流调压电源模拟)，调节输入电压 5～12V 之间，观察 4 位数码管显示的风能发电输入电压，观察 LED (VD_{10}) 显示；观察 LED (VD_9) 显示结果	4 位数码管显示光伏输入电压“7.1V”，VD_{10} 常亮	调试：①“风、光电任一路接入”；②“市电接入”
3	光伏发电、风力发电 同时接入	 VD_9 闪烁 VD_{10} 常亮	调试“风、光电全接入”
4	只接入蓄电池，观察 4 位数码管显示的蓄电池电压，观察 LED (VD_{11}) 显示	 VD_{11} 闪烁	调试“蓄电池放电”

6.4.5 任务实施

1. 器材和设备

1）万用表、USB 转串口模块、可调直流稳压源。

2）PC、Keil C 软件、STC-ISP 软件。

3）电烙铁、斜口钳、镊子。

2. 实施步骤

（1）风光互补发电控制器的焊接

焊接的原则是先低后高，先贴片再插件，焊接方法与技巧与前面几个项目相同。

第一个要焊接最重要的、焊接难度最高的单片机 IAP15W4K61S4_ LQFP44，它的焊接方法与 SOP 芯片类似，也有一些不同，具体如图 6-52 所示：关键是第三步要将 PCB 斜放

45°，使芯片引脚上的焊丝在融化的情况下可以顺势往下流动。如果一次没有成功，第二次时要将电烙铁头沾上松香，增加锡的流动性。

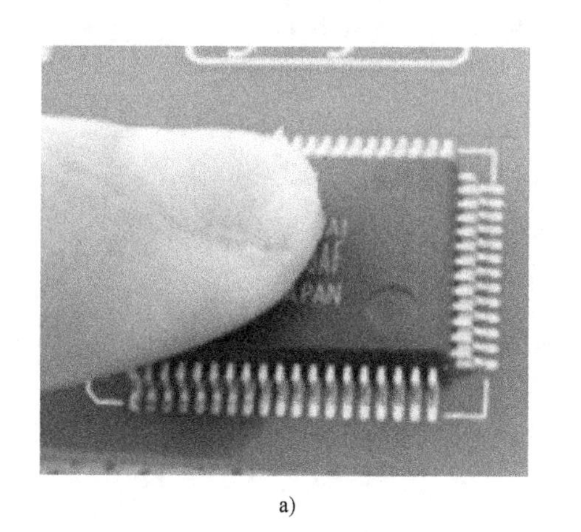

a)

b)

c)

d)

图 6-52　QFP 芯片焊接方法

a）芯片与焊盘对齐　b）对角点锡固定　c）45°倾斜逐边焊接　d）焊接完成

其他芯片或器件的焊接不再累述。注意电子开关处各有一个大体积的功率电阻，要最后焊接，要等各部分电源调试完成后，再焊接。

（2）电源调试

1）光伏发电升压电路调试：打开可调直流稳压电源，将电压调至 8V 左右，接入到控制器的光伏发电输入端 J_8，注意正负极；用万用表测量二极管 VD_{22} 负极对地电压：________V，正常应为 15±0.5V，如果不正确请根据电路工作原理检测。

2）风力发电升压电路调试：同样打开可调直流稳压电源，将电压调至 8V 左右，接入控制器的光伏发电输入端 J_9，无正负之分；用万用表测量二极管 VD_{29} 负极对地电压：________V，正常值在 15±0.5V，如果不正确请根据电路工作原理检测。

3）市电降压电路调试：将可调电源的电压调至 24V，接入到 J_4 市电输入端，用万用表测量整个控制器电路板上 C_{16}、C_{17} 正极电压：________V，正常值在 15±0.5V，如果不正确请根据电路工作原理检测。

4）电路板上 5V 工作电压调试：将可调电源的电压调至 24V，接入到 J_4 市电输入端，用万用表测量整个控制器电路板上 J_{11} 第一脚的对地电压：________V，正常值在 5±0.3V，如果不正确请根据电路工作原理检测。

（3） 下载和调试

完成电源测试后，焊接上所有剩余的功率电阻，测试单片机的好坏，是否可以下载程序。

1）接USB转232下载线，打开STC_ SIP下载软件，单击“检测MCU选项”，如果能检测出单片机的型号，则说明单片机电路完好，如果不成功要多试几次，仔细检查电路，看有无短路或虚焊。单片机型号测试如图6-53所示。

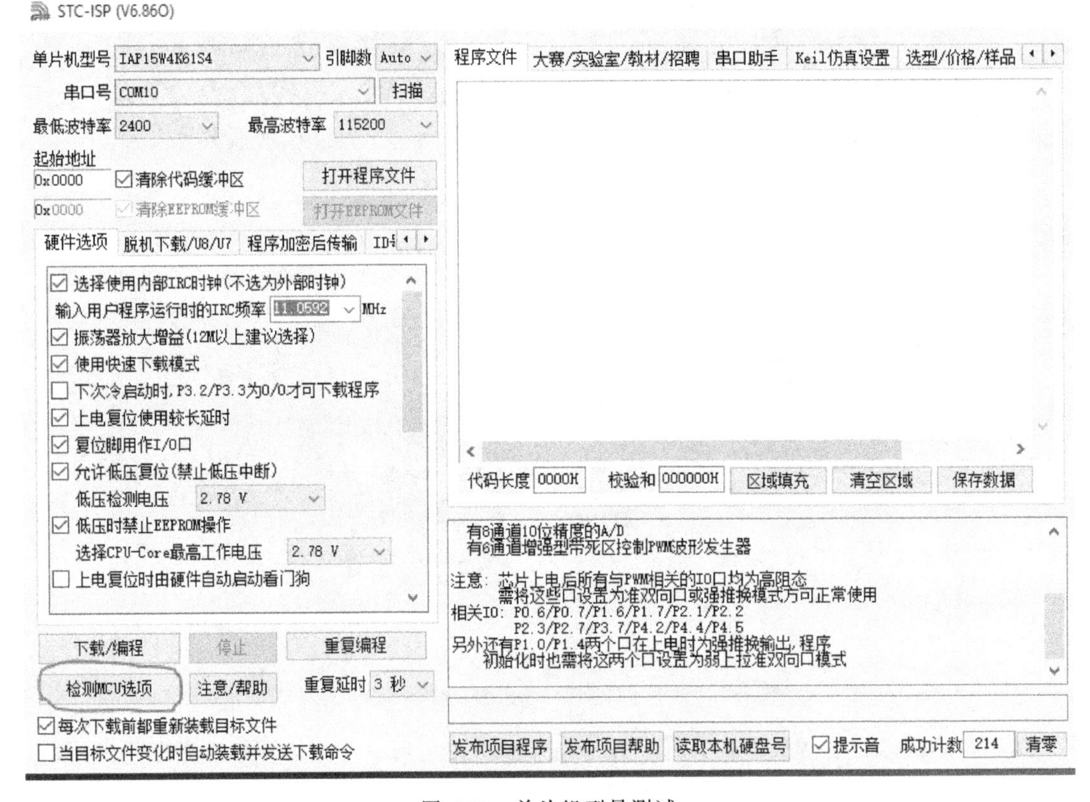

图6-53 单片机型号测试

2）按照6.3.4节的内容与方法，调试动态显示电路及显示子程序。将显示内容改为“1357”。

3）按照6.3.4节的内容与方法，调试ADC程序。

4）按照6.3.4节的内容与方法，调试风光互补控制的电子开关及互补控制逻辑。

附　录

附录A　2018年全国职业技能大赛“光伏电子工程的设计与实施”赛项——印制电路板装配与检测、单片机开发与调试模块内容

1. 光伏逐日系统电路板装配及功能调试

(1) 电路装配

任务要求：根据竞赛现场下发的光伏逐日控制器的原理图、丝印图和元器件清单（可参见项目5内容），将选取的电子元器件及功能部件正确地装配在现场下发的印制电路板上，完成光伏逐日系统控制器电路板的焊接。

电路焊接装配要求如下：

1) 元器件焊接安装无错漏。

2) 元器件排列整齐、标识可见。

3) 电路板上元器件位置正确，接插件、紧固件安装可靠牢固。

4) 焊点均匀、无气泡、无堆焊、无搭焊等。

5) 电路板和元器件无烫伤和划伤处，整机清洁无污物。

装配完成的“光伏逐日系统”，在检查无短路等现象以后，正确接入24V直流电压，在未连接其他外设的测试条件下，若电路板装配正确则其电源供电电流不应超过0.6A（利用导轨电源供电，串接数字万用表进行检测）。按照图A-1和图A-2所示完成接插件装接并装入光伏逐日系统，完成相应测试要求和代码编写及功能调试。

(2) 硬件测试要求

测试并记录 C_5 和 C_9 两端的电压，所装配电路板的静态工作电流，均填入表A-1中（注意：选手装配完成电路板并测试后，若功能正常，需将所装配的电路板替换现场下发的光伏逐日系统中的原厂电路板完成后续竞赛任务，若功能不正常，可以使用原厂电路板完成后续竞赛任务，但将酌情扣分）。

表A-1　硬件测试记录

静态电流(测试方法见装配要求)	电容 C_5 端电压	电容 C_9 端电压

(3) 功能程序代码编写

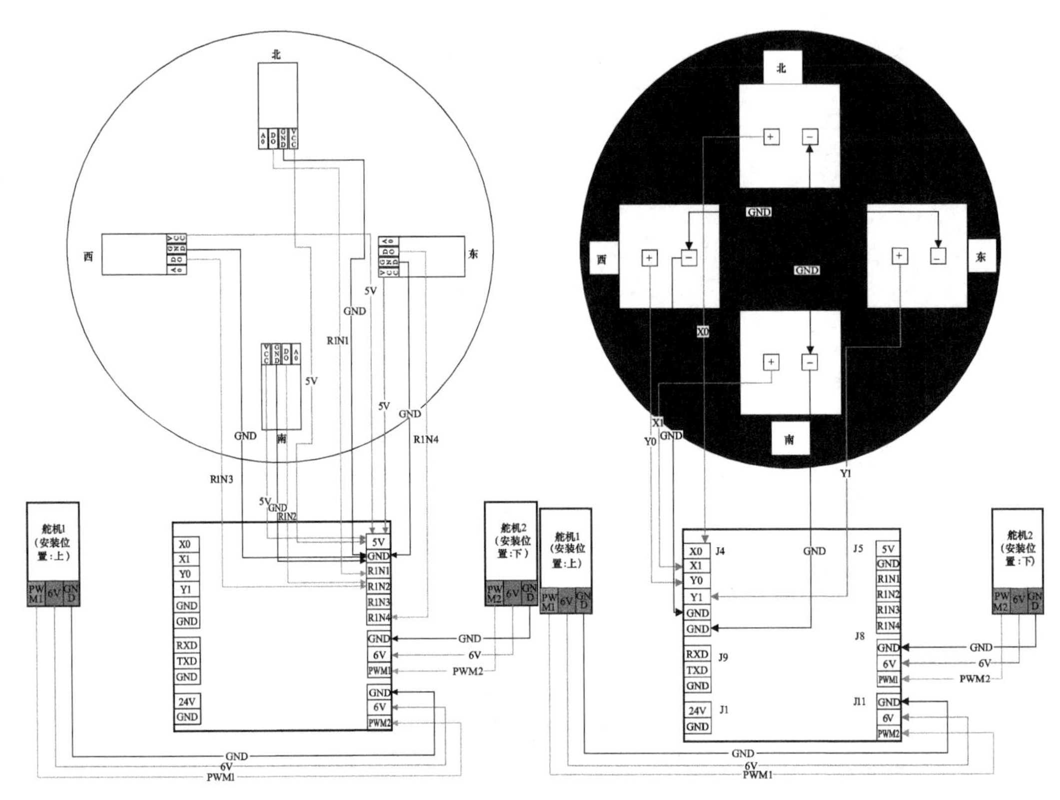

图 A-1　光伏逐日系统接线示意图

图 A-2　光伏逐日系统控制板硬件实物图

1）光伏逐日系统运行模式。

- 模式 1（引导逐日）：光伏逐日系统主动跟踪光源，此时光伏逐日系统用太阳能电池板电压实现光伏逐日系统在东、西、南、北 4 个方向跟踪光源运行，跟踪角度分辨率 1°，跟踪精度±2°，最大跟踪角度为东、西、南、北各 60°。
- 模式 2（手动逐日）：通过 PLC 及开关按钮盘控制光伏逐日系统能够向东、向西运行，最大跟踪角度为东西各 60°。

- 模式 3（主动逐日）：光伏逐日系统主动逐日运行（无须开启光源），此时光伏逐日系统先运行至东方向 45°位置，等待 3s 后再向西运行至西方向 45°位置，动作时间>10s；到达西方向 45°位置后等待 3s，再由西向东运行 90°，等待 3s；如此来回往复运行，最大跟踪角度为东西各 45°。

2）按键技术要求。

按键 S_1 用作多模式切换功能（S_1 作为功能键用，不作为系统复位按键使用！）。

技术参数如下：

- 按键 S_1 短按（<1s）第一下，“东”指示灯点亮，此时逐日系统运行在模式 1。
- 按键 S_1 短按（<1s）第二下，“北”指示灯点亮，此时光伏逐日系统运行在模式 2。
- 按键 S_1 短按（<1s）第三下，“西”指示灯点亮，此时光伏逐日系统运行在模式 3。
- 按键 S_1 短按（<1s）第四下，光伏逐日系统执行 S_1 第一次按下的功能，如此循环。
- 按键 S_1 长按（>1s），“南”指示灯点亮，此时光伏逐日系统按键复位，光伏逐日系统运行至水平位置（光伏逐日系统面板垂直向上）等待 2s，光伏逐日系统向北运行至北方向 60°，等待 2s 后，向南运行至南方向 60°，等待 2s 后回到水平位置。

3）串口通信。

编写串口通信程序，通信协议自定义，将当前光伏逐日系统的方位及角度信息发送到力控监视界面中显示，使用 ASCII 码明文实时显示光伏逐日系统方位及角度（十进制），刷新周期 1s。

例如：E：30°，表示光伏逐日系统处于东方向 30°。

注意事项说明：计算机和电路板用 USB 转 TTL 的下载器进行连接，为了避免两个电源同时上电产生的冲突，必须严格遵守以下上电顺序：下载器程序时，首先断开 24V 电源，程序下载成功后，再断开下载器，接上 24V 电源，最后再接上下载器。

2. 单片机控制模块功能设计

单片机控制模块功能设计主要包括风光互补控制器程序设计和光伏逐日系统中功能电路板的装配与功能开发调试（详见光伏逐日系统电路板装配及功能调试内容）。

风光互补控制器实现风力发电、光伏发电、储能、市电单元的控制与能源转换，操作界面示意图如图 A-3 所示。

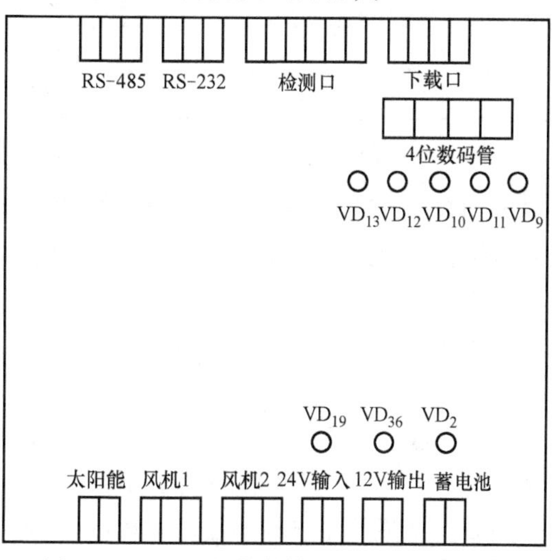

图 A-3 风光互补控制模块操作界面示意图

风光互补控制器功能要求如下。

（1）自动运行互补逻辑

1）有风能、光能任何一种能源输入时，导轨电源作为市电补偿供电，能源转化后给负载供电，若有余量则给蓄电池充电。

2）无风能、光能输入时，开关电源不供电，蓄电池单独供电。

3）当负载过大，风光能源和导轨电源（市电）能量不足时，蓄电池充电停止，且蓄电池放电。

(2) 风光互补运行模式

- 模式 1 (默认运行模式)：风光互补控制器上述自动运行互补逻辑运行。
- 模式 2：风光互补控制器使用蓄电池供电，其余能源无效。
- 模式 3：风光互补控制器使用市电供电，其余能源无效。
- 模式 4：风光互补控制器使用太阳能及风能供电 (市电补偿供电)，其余能源无效。

(3) 数码管显示

1) 循环显示风光互补控制器运行模式、光伏输入电压 (单位：V) 和环境平台风速 (单位：m/s)。

2) 信息显示 3 帧，第一帧风光互补控制器当前运行模式：X (1，2，3，4)，右对齐，时长 2s。第二帧为 4 位有效数字，VV. VV 为电压值，单位 V，时长为 3s (当低于 10.00V 时，最高位数字 0 消隐)。第三帧为 4 位有效数字，XX. XX 为风速值，单位 m/s，时长为 3s。(当低于 10.00m/s 时，最高位数字 0 消隐) 数码管显示内容示例见表 A-2。

3) 要求光伏输入电压值与端子排 J_5 对应采样点的实际测量值 (用示波器测量) 一致 (允许偏差±0.5V)。

表 A-2 数码管显示内容示例

画面顺序号	显示内容
第一帧画面(运行模式)	1
第二帧画面(光伏输入电压)	6.00
第三帧画面(环境平台风速)	3.50

(4) 二极管指示灯显示要求

VD_9、VD_{10}、VD_{11} (对应于风光互补控制器上排 LED 中，从左往右数的第 5、第 3 和第 4 三个 LED 指示灯) 应该能够工作在熄灭及点亮两种方式，要求见表 A-3。

表 A-3 LED 控制要求

指示灯	点　　亮	熄　　灭
VD_9	市电接入	无市电接入
VD_{10}	蓄电池放电	蓄电池停止放电
VD_{11}	蓄电池充电	蓄电池停止充电

附录 B 2019 年全国职业技能大赛“光伏电子工程的设计与实施”赛项——印制电路板装配与检测、单片机开发与调试模块内容

1. 光伏逐日系统电路板装配及功能调试

(1) 电路板装配

任务要求：根据竞赛现场下发的光伏逐日控制器的原理图、丝印图和元器件清单 (可参见项目 5 内容)，将选取的电子元器件及功能部件正确地装配在现场下发的印制电路板上，完成光伏逐日系统控制器电路板的焊接。

电路焊接装配要求如下。

1）元器件焊接安装无错漏。

2）元器件排列整齐、标识可见。

3）电路板上元器件位置正确，接插件、紧固件安装可靠牢固。

4）焊点均匀、无气泡、无堆焊、无搭焊等。

5）电路板和元器件无烫伤和划伤处，整机清洁无污物。

（2）电路排故

焊接完成后，对整块电路板进行检测，对电路板上预先设置的故障进行排除及修复（故障仅存在于 PCB 上），要求如下。

1）故障排除后能确保光伏逐日系统控制板正常工作，安装至光伏逐日系统主机上，能够确保光伏逐日系统正常工作。

2）完成排故后，将故障现象描述、故障分析（包括原因、故障部位）填写至赛场下发的“光伏逐日系统控制板排故表”。

（3）电路参数及波形测量

光伏逐日系统控制板故障排除后，正确接入 24V 直流电压，在未连接其他外设的测试条件下，若电路板装配正确则其电源供电电流不应超过 0.6A（利用导轨电源供电，串接数字万用表进行检测）。

采用示波器分别测量光伏逐日系统运行在正东方向 60°及正西方向 60°时舵机的控制端波形，截图保存至“桌面\竞赛提交”文件夹，并分别命名为“光伏逐日系统向东 60°舵机波形”“光伏逐日系统向西 60°舵机波形”；该端口为脉宽调制（PWM）信号，测量并记录信号的频率范围及占空比参数，填写至赛场下发的“光伏逐日系统测量参数表”（见附录 C）中。

选手完成光伏逐日系统电路板的装配、排故并测试后，若功能正常，需将所装配的电路板替换现场下发的逐日系统中的原厂电路板完成后续竞赛任务，若参赛队自己焊接的电路板功能不正常，可以使用原厂电路板完成后续竞赛任务，但将酌情扣分。按照图 B-1 和图 B-2 所示完成接插件装接并装入光伏逐日系统，并完成相应测试要求和代码编写及功能调试。

（4）功能程序代码编写

1）光伏逐日系统运行模式。

光伏逐日系统功能要求包含光伏逐日系统的运行模式、按键技术要求 LED 显示要求，具体要求如下。

- 模式 1（引导逐日，默认模式）：光伏逐日系统主动跟踪光源，此时光伏逐日系统用太阳能电池板电压实现光伏逐日系统在东、西、南、北 4 个方向跟踪光源运行，跟踪角度分辨率 1°，跟踪精度±2°，最大跟踪角度为东、西、南、北各 60°。
- 模式 2（手动逐日）：通过 PLC 及开关按钮盘控制光伏逐日系统能够向东、向西运行，最大跟踪角度为东西各 60°。
- 模式 3（主动逐日）：光伏逐日系统主动运行（无须开启光源），此时光伏逐日系统先复位（光伏逐日系统面板垂直向上），再运行至正东方向 45°位置，等待 3s 后再向西运行至正西方向 45°位置，动作时间>10s；到达西方向 45°位置后等待 3s，再由西向东运行 45°，等待 3s；如此来回往复运行，最大跟踪角度为东西各 45°。

2）按键技术要求。

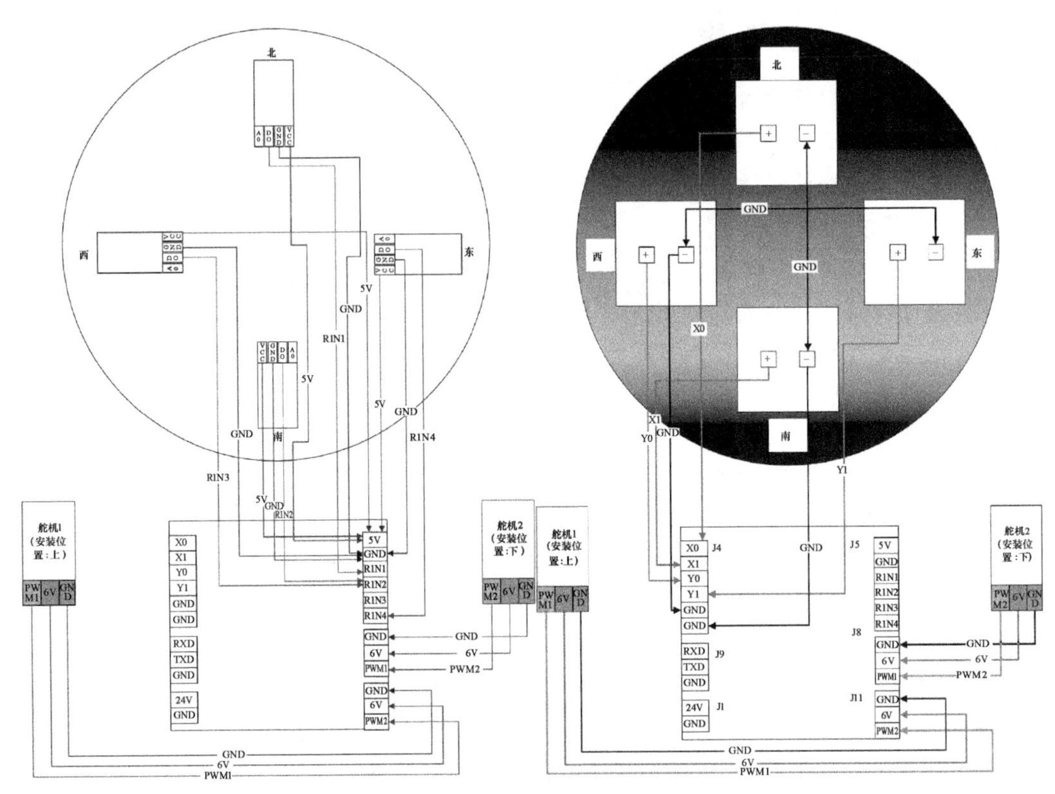

图 B-1　光伏逐日系统接线示意图

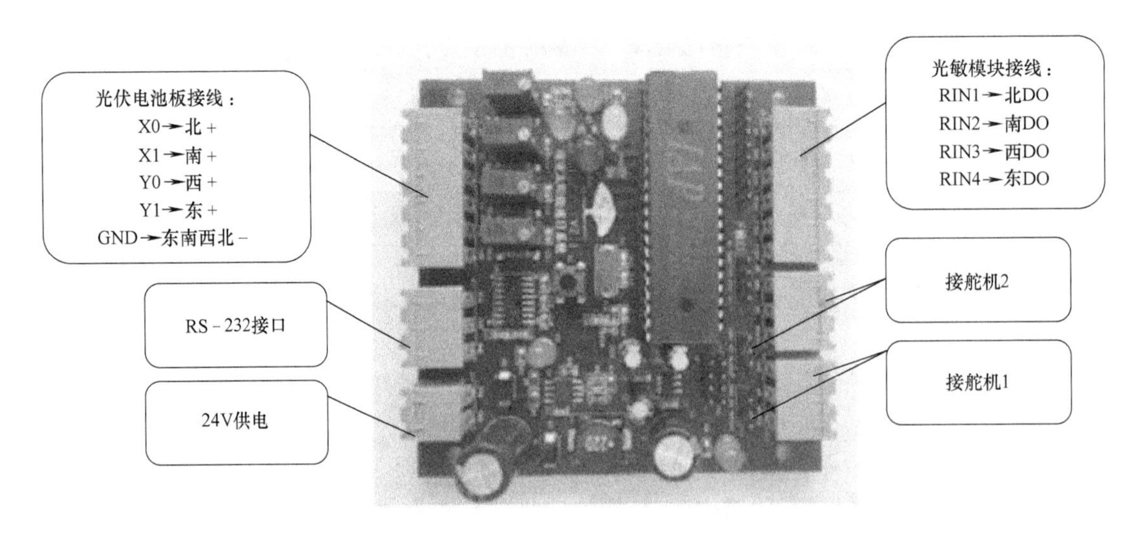

图 B-2　光伏逐日系统控制板硬件实物图

按键 S_1 用作多模式切换功能（S_1 作为功能键用，不作为系统复位按键使用!）。
技术参数如下（其中短按为<1s，长按为>1s）：
光伏逐日系统上电后，默认运行在模式 1。

- 按键 S_1 短按第一下，“东”指示灯点亮，此时逐日系统运行在模式 2。

- 按键 S_1 短按第二下，“北”指示灯点亮，此时光伏逐日系统运行在模式 3。
- 按键 S_1 短按第三下，“西”指示灯点亮，此时光伏逐日系统运行在模式 1。
- 按键 S_1 短按第四下，光伏逐日系统执行 S_1 第一次按下的功能，如此循环。
- 按键 S_1 长按，“南”指示灯点亮，此时光伏逐日系统复位（光伏逐日系统面板垂直向上）。等待 2s，光伏逐日系统向北运行至正北方向 60°，等待 2s 后，向南运行至正南方向 60°，等待 2s 后回到水平位置。

3）串口通信。

编写串口通信程序，通信协议自定义，将当前光伏逐日系统的方位及角度信息发送到力控监视界面中显示，使用 ASCII 码明文实时显示光伏逐日系统方位及角度（十进制），刷新周期 1s。

例如：E：60°，表示光伏逐日系统处于东方向 60°。

注意事项说明：计算机和电路板用 USB 转 TTL 的下载器进行连接，为了避免两个电源同时上电产生的冲突，必须严格遵守以下上电顺序：下载器程序时，首先断开 24V 电源，程序下载成功后，再断开下载器，接上 24V 电源，最后再接上下载器。

2. 单片机控制模块功能设计

单片机控制模块功能设计主要包括风光互补控制器程序设计和光伏逐日系统中功能电路板的功能开发调试（详见光伏逐日系统电路板装配及功能调试内容）。

风光互补控制器实现风力发电、光伏发电、储能、市电单元的控制与能源转换，操作界面示意图如图 B-3 所示。

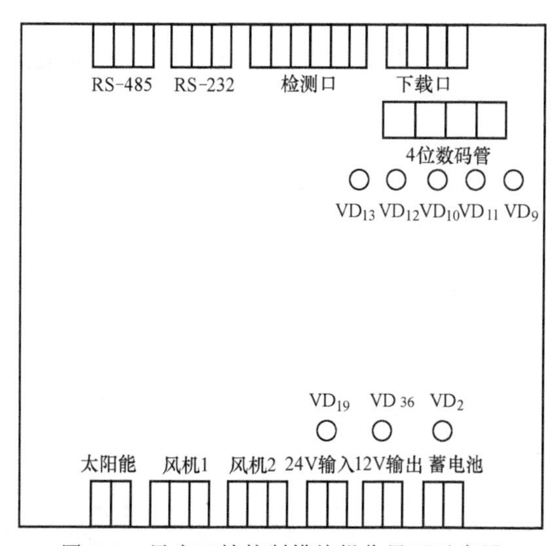

图 B-3 风光互补控制模块操作界面示意图

风光互补控制器功能要求包含风光互补控制器运行模式、数码管显示、LED 显示要求。风光互补控制器功能要求如下。

（1）自动运行互补逻辑

1）有风能、光能任何一种能源输入时，导轨电源作为市电补偿供电，能源转化后给负载供电，若有余量则给蓄电池充电。

2）无风能、光能输入时，开关电源不供电，蓄电池单独供电。

（2）风光互补运行模式

- 模式 1（默认运行模式）：风光互补控制器上述自动运行互补逻辑运行。
- 模式 2：风光互补控制器使用蓄电池供电，其余能源无效。
- 模式 3：风光互补控制器仅使用市电供电，其余能源无效。
- 模式 4：风光互补控制器使用太阳能及风能供电（市电补偿供电），其余能源无效。

（3）数码管显示

1）循环显示风光互补运行模式、风光能源输入种类、环境平台风速。

2）信息显示三帧，第一帧风光互补控制器当前运行模式：X（1，2，3，4），右对齐，时长 2s；第二帧风光能源输入种类：X（0，1，2），右对齐，时长 2s；第三帧为四位有效数字，XX. XX 为风速值，单位 m/s，时长为 2s。（当低于 10.00m/s 时，最高位数字 0 消隐），数码管显示内容示例见表 B-1。

表 B-1　数码管显示内容示例

画面顺序号	显示内容
第一帧画面(风光互补运行模式)	1
第二帧画面(风光能源输入种类)	1
第三帧画面(环境平台风速)	3. 50

（4）二极管指示灯显示要求

VD_9、VD_{10}、VD_{11}（对应于风光互补控制器上排 LED 中，从左往右数的第 5、第 3 和第 4 三个 LED 指示灯）应该能够工作在点亮、熄灭及闪烁 3 种方式，要求见表 B-2。

表 B-2　LED 控制要求

指示灯	点　亮	熄　灭	闪　烁
VD_9	风能/光能都接入	无风能/光能接入	风能/光能任意一种能源接入
VD_{10}	蓄电池放电	—	蓄电池充电
VD_{11}	市电接入	无市电接入	—

附录 C　光伏逐日系统控制板排故表和测量参数表

工位号：____________

光伏逐日系统控制板排故表

序号	故障现象	故障原因 (须包含原因及故障部位)
01		
02		
03		
04		

测量参数表

序号	光伏逐日系统运行角度	频率/Hz	占空比/%
01	光伏逐日系统向东 60°		
02	光伏逐日系统向西 60°		

选手：第　　工位确认　　确认时间：____________

参考文献

[1] 詹新生，吉智，张江伟，等. 光伏发电工程技术 [M]. 北京：机械工业出版社，2014.

[2] 詹新生，张江伟，刘丰生. 太阳能光伏组件制造技术 [M]. 北京：机械工业出版社，2015.

[3] 詹新生，张江伟，丁菊. 光伏发电系统的设计、施工与运维 [M]. 北京：机械工业出版社，2017.

[4] 王学屯，刘琳. 现代电子工艺技术 [M]. 北京：电子工业出版社，2011.

[5] 门宏. 教你快速识别和检测电子元器件 [M]. 北京：人民邮电出版社，2011.

[6] 韩雪涛，韩广兴，吴瑛. 电子电路识图. 元器件检测速成全图解 [M]. 北京：化学工业出版社，2013.

[7] 陈栗荣，肖文平，王卫平. 电子产品制造工艺 [M]. 北京：高等教育出版社，2016.

[8] 李钟实. 几款太阳能草坪灯控制电路 [J]. 电子世界，2009 (6)：26.